南昌航空大学学术文库

螺旋配位聚合物

刘崇波　著

北　京
冶　金　工　业　出　版　社
2019

内 容 提 要

螺旋配位聚合物依靠其特殊的结构特征、特有的功能特性以及在光学器件、不对称催化、仿生材料、传感器等方面的潜在应用前景已经成为配位化学和材料科学的研究热点之一。目前以晶体工程理论为基础合理选择配体，通过配位键，分子间、分子内的氢键，π-π 堆积作用等弱的非共价作用力来限制诱导螺旋特征的产生，构筑具有螺旋结构的配位聚合物。

本书共分为 5 章。第 1 章绪论，讲述螺旋化合物及其螺旋配合物的性能、应用、螺旋配合物的分类、螺旋配合物的构筑；第 2 章讲述利用 V 型羧酸配体 2,2′-双(对氧乙酸基苯基)六氟丙烷构筑的螺旋配合物及其性能；第 3 章是几种吡唑羧酸构筑的螺旋配合物及其性能；第 4 章是几种多羧基的氧乙酸类配体构筑的螺旋配合物及其性能；第 5 章是两种咪唑羧酸构筑的螺旋配合物及其性能。在此基础上，对配体结构、复配体结构、弱的分子间作用力、金属离子等因素对形成螺旋配合物的影响及其规律进行了归纳总结。

本书许多内容来源于课题组多年的研究成果，可供化学专业、材料专业以及其他相关专业的大学生和研究生参考，也可供从事配位化学和螺旋结构的研究工作人员使用。

图书在版编目(CIP)数据

螺旋配位聚合物/刘崇波著. —北京：冶金工业出版社，2019. 10

ISBN 978-7-5024-8040-0

Ⅰ. ①螺…　Ⅱ. ①刘…　Ⅲ. ①配位高聚物　Ⅳ. ①O631

中国版本图书馆 CIP 数据核字（2019）第 240120 号

出 版 人　陈玉千
地　　址　北京市东城区嵩祝院北巷 39 号　邮编　100009　电话　(010)64027926
网　　址　www. cnmip. com. cn　电子信箱　yjcbs@ cnmip. com. cn
责任编辑　夏小雪　美术编辑　彭子赫　版式设计　禹　蕊
责任校对　郭惠兰　责任印制　李玉山

ISBN 978-7-5024-8040-0

冶金工业出版社出版发行；各地新华书店经销；三河市双峰印刷装订有限公司印刷
2019 年 10 月第 1 版，2019 年 10 月第 1 次印刷
169mm×239mm；14. 75 印张；288 千字；228 页

72. 00 元

冶金工业出版社　投稿电话　(010)64027932　投稿信箱　tougao@cnmip. com. cn
冶金工业出版社营销中心　电话　(010)64044283　传真　(010)64027893
冶金工业出版社天猫旗舰店　yjgycbs. tmall. com

前　言

由于螺旋固有的手性特征和特殊的几何形状，从而赋予了生物在能量采集、适应环境变化及防御外界进攻等各种功能性特征。螺旋配位聚合物依靠其特殊的结构特征、特有的功能特性以及在光学器件、不对称催化、仿生材料、传感器等方面的潜在应用前景已经成为配位化学和材料科学的研究热点之一。目前以晶体工程理论为基础合理选择配体，通过有机配体和金属的自组装，即通过对分子的构象，分子间、分子内的氢键或与金属离子配位的限制来诱导螺旋特征的产生，构筑具有螺旋结构的配位聚合物等方面取得了迅速的发展。

在过去十年里，我们课题组先后获得了两项国家自然科学基金："新型 Schiff 碱稀土配合物的设计合成、结构、吸波性能及构效关系研究（No. 20961007）"和"基于螺旋结构的手性 Schiff 碱聚合物的设计合成、吸波性能和构效关系研究（No. 21264011/B040101）"的资助，两项航空基金："手性席夫碱聚合物的制备和吸波性能研究（2010ZF56023）"和"基于螺旋结构的手性杂化吸波材料的设计合成和吸波性能研究（2014ZF56020）"，以及多项江西省科学基金的资助。在这些项目的资助下，我们课题组一直致力于功能配合物及其螺旋配合物的结构和性能研究，在温辉梁老师、熊志强老师的帮助下，龚云南、杨高山、陈园、刘红、李琳、丁靓、谭生水、何敏、王涛涛、温文、赖博文、柳直风等研究生的共同努力和勤奋钻研下，取得了不错的成绩，构筑了数十个螺旋配合物，有单股螺旋链，也有双股螺旋链，甚至四股螺旋链，有配位键构筑的螺旋链，有氢键构筑的螺旋链，有羧基氧和配体等连接金属离子形成的螺旋链，有羟基氧连接金属离子形成的螺旋链，并研究了部分配合物的光学和磁学性能及其抑菌性能，发表有关螺旋配合物方面的SCI论文16篇。

本书共分为5章。第1章绪论，讲述螺旋化合物及其螺旋配合物的性能、应用、螺旋配合物的分类、螺旋配合物的构筑；第2章讲述利用V型羧酸配体2,2-双(对氧乙酸基苯基)六氟丙烷构筑的螺旋配合物及其性能；第3章是几种吡唑羧酸构筑的螺旋配合物及其性能；第4章是几种多羧基的氧乙酸类配体构筑的螺旋配合物及其性能；第5章是两种咪唑羧酸构筑的螺旋配合物及其性能。在此基础上，对配体结构、复配体结构、弱的分子间作用力、金属离子等因素对形成螺旋配合物的影响进行了归纳总结。

在本书出版过程中，得到了我的工作单位——南昌航空大学的部分资助，在此表示感谢。期望已久的《螺旋配位聚合物》一书就要正式出版了，这是我们课题组集体智慧的结晶，希望它的出版会对工作在相关领域的科研工作者和研究生有所帮助，这是我们最大的愿望。

由于作者水平有限，书中不当之处在所难免，希望广大读者提出宝贵意见。

刘崇波

2019年夏于南昌航空大学至善园

目　　录

1 绪　　论

1.1 配位聚合物

配位化学（Coordination Chemistry）是在无机化学基础上发展起来的一门交叉学科，它研究的对象主要是配合物。配位聚合物是指在结构、配位性质方面可以多样化的有机配体和金属离子在配位键作用下形成的具有高度规整的无限网络结构配合物。历史上记载最早发现的配位聚合物是1740年制得的普鲁士蓝，化学式为$Fe_4[(Fe(CN)_6)_3]$[1,2]。

Werner自1893年创立配位学说以来，对配合物的研究就成为无机化学中最活跃的领域之一。近一百年来，配位化学得到了快速发展，先后出现了Lewis酸碱概念、软硬酸碱理论、角重叠模型、价键理论、配体场理论、分子轨道理论机理、Eigen的快速反应学派、Adamson等人的光化学研究和热力学、动力学方面的研究。但对配位聚合物进行系统研究则发生在1990年前后。澳大利亚化学家R. R. bson小组在1989年报道了一系列多孔配位聚合物，并因此成为研究配位聚合物的开拓者[3]。随后，配位聚合物作为一个新兴领域很快吸引了化学家们的关注，成为配位化学的重要研究领域。经过多年的研究，目前已经发现了大量结构新颖、甚至具有各种功能的配位聚合物[4~6]，并因种类的多样性和特殊的物理、化学性质使其在催化、非线性光学、磁学和光学等方面表现出极好的应用前景。

配位聚合物研究需要综合考虑有机配体的结构和具有不同配位倾向性的金属离子，跨越了无机化学、有机化学、配位化学、材料化学等多个学科和门类。有机配体和金属离子原则上都是采用一个自组装过程来形成任何复合物物种，其中包括零维（0-D）、一维（1-D）、二维（2-D）或三维（3-D）结构，如图1-1所示，配位聚合物的设计重点是配体的设计和金属离子的选择。在自组装过程中，充分利用了配体和金属离子这两类组分的结构和配位性质：一方面，金属离子像结合剂一样将具有特定功能和结构的配体连接在一起；另一方面，又作为配位中心把配体定位在特定的方位上。尽管配位聚合物的结构也有可能展现出不同于组成成分的性质，但是通过预先设计结构单元来控制最终产物的结构和功能才是设计的最终目的。

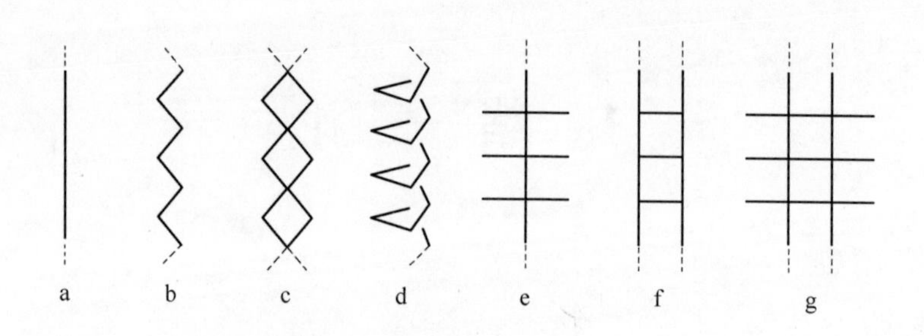

图 1-1 一维链状配位聚合物的图形

(a) 直线型链; (b) 之字型链; (c) 间隔环链;
(d) 螺旋链; (e) 鱼骨型链; (f) 梯子链; (g) 铁轨链

(1) 零维聚合物。相对于无限延伸的结构而言，研究者将配合物结构为分子多边形和多面体等归为“零维”的离散、封闭体系[7,8]。

(2) 一维链状聚合物，包含：直线型链，之字型链，间隔环链，螺旋链，鱼骨型链，梯子链，铁轨链[9~11]等。

(3) 二维层状聚合物[12~15]，包含：正方形格子，菱形格子，矩形格子，蜂窝格子，砖墙型，鲱骨型，双层结构等（如图 1-2 所示）。

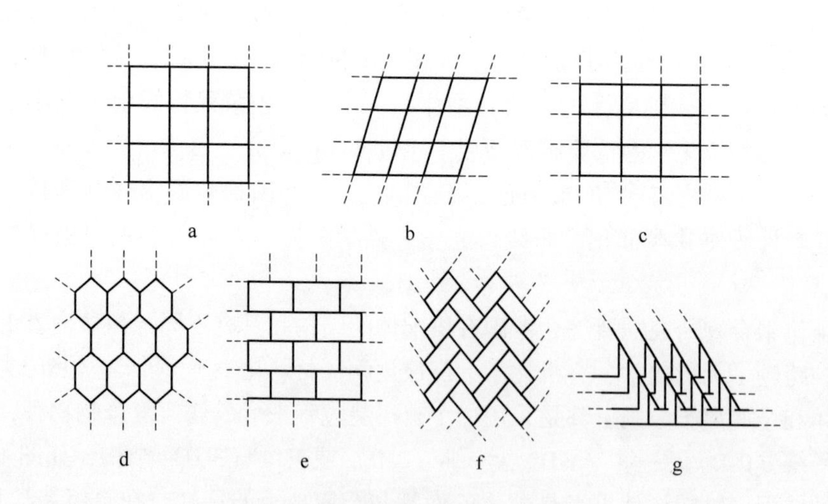

图 1-2 二维层状配位聚合物的图形

(a) 正方形格子; (b) 菱形格子; (c) 矩形格子;
(d) 蜂窝格子; (e) 砖墙型; (f) 鲱骨型; (g) 双层结构

(4) 三维网状聚合物，包含：金刚石网络，八面体网络，NbO、$ThSi_2$、PtS、$CdSO_4$型网络等（如图 1-3 所示）。

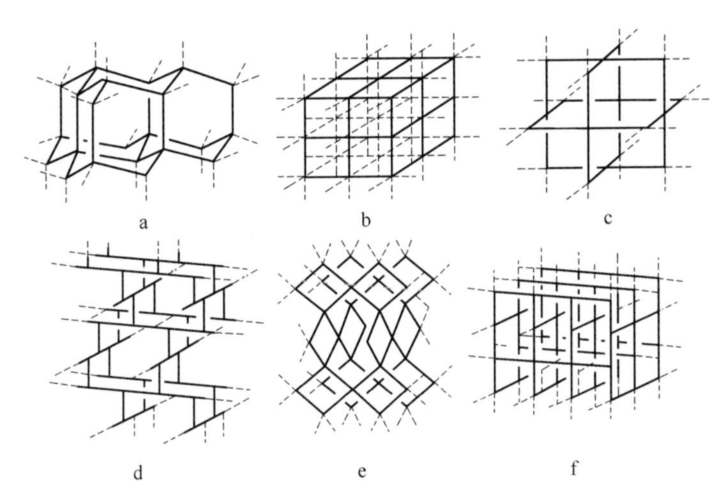

图 1-3　三维网状配位聚合物的图形

(a) 金刚石网络；(b) 八面体网络；(c) NbO 型网络；

(d) $ThSi_2$型网络；(e) PtS 型网络；(f) $CdSO_4$型网络

1.2　螺旋配合物

螺旋结构在自然界中普遍存在，从宏观上宇宙苍穹的螺旋状结构、螺旋状贝壳、螺旋藤本植物[9]，再到微观尺度上的 DNA 的双螺旋、蛋白的 a-螺旋和 p-折叠等有序结构。由于螺旋固有的手性特征和特殊的几何形状，从而赋予了生物在能量采集、适应环境变化及防御外界进攻等各种功能性特征。受到自然界中螺旋结构的启发，人们将螺旋的优异特性应用到生活当中，如利用螺旋结构的灯管具有更好的发光效率、具有推进作用的螺旋桨、兼具提高空间利用率和空间美学的螺旋楼梯等。这些精妙的有序结构也引起了科学家们广泛的兴趣，从仿生角度合成了大量具有螺旋结构的化合物。

螺旋配合物作为其中的一类，由于其独特的螺旋结构备受关注。螺旋是一种优美几何图案，它具有三个特征：一个螺旋轴，一个螺纹特征，一个周期。螺旋具有轴向手性，左手螺旋和右手螺旋互成镜像，但无法重合。螺旋结构本身作为一种手性结构，无论是在微观还是宏观领域都普遍存在，同时也存在于人类艺术和建筑当中，我们可以在各种生物体系中观察到螺旋现象，如图 1-4a 所示。例如，1937 年，Hanes 提出 α-多糖的螺旋结构；1953 年，沃森（Watson）和克里克（Crick）发现了 DNA 的双螺旋结构[20]，DNA 中两条单股的螺旋链是由互补碱基之间的氢键连接而成[21]，如图 1-4b 所示；1955 年，Natta 以 Ziegler-Natta 催化体系首次得到了具有螺旋结构的聚丙烯高分子，虽然合成的聚丙烯聚合物只有固态时才具有稳定的螺旋构象，但是他首次实现了螺旋构象高聚物的合成。使人们通过人工合成的手性螺旋聚合物来模拟生命过程中重要的微观现象成为可能。在微观结构中也能发现螺旋现象，比如最常见的喇叭花的缠绕方向、海螺的螺纹、左右手性的石英[22]。并且发现，上述这些生物大分子之所以能够表现出重要的生物活性与其具有的独特的螺旋结构密不可分。这些事实为人造螺旋结构提供了重要的推动力。

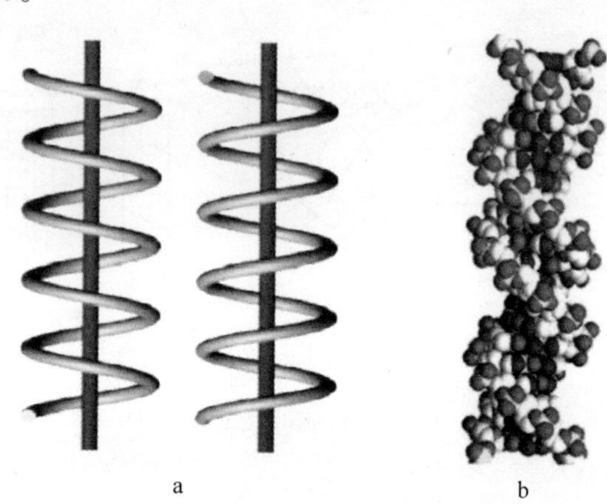

图 1-4　螺旋结构

（a）左手和右手螺旋；（b）DNA 分子的双螺旋结构

螺旋配位聚合物依靠其特殊的结构特征、特有的功能特性以及在多个领域（光学器件、不对称催化、仿生材料、传感器等方面）[23,24]的潜在应用前景已经成为配位化学和材料科学的研究热点之一。目前，以晶体工程理论为基础合理选择配体构筑螺旋特征的配位聚合物取得了迅速的发展。一般而言，自组装得到螺旋结构的化合物多是有限的螺旋化合物[25,26]或是在晶体相中有机配体和金属自组装成的无限螺旋化合物（螺旋配位聚合物）[27]。在超分子结构中，可以通过对分子的构象，分子间、分子内的氢键或与金属离子配位的限制诱导来产生螺旋性。具有超分子结构的螺旋配合物，如多肽的螺旋结构、DNA 的双螺旋结构、石英碳纳米管等在自然界中普遍存在，其设计和构建成为最具挑战性和意义的任务之一。目前，自组装过程中已经产生了许多通过配位相互作用构建的单链、双链或多链螺旋，但通过氢键等超分子相互作用构建的螺旋结构仍然很少见。

总的来说，配合物的结构取决于多种因素的组合，包括金属离子、有机配体、pH 值、反应温度等。对其配位化学进行研究发现，金属离子，特别是它们的半径和配位几何决定了有机配体的延伸方向和配位方式，这对配合物的结构很重要；另一方面，辅助配体由于其大小和配位方式的不同，往往对配合物的形成和结构也有着重要的影响。因此，选择合适的金属离子和有机配体是设计和自组装新型金属有机配合物的关键。具有螺旋构象的高聚物有着奇特的性能和潜在应用价值，如螺旋结构高聚物能够用于分子识别、作为手性催化剂催化不对称反应、作为手性固定相用于手性分离、存储数据以及液晶显示材料。单股螺旋链的一维配位聚合物是很常见的，然而双股、三股甚至多股的螺旋配合物相当少见。故而理性设计和构建具有特定功能的螺旋配合物仍然充满挑战，对螺旋配合物的研究也具有无限潜力。

1.3 螺旋配合物的分类[28]

人工构建螺旋结构配合物主要通过两种方法：(1) 以手性单体为原料，合成具有手性的聚合物单体，然后通过聚合反应得到具有螺旋构象的高聚物。(2) 以非手性单体为原料，合成非螺旋构象高聚物，然后通过外界干预，诱导高聚物形成螺旋构象。最常用的方法是在得到的高聚物中加入手性物质，诱导高聚物形成螺旋构象。

螺旋配位化合物的分类可以根据螺旋配合物的配体结构、股数和构建螺旋的作用力等方面进行相应的分类。

1.3.1 按配体的结构分类

1.3.1.1 用柔性的和有角度的配体构建螺旋配位聚合物

在设计构筑螺旋配合物时，选择合适的配体是关键。柔性配体和有一定角度的配体往往能引起科研工作者的研究兴趣。因为从某种意义上来说，分子的框架和网格是靠刚性配体形成的，而螺旋链则是靠灵活的柔性配体（如图 1-5 所示）形成。例如，外二齿配体，它与金属离子配位，展现出四面体的配位模式，可以形成多种结构，比如离散型的环形，无限延伸的线形链或者是螺旋链[29]。

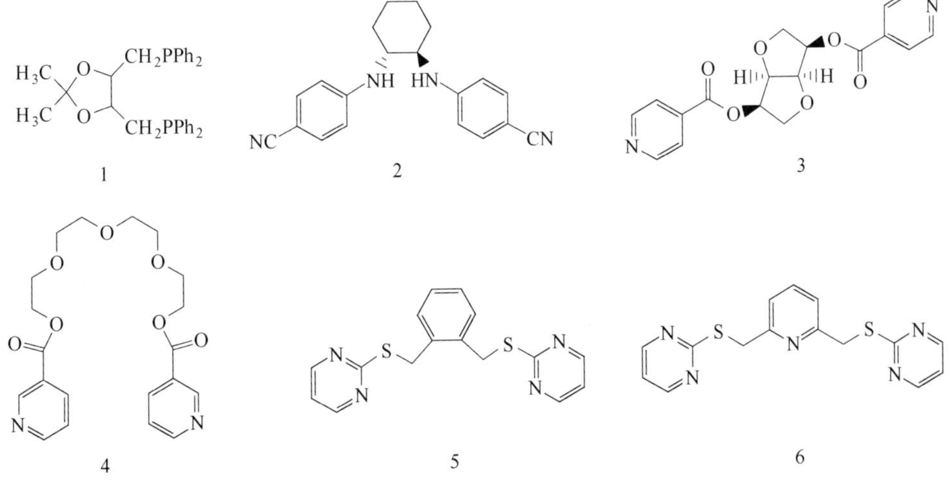

H_3C CH_2PPh_2 H_3C CH_2PPh_2 O O

1

NH HN NC CN

2

O O H H O O N N O O

3

O O O O O O O N N

4

S S N N N N

5

N S N S N N N N N

6

图 1-5 柔性配体和有一定角度的配体（1~6）

Wu 等人[30]报道了柔性二齿磷配体｛(4R,5R-反式-4,5-双[(二苯基磷基)甲基]-2,2-二甲基-1,3-二氧戊环｝(1) 与银离子形成了具有螺旋结构的配合物。在这个配合物中银原子和配体沿着双重的旋转轴排列形成一右手螺旋链。Anthony 和 Radhakrishnan[31]研究发现｛N,N′-二(4-苯睛基)-(1R,2R)-环己二氨｝(2) 为一新颖的 C2 轴向对称配体，并利用其与银离子反应形成了具有单股螺旋链的聚合物。关于双股螺旋链，DNA 当然是最常见的例子。在 DNA 中，互补的核苷酸碱基之间的氢键的建立是形成双股螺旋的原动力。Jouaiti 等人[32]报道了用聚乙二醇片段得到了类似于 DNA 结构的双螺旋配位聚合物。2003 年，Hosseinin 使用手性的有机试剂 (3) 与 HgCl 反应，形成了一手性的三股螺旋聚合物[33]，值得注意的是其形成的螺旋链都表现为右手性，并且螺旋链通过芳香环之间的相互作用自组装得到一新颖三股非圆柱型框架，平行排列的三股螺旋链进一步通过 O-Hg 连接形成三维网络结构（如图 1-6a 和 b 所示）。

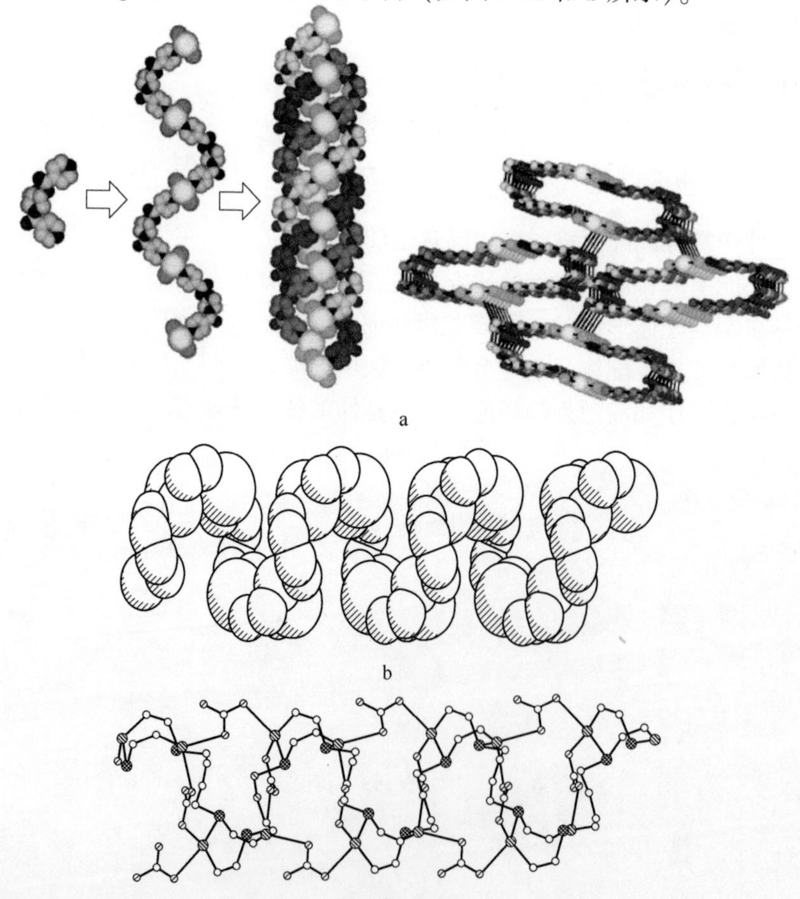

图 1-6 (a) 三条单股螺旋链通过芳香环之间的相互作用形成的三股螺旋链的垂直视图；(b) 堆积的三股螺旋链的横向视图；(c) 配体 5 与 Ag(I) 形成的单股螺旋配位聚合物

洪茂椿的课题组利用柔性的硫醚-杂环配体构建了一系列螺旋配位聚合物。早期，他们使用一些简单的配体，例如：2-硫醇吡啶，2-硫醇嘧啶及2-硫基乙胺，这些配体中含有S和N两种电子给予体，有利于获得线型链状结构或形成具有三维超分子网络结构的配位聚合物[34]。随后，他们又设计合成了一系列新的双配位点的配体[35~44]，例如：1,2-二(2′-嘧啶)硫甲基苯（5,msb），此配体是一多齿配体但非螯合配体。配体（5）和Ag（I）反应可以得到由$[Ag_4(msb)_2(NO_3)_4]$单元组成的一维螺旋链，如图1-6c所示。有趣的是化合物中的硝酸根离子呈现出两种不同的形式：一种是嵌插在螺旋链的内部，另一种是位于螺旋链的侧腹。从这个角度上看，硝酸根阴离子在形成螺旋链过程中起了模板剂的作用。在两个2-硫醚嘧啶之间添加一个含氮原子的给体基团得到2,6-二(2′-嘧啶)硫甲基吡啶（6）。配体（6）和Ag(Ⅰ)反应也可以得到一维螺旋链聚合物,硝酸银分别与2-(4′-吡啶)硫甲基嘧啶（ppsp）及2-(3′-吡啶)硫甲基嘧啶（mpsp）反应也可以得到单股螺旋链聚合物$[Ag_2(ppsp)_2(NO_3)_2]_n$和$[Ag_2(mpsp)_2(NO_3)_2]_n$。

1.3.1.2 用刚性的和有折点的配体构建螺旋配位聚合物

制备螺旋聚合物的另一种有趣的方法就是利用构象和几何形状的灵活性去合理选择或设计刚性和具有折点的配体（如图1-7所示）。当这类型的配体（如图1-7所示）与金属配位连接时，由于其具有扭曲的配位点（7~13），则更容易与金属离子形成螺旋配位聚合物。

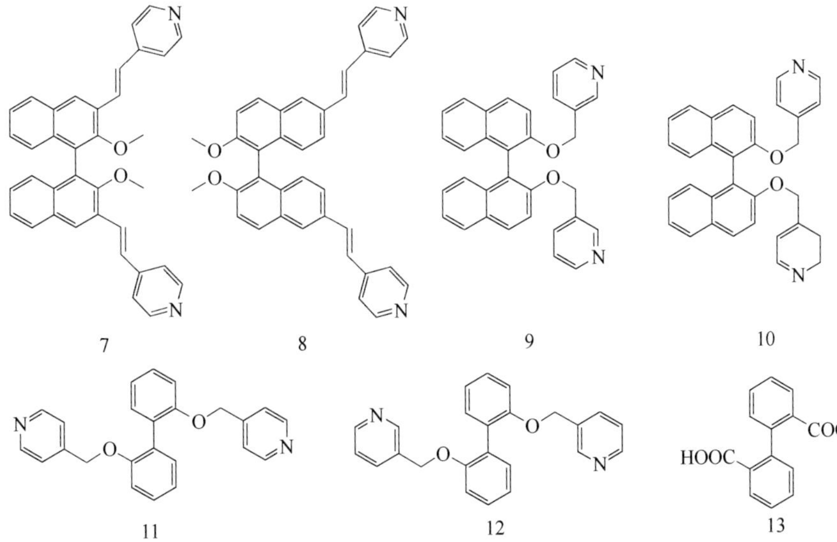

N O O N N
7
O O N N
8
N O O N
9
N O O N
10
N O O N
11
N O O N
12
COOH HOOC
13

图1-7 刚性和具有折点的配体（7~13）

美国化学家W. B. Lin和他的同事根据阻转异构体1,1′-联萘框架设计了各种各样的手性桥联配体[21]。当用一线性金属节点Ni(acac)$_2$和轴向扭曲的桥联有机配体2,2′-二甲氧基-1,1′-二联萘-3,3′-二-(4-乙烯基吡啶)（7）结合时，得到了一个左手性螺旋化合物，它是由三个单股螺旋链通过范德华力相互缠绕形成的一三倍螺旋聚合物[45]。但是，当2,2′-二甲氧基-1,1′-二联萘-6,6′-二-(4-乙烯基吡啶)（8）和Ni(acac)$_2$反应时，却形成了一个周期排布的相互连锁的纯手性的纳米管结构（如图1-8所示），这个结构很新颖，五根单手性的螺旋链首先缠绕形成五股螺旋，是一个手性纳米管，然后相邻的五个纳米管相互连锁装配形成一个五重互锁结构[46]。

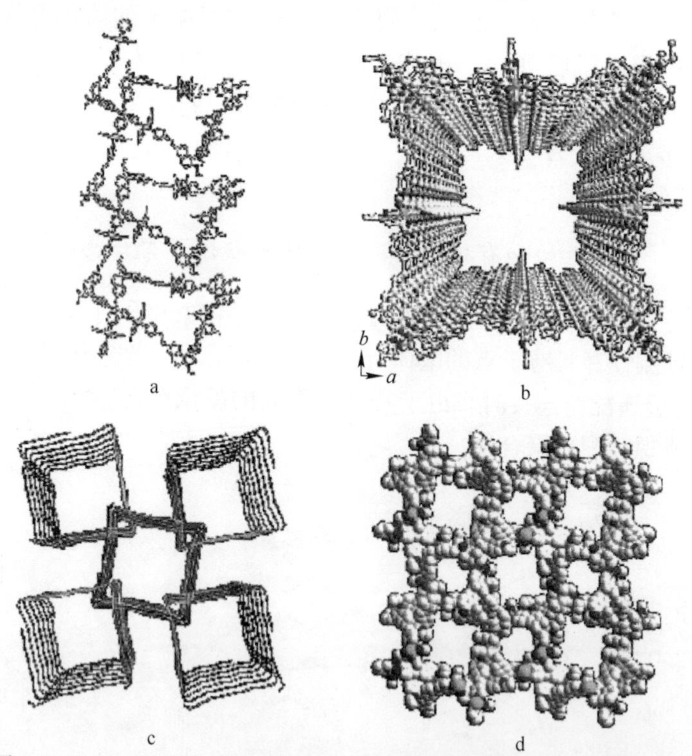

图1-8 (a) Ni(acac)$_2$与配体8相互交替构筑形成的左手性的螺旋链；(b) 五股互锁而形成的同手性纳米管状结构；(c) 五股相邻螺旋链环环相扣的示意图；(d) 具有孔道的三维手性聚合物的空间堆积图

1.3.1.3 用柔性的不对称的桥联配体构建螺旋配位聚合物

选择柔性不对称桥联配体对形成螺旋配位聚合物也是一种有效的方法，如图1-9所示。氨基酸系列是天然的并被广泛使用的不对称桥联配体，如：L-组氨酸(14)，它形成的银络合物表现出类似的对称双重螺旋结构[47]。衍生自氨基酸的席夫碱作为不对称桥联配体[48,49]也被广泛地应用。配体 a-N-(邻羟基苄基) 甘氨酸 (15) 和银盐组装得到了一个双螺旋配位聚合物。4-(3-吡啶基) 乙烯基苯甲腈 (16) 的空间相互作用使得吡啶基和苯基在相当程度上不共面[50]，这样其上歪斜的配位点则对形成螺旋结构有利。水热条件下，Zn^{2+}和 16 反应得到一个新奇的包含着两个相互交叉的六倍螺旋的三维手性配位聚合物。

洪茂春院士课题组[51~56]用金属离子和柔性扭曲的吡啶羧酸配体自组装形成了螺旋或手性框架的配合物。4-吡啶基乙酸 (17) 和金属离子 (Zn，Cd，Mn) 自组装形成了一系列含有左右手性螺旋链的二维层状结构的配合物。众所周知，含硫的基团是具有氧化还原功能的官能团。一个新颖二维管状配位聚合物 [Zn(spcp)(OH)] (spcp=4-硫甲基-4′-苯甲吡啶(18)已被报道，这个聚合物的一个显著的结构特征就是沿着晶轴 *b* 方向存在两个手性不同的相互交替的螺旋链 (如图 1-10 所示)，其中一条螺旋链是由羟基连 Zn(Ⅱ)形成的，另一条螺旋链是由配体 18 桥连 Zn(Ⅱ)形成的，这两条螺旋链在 Zn 原子充当铰链条件下有规律的排列，在 bc 平面堆积形成了一个新颖的二维层状结构，沿着 *a* 晶轴方向看如同一互锁样式。

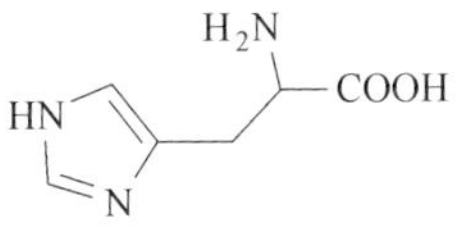

H_2N COOH HN N

14

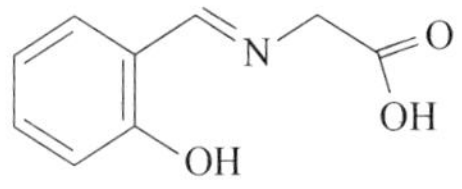

N O OH OH

15

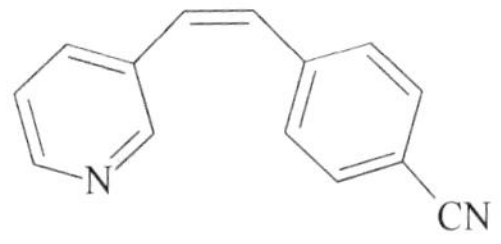

N CN

16

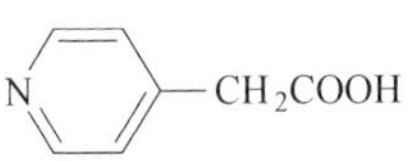

N CH_2COOH

17

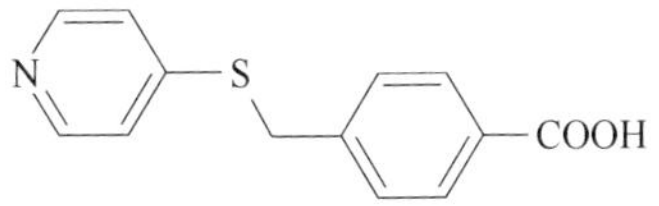

N S COOH

18

图 1-9 不对称桥联配体 (14~18)

1.3.1.4 用一些刚性的吡啶或带羧基的配体构建螺旋配位聚合物

除了前面所述的策略，选择一些刚性的吡啶和羧酸基配体 (如图 1-11 所示)，通过适当的桥联组装也可以构建出螺旋结构。例如，具有螺旋结构的 $[Ni(4,4'\text{-bipy})(ArCOO)_2(MeOH)_2]_n$[57]就是由金属和线型配体 4,4′-联吡啶 (19) 自组装得到，其中螺旋链是以交错的形式排列。洪茂春课题组[58]用配体 22 得到了两个新颖的波浪形花纹层状结构的铜系聚合物。其中，Ln(Ⅲ)离子与配体连接产生左右手性螺旋链。在范德华力作用下，波浪形花纹层堆积形成三维超分子框架。Rosseinsky 和其同事[59,60]报道了利用 1,3,5-苯三甲酸 (23) 得到

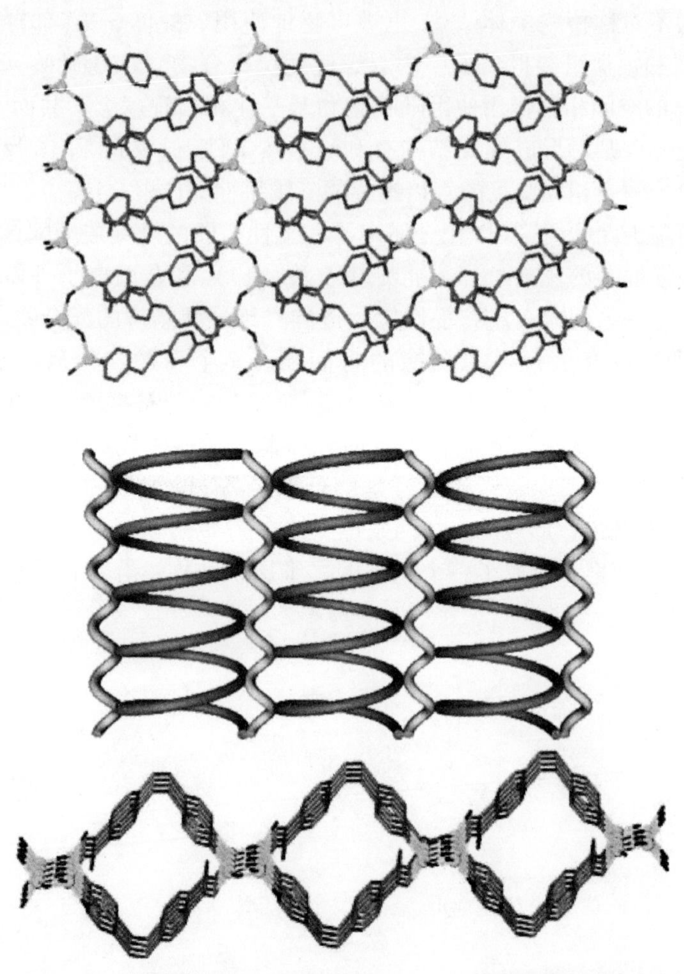

图 1-10　同质螺旋的两种类型的视图（上）和显示规则结构的示意图（中），以及由交替组合形成的二维管状网络（下）

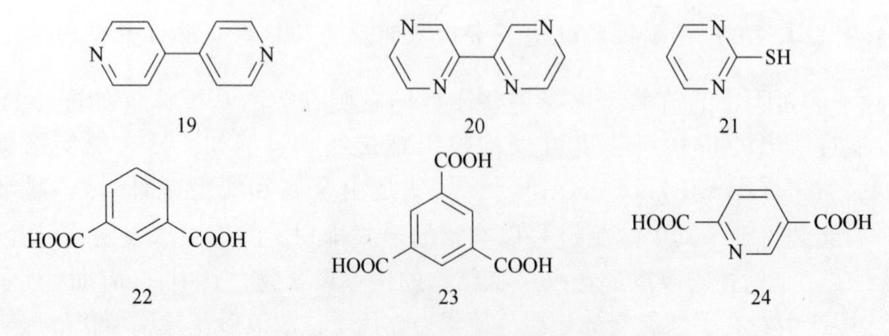

图 1-11　一些刚性的吡啶和羧酸基配体（19~24）

(10,3) 连接的螺旋网络结构，但是由于这种配体构型很难控制，所形成的螺旋配位聚合物很少。

1.3.2 按螺旋的股数分类

按螺旋的股数分类，螺旋配合物可分为单股螺旋，双股螺旋，三股螺旋和多股螺旋配合物。

1.3.2.1 单股螺旋配合物

2002 年，中山大学陈小明教授课题组使用 V-型配体间苯二甲酸、Cu 离子、2,2′-联吡啶或苯酚配体构筑了两个一维的单股螺旋链［Cu(1,3-bdc)(2,2′-bpy)］$_2$H$_2$O 和［Cu$_2$(1,3-bdc)$_2$(phen)$_2$(H$_2$O)］（如图 1-12 所示）。在这两个化合物中，V-型配体间苯二甲酸对于螺旋结构的形成是非常重要的。此外，作者研究还发现 2,2′-联吡啶和邻菲罗啉螯合配体的引入增加了体系中的超分子识别作用，也有助于形成一维螺旋结构。2005 年，他们又报道了一个一维单股 4_1 螺旋链［CuI(2-Pytz)］，该化合物是由 Cu^+ 和原位合成的三氮唑类配体 2-Pytz 构筑的。

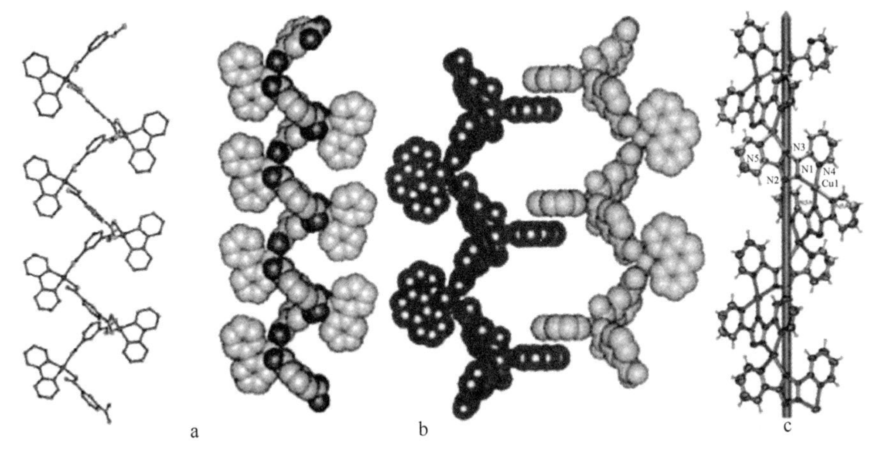

图 1-12 (a) 在［Cu(1,3-bdc)(2,2′-bpy)］·2H$_2$O 的单链；
(b) 在［Cu$_2$(1,3-bdc)$_2$(phen)$_2$(H$_2$O)］中的一对螺旋链；
(c) 在［CuI(2-Pytz)］中 4_1 个螺旋的残体

2004 年，美国化学家 W. B. Lin[69~72] 课题组使用柔性长链手性配体与 AgNO$_3$ 或 AgC1O$_4$ 反应制备了两个由右手螺旋链交替连接形成的二维层状化合物 (AgL$_2$)X(L=(S)-2,2′-二甲氧基-1,1′-联萘-3,3′-双(4-乙烯基吡啶)，X=NO$_3$-，ClO$_4$-)（如图 1-13 所示）。在该二维层存在着巨大的管状隧道[73]，相邻二维层再互插形成三维结构。

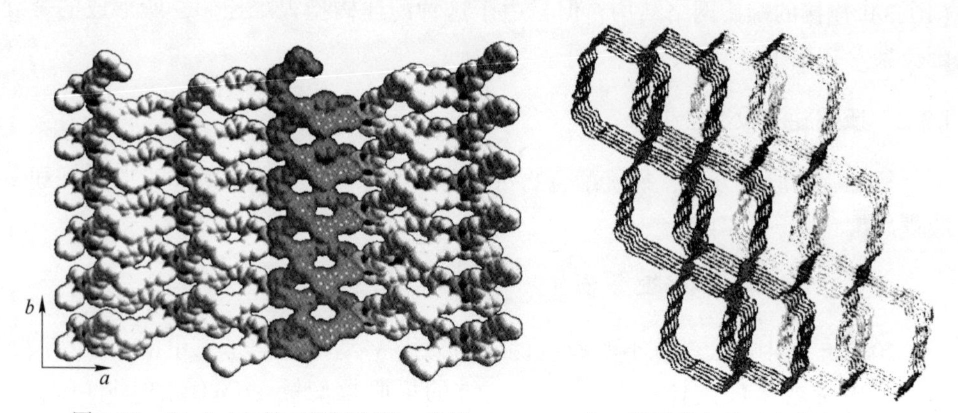

图 1-13 $(AgL_2)X$ 的二维层框架，表示 $(AgL_2)X$ 中二维层的交错，略偏离 b 轴

1.3.2.2 双股螺旋配合物

2004 年，中国科学院福建物构所姚元根课题组利用苯六甲酸（mellitate），铜和 4,4′-联吡啶配体共同构筑了一个三维具有螺旋管结构的配位化合物 $\{[Cu_2(\mathrm{mellitate})(4,4'\text{-bpy})(H_2O)_2]^{2-}\cdot[Cu(4,4'\text{-bpy})(H_2O)_4]^{2+}\}_n$。该化合物由两部分组成，一部分是二重互穿的三维 $[Cu_2(\mathrm{mellitate})(4,4'\text{-bpy})(H_2O)_2]^{2-}$ 阴离子主体骨架，一部分是一维链状的 $[Cu(4,4'\text{-bpy})(H_2O)_4]^{2+}$ 阳离子客体。主体骨架存在着由双股螺旋缠绕形成的螺旋管，一维的客体分子就插在这个螺旋管中（如图 1-14 所示）

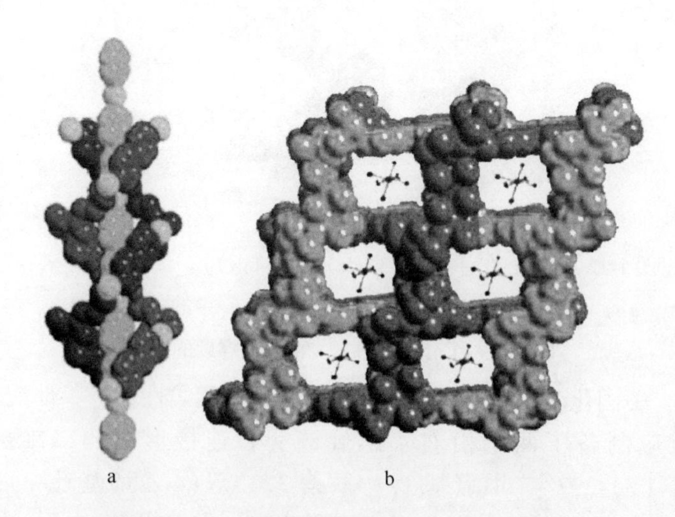

图 1-14 （a）螺旋管；（b）一维开口管和阳离子链表示空间填充的三维阴离子框架

2005年，韩国科学家Ok-Sang Jung等人使用与PY2O配体相似的V-型配体双吡啶基-2-甲基-硅烷(L)和$AgNO_2$反应得到了一个双股螺旋配合物[Ag(NO_2)(L)](如图1-15所示)。螺旋的中轴是平行于*b*轴的2_1螺旋轴，周期是1.93nm，相邻的双股螺旋在通过弱的Ag…Ag相互作用连接在一起而形成二维层。

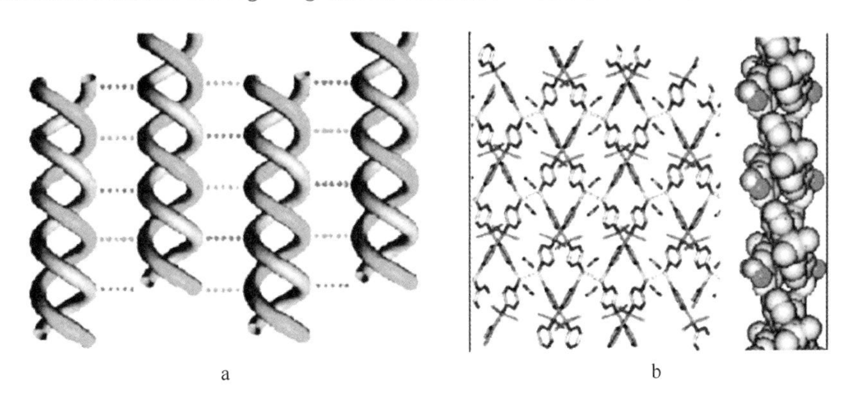

图1-15 (a)[Ag(NO_2)(L)]的螺旋示意图；(b)无限结构示意图

1.3.2.3 三股螺旋和多股螺旋配合物

第一例三股螺旋配位聚合物是2000年由S. Sailaja等人报道的[Ag(3-amp)](ClO_4)(3-氨基甲基吡啶)，在该化合物中，三条独立的螺旋链是21螺旋，周期大约为2.6nm(如图1-16所示)。有趣的是，三条螺旋缠绕形成了尺寸为0.4nm的隧道，抗衡阴离子存在于该隧道中。

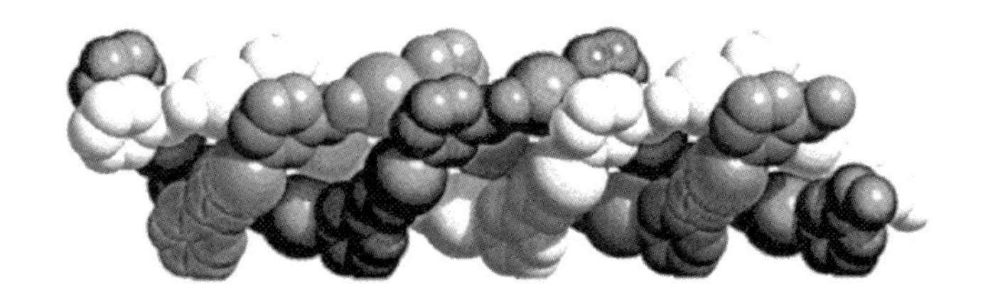

图1-16 [Ag(3-amp)](ClO_4)中的三螺旋结构

在螺旋配合物领域，一个突出的工作是由美国化学家W. B. Lin课题组2003年报道的一个由五股螺旋缠绕形成的手性纳米管的5重互锁结构，在这个结构中，5根具有单手性的螺旋链首先缠绕形成五股螺旋，它是一个尺寸为2nm的手性纳米管。每个手性纳米管再与相邻的4个手性纳米管相互交织构成5重互锁结构(如图1-17所示)。

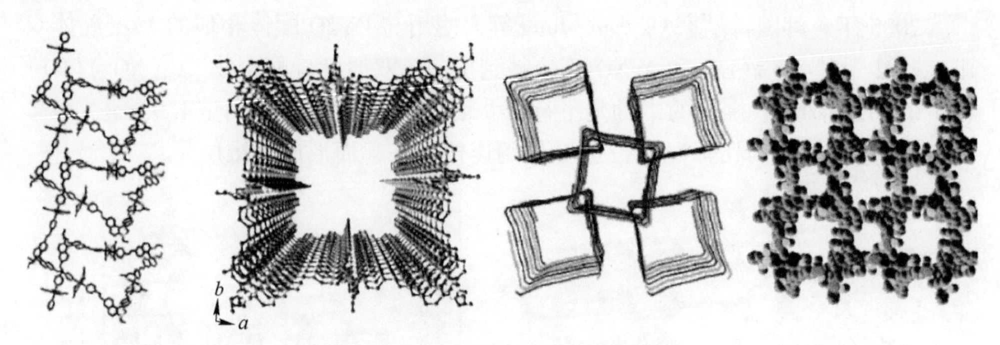

图 1-17 该化合物的空间螺旋模型

1.3.3 按构建螺旋的作用力分类

按构建螺旋的作用力分类，螺旋可分为共价螺旋和非共价螺旋。其中，非共价螺旋又有氢键螺旋和超分子螺旋两类，两者既有不同之处又有交叉之处。

1.3.3.1 共价螺旋

通常的螺旋聚合物由共价键形成，其螺旋构象取决于手性侧链的氢键或（及）位阻效应，但共价键联螺旋聚合物形成后结构不易改变。

动态共价化学是基于动态共价键实现的可逆平衡的反应，它的核心在于共价与可逆，动态共价化学既具有共价键的稳定性，也具有动态可逆的性质。一般的动态共价反应都是热平衡的，在温和的条件下即可发生反应。其种类繁多，例如亚胺键、酰腙键、酯键、双硫键等都属于可逆共价化学键范畴，动态共价化学的产生为化学的多样性提供了途径。与传统化学的复杂结合方式相比，利用动态键中，反应物能够进行可逆交换可以轻松地得到大尺寸的化学结构，如图 1-18 所示。

传统聚合物的合成中，一旦单体分子加入后，就会按预想的方式依次连接形成聚合物，而不能发生交换。而动态化学体系，通过主链单体分子之间的可逆交换则可以产生新的结构，从而调节聚合物在分子水平的结构，如图 1-19 所示。除此之外，科学家们还利用动态共价化学成功得到多种多样的化学结构，包括螺旋折叠体。动态共价化学为螺旋及其他化学领域的发展提供了良好便捷的途径。

1.3.3.2 非共价螺旋

非共价键作用力的动态性和方向性不仅赋予螺旋配合物独有的结构和物理化学性质（如热加工性能、回收利用性、自我修复能力等）而且使其在特定外部刺激作用下具有结构、形貌或性能的可转换性。这种结构为制备功能化超分子聚合物材料和智能分子器件提供了灵活有效的平台，在生物医学、信息科技和环境

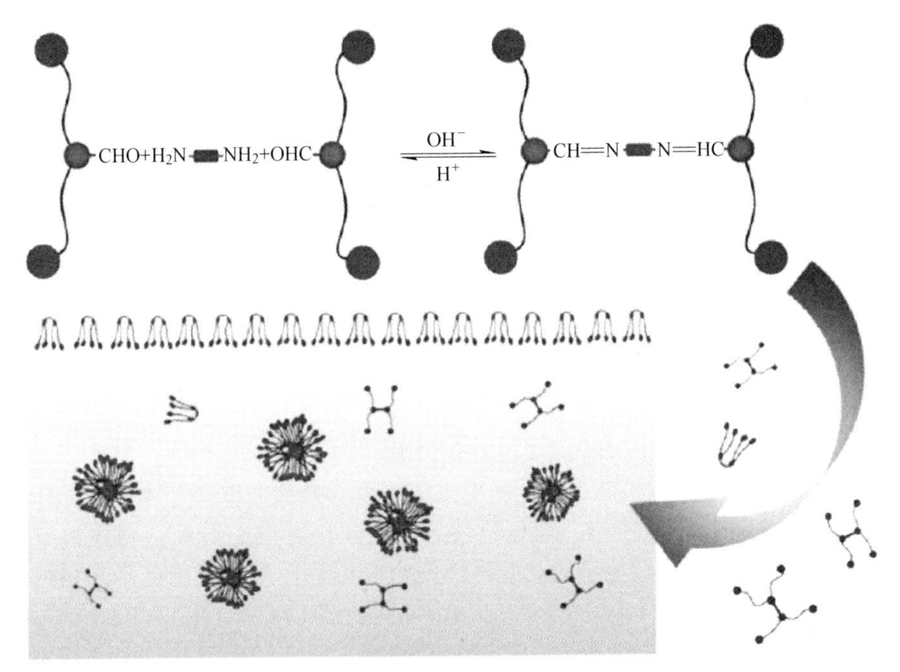

图 1-18 利用动态共价键设计的 H 型的超两亲分子

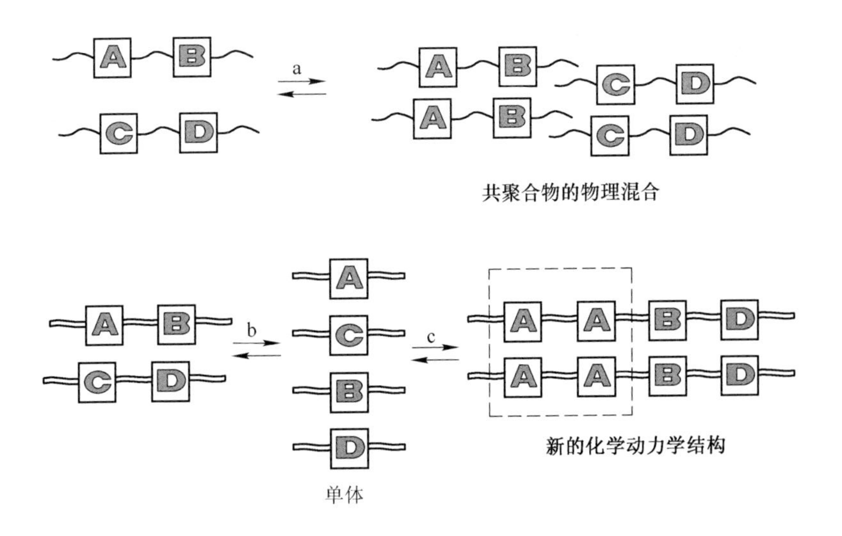

图 1-19 (a) 传统聚合物的形成;(b) 动态聚合物的形成;(c) 可逆交换

科学等广大领域均有着重要的应用价值。

A 氢键螺旋

氢键可视为一种特殊的偶极-偶极相互作用，是非常重要的一种非共价作用力，目前很多人利用氢键作用构建螺旋结构。氢键其以高强度，动态可逆和显著的定向性为特征，在各种非共价相互作用中，被描述为“超分子化学中的万能作用”。氢键在折叠体设计中起重要作用，部分是因为它稳定的方向性；另外，氢键可以稳定低聚物的有序结构。因此，氢键近年来被广泛应用于各个分支，利用氢键作用能够控制并预见分子的角度与转向，从而得到完全可控的螺旋结构。

例如，酰胺键作为多肽中氨基酸的键连方式，其具有平面刚性结构的特点，并且其自身也是一个很好的氢键供体与受体。所以，将其引入到螺旋体系中，它能与邻近氢键的供体或受体形成多元环来限制共价键的旋转和扭转，再辅以其他的作用力，就能很容易实现分子构象的固化，形成螺旋结构。DNA 或 RNA 碱基之间的氢键作用不仅能决定核酸的构象，同时也能决定核酸的生物活性，除了 DNA 中占主导地位的 Watson-Crick 碱基配对，核酸碱基都可以形成其他氢键聚集体，从而导致不同 DNA 结构，如鸟嘌呤四链体和 *i*-基序。因此，利用分子间的多重氢键相互作用形成超分子的组装体，研究其结构性质也成为近年来科学家研究的热点。

B 超分子螺旋

螺旋超分子聚合物的设计合成于 20 世纪末期，因此一部分研究人员开始尝试用超分子作用力来构建螺旋结构，这样形成的螺旋结构称为螺旋超分子，超分子螺旋聚合物具有制备简单、结构及性能可调控等优势，相比于人工合成的共价螺旋聚合物更接近自然界螺旋生物大分子，因此在手性探针、催化以及手性识别和分离领域具有重要的应用价值。

例如，金属配位超分子聚合物是金属和有机配体通过配位键结合而成，这些含金属的聚合物不仅具有有机聚合物的性质还具有金属的磁性、电学性质、光学性质和催化活性等，还可以溶于溶剂，其聚合度可随外界环境进行调控，而且聚合物的形成是动态可逆的，所以使得金属配位超分子聚合物在生物医学和纳米科技方面有着广泛的应用前景，也引起了人们极大的兴趣；结合多肽的手性优势、丰富的二次构象及其出色的自组装行为，以多肽为构筑基元利用超分子组装方法制备具有螺旋构象的聚合物，不仅丰富了螺旋聚合物的制备途径，同时为多肽材料的功能化应用提供了广阔的前景。

1.4 螺旋配合物的应用

螺旋分子由于其结构的特殊性，以及孔道内部的官能团使其有着奇特的性能和潜在应用价值，例如：药物传输、手性识别、荧光材料、抑菌活性、存储数据以及液晶显示材料等。

1.4.1 在药物传输方面的应用

金属-药物配合物的设计合成是当前的一个研究热点，不仅因为许多药物通过金属离子激活和生物传输，而且还由于许多药物形成金属配合物后具有改良的药理和毒理性质。在这一领域中，一个挑战性的方向就是合成螺旋金属-药物配合物并开发它们在医学、仿生化学及结构生物学方面的潜在应用。此外，氢键在DNA和蛋白质结构中充当重要角色，也在化学和生物体系的超分子组装中发挥重要作用。然而，尽管氢键螺旋在基本生物过程中很重要，但是具有氢键螺旋的金属-药物配合物的报道还很罕见。

α-卷曲螺旋结构的概念最早由Crick在1953年提出，是由两个或多个平行或反向平行的α-螺旋多肽相互缠绕在一起形成的，在天然蛋白中普遍存在，其中1.5%和0.9%的天然蛋白氨基酸序列分别由两股或三股卷曲螺旋结构形成。除了结构生物学和合理的蛋白药物设计，卷曲螺旋结构广泛地应用于药物递送系统，包括自组装纳米笼脂质体生物膜融合机理研究、无药物大分子治疗体等。通过卷曲螺旋结构设计模拟生物膜界面的自组装纳米笼在药物和生物制剂递送的新材料构建以及原细胞的开发领域有着广泛的应用。Woolfson组就利用互补多肽体系制备了自组装纳米笼。

1.4.2 在手性识别方面的应用

近年来螺旋聚合物（如聚苯乙炔、聚异氰酸酯、聚硅烷等）的合成与表征吸引了各国研究者的兴趣。其中，带有手性官能化侧基的螺旋聚苯乙炔可通过非共价键作用对手性分子产生响应，而具有手性识别能力，从而备受关注。张春红等人合成了一系列以酰胺基为链接基团的带有氨基酸乙酯侧基的动态螺旋聚苯乙炔衍生物，该类螺旋聚苯乙炔衍生物具有手性识别能力，侧基氨基酸种类不同，诱导聚苯乙炔主链形成不同的螺旋构象，聚合物表现为不同的光学活性与手性识别能力。

糖在生物过程如细胞-细胞分化和识别中起关键作用，因此变成治疗的重要目标。合成用于靶向结合糖类的受体能够被用于防止病毒传播，跨膜运输糖类和促进药物进入特定细胞。糖类识别的潜在应用促进了许多基于大环和环芳烃支架合成的受体分子的发展。因此，螺旋折叠体能够结合和识别糖类，并且可能具有更广泛的应用。

例如，Li等人研究了用手性葡萄糖诱导非手性氢键酰胺折叠体形成手性凝胶的动态过程；2015年Huc等人通过迭代设计的原则，设计合成能特意识别某种糖类的芳香酰胺螺旋折叠体，实验结构表明，不同的螺旋折叠体能够特异性识别不同的糖类，并用晶体结构证明了这一结果。

1.4.3 在荧光材料方面的应用

刘红合成出一种新型的 V-型配体，即 2,2-双(对氧乙酸基苯基)六氟丙烷，并以此为主配体，然后又分别选用了三种含氮配体 2,2′-联吡啶，邻菲罗啉，4,4′-联吡啶作为辅助配体，利用水热法，分别与过渡金属盐和稀土金属盐反应，合成出了 17 种具有螺旋结构的过渡金属配合物和 5 种具有螺旋结构的稀土金属配合物，并对这些配合物的荧光性质进行了研究。

室温下测定了锌配合物，镉配合物，铅配合物等的荧光光谱，发现金属与配体 H_2L 的荧光光谱相比，配合物的荧光光谱都发生了红移，这是配体与金属 Zn(Ⅱ)配位的结果，可以看成配体-金属的电荷跃迁。这些配合物具有荧光性质，是因为这些配合物的中心离子分别是具有 d^{10} 构型的 Pb(Ⅱ)、Zn(Ⅱ)、Cd(Ⅱ) 和具有 4f 电子的 Eu(Ⅲ)，另外配体本身就具有荧光性质，可预见这些配合物在荧光材料方面将具有潜在应用价值。

1.4.4 在抑菌活性方面的应用

自 1883 年 L. Knott 发现含吡唑环的安替吡啉具有镇痛消炎及退热作用以来，吡唑类化合物的合成与生物活性引起了人们的广泛关注，为了筛选到高活性的新的吡唑类化合物，药物化学家对吡唑环进行了大量的结构修饰并进行了生物活性评价。近年来，药物化学家研究合成了一系列含不同基团并表现出不同生物活性的吡唑类化合物。

邹敏等人以芳胺为原料，经重氮化、还原、与苯乙酮缩合及 Vilsmeier-Haack 反应制得 1-芳基-3-苯基-4-甲酰基吡唑，再与水杨酰肼反应制得 N-[(1-芳基-3-苯基-吡唑 4-基)次甲基]-2-羟基苯甲酰肼衍生物。抗菌活性测试表明，质量分数为 0.01%的化合物对大肠杆菌和白色念珠菌的抑菌率高达 100，对金黄色葡萄球菌的抑菌率达 70%以上，有极强的抑菌活性，是一类极具潜力的抗真菌和抗革兰氏阴性菌的化合物。此外，不同取代官能团对抑菌效果也有影响，1 位芳基中引入 Cl 和 Br 等卤原子，能显著增强化合物的抑菌活性，而引入-NO_2和-CH_3基团，则会降低其抑菌活性。

吡唑羧酸是一种重要的吡唑类化合物，它结合了吡唑环和羧酸类化合物的特点，这类化合物由于具有不同功能的给体原子 N 和 O，因此具有较丰富的配位模式及较强的配位能力，是一种良好的配体，此类化合物在结构上也具有一定的刚性和稳定性，同时羧基的配位平面可旋转，取向灵活，有利于与金属离子形成结构新颖的螺旋功能配位聚合物。

我们课题组以苯乙酮、草酸二乙酯、氨基尿盐酸盐、苯肼、乙酰乙酸乙酯等为原料合成不同种类的吡唑羧酸配体。用合成的吡唑羧酸配体与过渡金属盐反应，合成多种吡唑羧酸配合物。通过最低抑菌浓度方法测试了配体及其配合物的抑菌活性，结果表明配体及其配合物对金黄色葡萄球菌、枯草芽孢杆菌、白色念珠菌、大肠杆菌和绿脓杆菌均有一定的抑制作用，除锌配合物外，其他配合物对所试细菌的抑制作用强于相应的配体。这些结果显示了吡唑羧酸类配合物在生物活性方面具有潜在的应用前景，可以为进一步的研究提供参考依据。

参 考 文 献

[1] Graddon D P. An Introduction to Coordination Chemistry [J]. Pergamon Press, 1997: 4127~4136.

[2] Bruser H J, Schwarzenbach D, Petter W, et al. The crystal structure of Prussian Blue: $Fe_4[Fe(CN)_6]_3 \cdot xH_2O$ [J]. Inorganic Chemistry, 1977 (16): 2704~2710.

[3] Hoskins F, Robson R. Infinite polymeric frameworks consisting of three dimensionally linked rod-like segments [J]. Journal of the American Chemical Society, 1989, 111 (15): 5962~5964.

[4] Chae H K, Diana Y, Siberio P. A route to high surface area porosity and inclusion of large molecules in crystals [J]. Nature, 2004, 427 (5): 523~527.

[5] Hiroyasu F, Jaheon K, Nathan W. Control of vertex geometry, structure dimensionality, functionality, and pore metrics in the reticular synthesis of crystalline metal organic frameworks and polyhedra [J]. Journal of the American Chemical Society, 2008, 130 (35): 11650~11661.

[6] Liu F C, Zeng Y F, Li J R. Novel 3-D framework nickel (Ⅱ) complex with azide, nicotinic acid, and nicotinate as coligands: Hydrothermal synthesis, structure, and magnetic properties [J]. Inorganic Chemistry, 2005, 44 (21): 7298~7300.

[7] 张琳萍，侯红卫，樊耀亭. 配位聚合物 [J]. 无机化学学报，2001，16：1~12.

[8] 徐光宪，21 世纪的配位化学是处于现代化学中心地位的二级学科 [J]. 北京大学学报，2002，38：149~152.

[9] Chae H K, Siberio P D Y, Kim J. A route to high surface area, porosity and inclusion of large molecules in crystals [J]. Nature, 2004, 427: 523~527.

[10] Seki K. Surface Area Evaluation of Coordination Polymers Having Rectangular Micropores [J]. Langmuir, 2002, 18: 2441~2443.

[11] Chui S Y, Samuel M F, Charmant P H. A Chemieally Functionalizable Nanoporous Material $[Cu_3(TMA)_2(H_2O)_3]_n$ [J]. Science, 1999, 283 (5405): 1148~1150.

[12] 徐欣欣. 基于柔性有机羧酸分子组成的无机-有机杂化化合物的合成、结构及性质研究 [D]. 长春：东北师范大学，2008.

[13] Pan L, Liu H M, Lei X G. PM-l: A Recyclable Nanoporous Material Suitable for Ship-In-Bottle Synthesis and Large Hydrocarbon Sorption [J]. Angewandte Chemie. International Edition in English, 2003, 42 (5): 542~546.

[14] Kitaura R, Seki K, Akiyalma G. Porous Coordination-Polymer Crystals with Gated Channels Specific for Supercritical Gases [J]. Angewandte Chemie. International Edition in English, 2003, 42 (4): 428~431.

[15] Saalfrank R W, Maid H, HamPel F. ID-and 2D-Coordination Polymers from Self-Complementary Building Blocks: Co-Crystallization of (P) -and (M) -Single-Stranded Diastereoisomers [J]. European Journal of Inorganic Chemistry, 1999, 11: 1859~1867.

[16] KePert C J, Prior T J, Rosseinsky M J. A Versatile Family of Interconvertible Microporous Chiral Molecular Frameworks: The First Example of Ligand Control of Network Chirality [J]. Journal of the American Chemical Society, 2000, 122 (21): 5158~5168.

[17] Hanack M, Oer S, Lange A. Bisaxially coordinated macrocyclic transition metal complexes [J]. Coordination Chemistry Reviews, 1988, 83: 115~136.

[18] Riou-Cavellec M, Albinet C, Livage C. Ferromagnetism of the hybrid open framework K $[M_3(BTC)_3]\cdot 5H_2O$ (M = Fe, Co) or MIL-45 [J]. Solid State Sciences, 2002, 4: 267~270.

[19] 刘红. 新型V-型羧酸配体构筑的螺旋配合物的表征、结构与性能研究 [D]. 南昌: 南昌航空大学, 2014.

[20] Pauling L, Corey R B, Branson H R. The structure of proteins, two hydrogen-bonded helical configurations of the polypeptide chain [J]. Proceedings of the National Academy of Sciences of the USA, 1951, 37 (4): 205~211.

[21] Watson J D, Crick F H C. A Structure for Deoxyribose Nucleic Acid [J]. Nature, 1953, 171: 728~737.

[22] Jung J H, Ono Y, Shinkai S. Sol-Gel Polycondensation in a Cyclohexane-Based Organogel System in Helical Silica: Creation of both Right-and Left-Handed Silica Structures by Helical Organogel Fibers [J]. European Journal of Inorganic Chemistry, 2000, 6 (24): 4552~4557.

[23] Yashima E, Maeda K, Nishimura T. Detection and Amplification of Chirality by Helical Polymers [J]. European Journal of Inorganic Chemistry, 2004, 10 (1): 42~51.

[24] Lehn J M, Rigault A, Siegel J, et al. Spontaneous assembly of double-stranded helicates from oligobipyridine ligands and copper (Ⅰ) cations: structure of an inorganic double helix [J]. Proceedings of the National Academy of Sciences of the USA, 1987, 84 (9): 2565~2569.

[25] Albrecht M. Let's Twist Again Double-Stranded, Triple-Stranded, and Circular Helicates [J]. Chemical Reviews, 2001, 101 (11): 3457~3498.

[26] Janiak C. Engineering coordination polymers towards applications [J]. Dalton Transactions, 2003: 2781~2804.

[27] Berl V, Huc I, Khoury R G, et al. Interconversion of single and double helices formed from synthetic molecular strands [J]. Nature, 2000, 407: 720~723.

[28] Han L, Hong M C. Recent advances in the design and construction of helical coordination polymers [J]. Inorganic Chemistry Communications, 2005, 8: 406~419.

[29] Moulton B, Zaworotko M J. From Molecules to Crystal Engineering: Supramolecular Isomerism and Polymorphism in Network Solids [J]. Chemical Reviews, 2001, 101: 1629~1658.

[30] Wu B, Zhang W J, Yu S Y, et al. Synthesis and structure of a helical polymer [Ag (R, R-DIOP) (NO_3)]$_n$ {DIOP= (4R, 5R) -trans-4,5-bis[(diphenylphosphino) methyl] -2, 2-dimethyl-1,3-dioxalane} [J]. Journal of the Chemical Society, Dalton Transactions, 1997: 1795~1796.

[31] Anthony S P, Radhakrishnan T P. Helical and network coordination polymers based on a novel C_2-symmetric ligand: SHG enhancement through specific metal coordination [J]. Chemical Communications, 2004: 1058~1059.

[32] Jouaiti A, Hosseini M W, Kyritsakas N. Molecular tectonics: infinite cationic double stranded helical coordination networks [J]. Chemical Communications, 2003: 472~473.

[33] Grosshans P, Jouaiti A, Bulach V, et al. Molecular tectonics: from enantiomerically pure sugars to enantiomerically pure triple stranded helical coordination network [J]. Chemical Communications, 2003: 1336~1337.

[34] 洪茂椿，吴新涛，曹荣，等. 新型无机聚合物的设计合成、结构规律与性能研究 [J]. 化学进展，2003，15 (4): 249~251.

[35] Hong M C, Zhao Y J, Su W P, et al. A Nanometer-Sized Metallosupramolecular Cube with O_h Symmetry [J]. Journal of the American Chemical Society, 2000, 122 (19): 4819~4820.

[36] Hong M C, Zhao Y J, Su W P, et al. A Silver (Ⅰ) Coordination Polymer Chain Containing Nanosized Tubes with Anionic and Solvent Molecule Guests Angew [J]. Angewandte Chemie International Edition, 2000, 39 (14): 2468~2470.

[37] Hong M C, Su W P, Cao R, et al. Assembly of Silver (Ⅰ) Polymers with Helical and Lamellar Structures [J]. Chemistry-A European Journal, 2000, 6 (3): 427~431.

[38] Zhao Y J, Hong M C, Su W P, et al. A Thirty-membered Macrocyclic Binuclear Metal Complex: Synthesis and Structural Characterization of [Ag_2(psb)^2]$^{2+}$ (psb = 1,2-Bis[(4-pyridinyl)-sulfanylnlethyl] benzene) [J]. Chemistry Letters, 2000: 28~29.

[39] Wang R H, Hong M C, Su W P, et al. Copper-Organic Coordination Polymers with Porous Structure [J]. Bulletin of the Chemical Society of Japan, 2002, 75: 725~730.

[40] Kesanli B, Lin W B. Chiral porous coordination networks: rational design and applications in enantioselective processes [J]. Coordination Chemistry Reviews, 2003, 246: 305~326.

[41] Wang R H, Hong M C, Su W P, et al. Silver (Ⅰ) complexes derived from versatile multidentate chelating ligand [J]. Inorganica Chimica Acta, 2001, 323: 139~146.

[42] Zhao Y J, Hong M C, Liang Y C, et al. Syntheses and structural characterization of silver (Ⅰ) complexes with versatile heterocyclic sulfur and nitrogen donor ligands [J]. Polyhedron, 2001, 20 (20): 2619~2625.

[43] Wang R H, Hong M C, Weng J B, et al. A one-dimensional coordination polymer containing tetragonal boxes with solvent guests [J]. Inorganic Chemistry Communications, 2000, 3 (9): 486~488.

[44] Wang R H, Hong M C, Su W P, et al. Syntheses and Crystal Structures of Silver (Ⅰ) Organosulfur Polymers as One-Dimensional Chains [J]. Australian Journal of Chemistry, 2003, 56: 1167~1171.

[45] Cui Y, Ngo H L, Lin W B. A homochiral triple helix constructed from an axially chiral bipyridine [J]. Chemical Communications, 2003: 1388~1389.

[46] Cui Y, Lee S J, Lin W B. Interlocked Chiral Nanotubes Assembled from Quintuple Helices [J]. Journal of the American Chemical Society, 2003, 125 (20): 6014~6015.

[47] Nomiya K, Takahashi S, Noguchi R, et al. Synthesis and Characterization of Water-Soluble Silver (Ⅰ) Complexes with l-Histidine (H_2 his) and (*S*) - (-) -2-Pyrrolidone-5-carboxylic Acid (H_2pyrrld) Showing a Wide Spectrum of Effective Antibacterial and Antifungal Activities. Crystal Structures of Chiral Helical Polymers [Ag (Hhis)]$_n$ and {[Ag (Hpyrrld)]$_2$}$_n$ in the Solid State [J]. Inorganic Chemistry, 2000, 39 (15): 3301~3311.

[48] Erxleben A. Synthesis and structure of{[Ag (SalGly)] center dot 0.33H (2) O} (n): An infinite double helical coordination polymer [J]. Inorganic Chemistry, 2001, 40 (12): 2928~2931.

[49] Ranford J D, Vittal J J, Wu D, et al. Thermal Conversion of a Helical Coil into a Three-Dimensional Chiral Framework [J]. Angewandte Chemie International Edition, 1999, 38 (23): 3498~3501.

[50] Evans O R, Wang Z Y, Lin W B. An unprecedented 3D coordination network composed of two intersecting helices [J]. Chemical Communications, 1999: 1903~1904.

[51] Zhao Y J, Hong M C, Sun D F, et al. A novel coordination polymercontaining puckered rhombus grids [J]. Journal of the Chemical Society, Dalton Transactions, 2002, 2 (7): 1354~1357.

[52] Zhao Y J, Hong M C, Sun D F, et al. A puckered 2D copper coordination polymer with dimensions 14.91 × 12.63 Å [J]. Inorganic Chemistry Communications, 2002, 5 (8): 565~568.

[53] Li X, Cao R, Sun Y Q, et al. Syntheses and Characterizations of Coordination Polymers Constructed from 4-Pyridylacetic Acid [J]. Crystal Growth & Design, 2004, 4 (2): 255~261.

[54] Han L, Hong M C, Wang R H, et al. A novel nonlinear optically active tubular coordination network based on two distinct homo-chiral helices [J]. Chemical Communications, 2003: 2580~2581.

[55] Han L, Luo J H, Hong M C, et al. Synthesis and Crystal Structure of a Puckered Rhombus Grid-like Coordination Polymer with Bridging Ligand Containing Sulfanyl Linker [J]. Chinese Journal of Chemistry, 2004, 22 (1): 51~54.

[56] Han L, Wang R H, Yuan D Q, et al. Hierarchical assembly of a novel luminescent silver coordination framework with 4-(4-pyridylthiomethyl) benzoic acid [J]. Journal of Molecular Structure, 2005, 737 (1): 55~59.

[57] Biradha K, Seward C, Zaworotko M J. Helical Coordination Polymers with Large Chiral Cavities

[J]. Angewandte Chemie International Edition, 1999, 38 (4): 492~495.

[58] Zhou Y F, Jiang F L, Xu Y, et al. Two-dimensional lanthanide-isophthalate coordination polymers containing right- and left-handed helical chains [J]. Journal of Molecular Structure, 2004, 691: 191~195.

[59] Kepert C J, Prior T J, Rosseinsky M J. A Versatile Family of Interconvertible Microporous Chiral Molecular Frameworks: The First Example of Ligand Control of Network Chirality [J]. Journal of the American Chemical Society, 2000, 122 (21): 5158~5168.

[60] Prior T J, Rosseinsky M J. Chiral Direction and Interconnection of Helical Three-Connected Networks in Metal-Organic Frameworks [J]. Inorganic Chemistry, 2003, 42 (5): 1564~1575.

2 新型V-型羧酸配体构筑的螺旋配合物

配位聚合物由于其丰富多彩的结构和在磁性、发光、吸附等方面的潜在应用价值而备受关注。其中螺旋配合物由于其螺旋结构广泛出现在蛋白质，胶原蛋白，石英，碳纳米管和一些天然的或者人工制作的衍生物中而引起了人们更多的关注。螺旋配位聚合物[1~3]依靠其特殊的结构特征和特有的功能特性以及在多个领域（光学器件、不对称催化、仿生材料、传感器等方面）的潜在应用前景已经成为配位化学和材料科学的研究热点之一，然而，理性设计和合成具有特定功能的螺旋配合物仍然充满挑战，对螺旋配合物的研究也具有无限潜力。

本章[4]主要介绍一种以双酚AF为原料构建的新型V-型羧酸配体2,2′-双(对氧乙酸基苯基)六氟丙烷，并用合成的V-型羧酸为主配体，选择2,2′-联吡啶，4,4′-联吡啶，邻菲罗啉为辅助配体，与过渡金属盐反应，构建出多种含有螺旋链结构的配合物。

通过元素分析、红外光谱、X射线单晶衍射、荧光性质、磁性表征等分析螺旋物的结构，并对配合物形成的螺旋结构进行比较和分析，探讨V-型配体和含氮配体（复配体）对螺旋结构形成的影响，并对这些配合物在荧光材料和磁性材料方面的潜在的应用价值进行了分析。

2.1 基于柔性V型二羧酸配体合理组装Pb(Ⅱ)/Cd(Ⅱ)/Mn(Ⅱ) 螺旋配位聚合物[5]

2.1.1 实验部分

通过SGW X-4显微熔点仪测定熔点，配体H_2L及其配位聚合物的C、H、N元素分析是通过元素分析仪FlashEA-1112测试获得的。红外光谱是用美国的Nicolet Avatar 360型红外光谱仪测得的，样品采用KBr压片，波段4000~400cm^{-1}。配体及其配合物的荧光光谱是由Hitachi F-7000型荧光分光光度计测定，扫描速度为1200nm/min。热重分析（TG）使用的仪器是ZRY-2P综合热分析仪，测定条件为氮气氛围，升温速度是10℃/min。粉末X-射线衍射通过Bruker D8-advance粉末衍射仪，采用Cu靶K_α(λ=0.15418nm）射线作为X-射线源完成。变温磁化率使用(Quantum Design MPMS-5 SQUID)测定，温度范围5~320K。

2.1.1.1 2,2-双(对氧乙酸基苯基)六氟丙烷的合成及表征

A 合成步骤

（1）1.68g 双酚 AF 溶解于 10mL 丙酮中，搅拌状态下加入 2.0g $KaCO_3$，0.5g KI，再滴加 2.0g $ClCH_2COOEt$，回流搅拌反应，TLC 跟踪检测（乙酸乙酯：石油醚=1：5），2h 时原料反应彻底，旋去溶剂，残留用水溶解，乙酸乙酯萃取（3mL×3），旋去溶剂，得 2.60g 白色晶体。

（2）用 5.0mL 甲醇溶解中间体，然后加入 30%的 NaOH 溶液，调 pH 值至强碱性，回流搅拌，TLC 跟踪检测（甲醇：二氯甲烷=1：5），1.5h 后，原料反应完全，旋干溶剂，水溶解固体，用 10%的盐酸调 pH=4.0，析出白色固体，过滤，水洗，真空干燥。产率：85%。合成路线如图 2-1 所示。

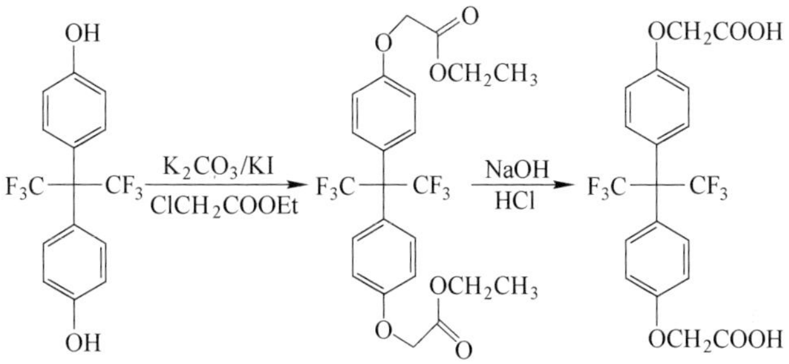

图 2-1 2,2-双(对氧乙酸基苯基)六氟丙烷的合成路线图

B H_2L 的表征

（1）熔点：177~179℃。

（2）元素分析：计算值（$C_{19}H_{14}O_6F_6$）：C 50.45，H 3.12%；实际值：C 50.26，H 3.25%。

（3）红外表征：3129，2985，2923，1738（C=O），1612，1516，1432，1334，1295，1253，1209，1179，1134，1080，966，928，890，828，737，702，678，534。

（4）核磁共振氢谱分析：1H NMR（DMSO-d6，400MHz）δ：4.52(s，4H)，6.95(s，4H)，7.20(s，4H)。

（5）质谱分析：MS（ESI^-）m/z 451.08，如图 2-2 所示。

2.1.1.2 配合物[Pb(L)(H_2O)](**1**)的合成与表征

将 $PbNO_3·6H_2O$(0.1mmol) 和 H_2L 按摩尔比 1：1 混合后，加入 7mL H_2O 和 3mL 乙醇，再加入 0.1mmol NaOH(0.65mol/L 水溶液)，然后将混合物置于容

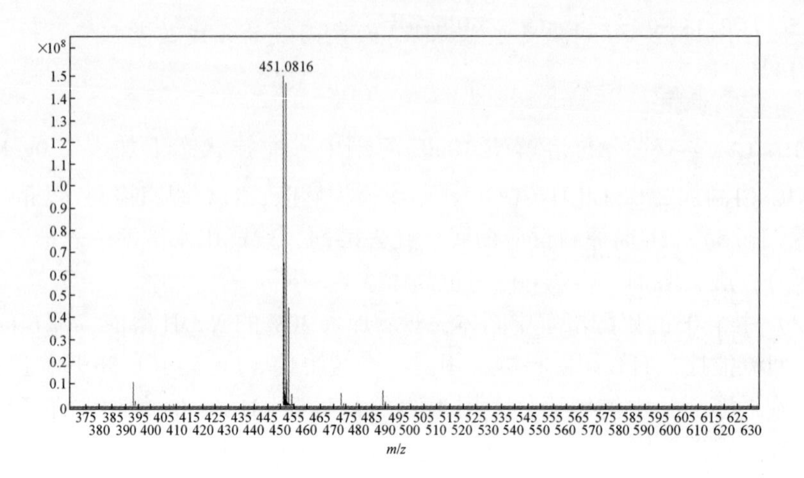

图 2-2 H_2L 配体的质谱图

积为25mL的密封反应釜中，在120℃下加热反应72h，然后缓慢冷却至室温，过滤，得到无色透明块状晶体（产率26.8%）。元素分析（%）：以$C_{19}H_{14}F_6O_7Pb$为基础的理论值：C 33.78，H 2.09。实际值（%）：C 33.94，H 2.16。IR（KBr压片，v/cm^{-1}）：3408，3132，1611（C＝O），1515，1399，1242，1175，1061，969，930，827，714，638，532。

2.1.1.3 配合物[Pb(L)(phen)](**2**)的合成与表征

将$Pb(NO_3)\cdot 6H_2O$(0.1mmol)、H_2L和phen按摩尔比1∶1∶1混合后，加10mL H_2O，再加入0.2mmol NaOH（0.65mol/L水溶液），然后将混合物置于容积为25mL的密封反应釜中，在120℃下加热反应72h，然后缓慢冷却至室温，过滤，得到无色透明块状晶体（产率39.5%）。元素分析（%）：以$C_{31}H_{20}PbF_6N_2O_6$为基础的理论值：C 44.45，H 2.41，N 3.34。实际值（%）：C 44.67，H 2.54，N 3.21。IR（KBr压片，v/cm^{-1}）：3069，2919，2853，1569（C＝O），1515，1416，1333，1299，1249，1174，1133，1062，967，929，846，822，771，708，634，609，547。

2.1.1.4 配合物$[Pb_2(L)_2(4,4'\text{-bipy})_{0.5}]$(**3**)的合成与表征

将$PbNO_3\cdot 6H_2O$(0.1mmol)、H_2L和4,4′-bipy按摩尔比1∶1∶1混合后，加入7mL H_2O和3mL乙醇，再加入0.2mmol NaOH（0.65mol/L水溶液），然后将混合物置于容积为25mL的密封反应釜中，在140℃下加热反应72h，然后缓慢冷却至室温，过滤，得到无色透明块状晶体（产率31.2%）。元素分析（%）：以$C_{43}H_{28}F_{12}NO_{12}Pb_2$为基础的理论值：C 37.07，H 2.03，N 1.01。实际值（%）：

C 37.15, H 2.11, N 1.16。IR（KBr 压片, v/cm^{-1}）: 3067, 2918, 1591(C=O), 1514, 1421, 1333, 1296, 1245, 1177, 1136, 1057, 963, 930, 824, 708。

2.1.1.5 配合物[Cd(L)(phen)](**4**)的合成与表征

将 $CdCl_2 \cdot 2.5H_2O$(0.1mmol)、H_2L 和 phen 按摩尔比 1：1：1 混合后，加入 7mL H_2O 和 3mL 乙醇，再加入 0.2mmol NaOH（0.65mol/L 水溶液），然后将混合物置于容积为 25mL 的密封反应釜中，在 130°C 下加热反应 72h，然后缓慢冷却至室温，过滤，得到无色透明块状晶体（产率 31.8%）。元素分析（%）：以 $C_{31}H_{20}CdF_6N_2O_6$为基础的理论值：C 50.12, H 2.71, N 3.77。实际值（%）：C 50.27, H 2.82, N 3.84。IR（KBr 压片, v/cm^{-1}）: 3053, 2945, 1612(C=O), 1514, 1423, 1254, 1200, 1175, 1138, 1057, 962, 927, 837, 725, 613, 546。

2.1.1.6 配合物 [Cd(L)(4,4′-bipy)]·H_2O(**5**)的合成与表征

将 $Cd(NO_3)_2 \cdot 4H_2O$(0.1mmol)、H_2L 和 4,4′-bipy 按摩尔比 1：1：1 混合后，加入 10mL H_2O，再加入 0.2mmol NaOH（0.65mol/L 水溶液），然后将混合物置于容积为 25mL 的密封反应釜中，在 140°C 下加热反应 72h，然后缓慢冷却至室温，过滤，得到无色透明块状晶体（产率 33.4%）。元素分析（%）：以 $C_{29}H_{22}CdF_6N_2O_7$为基础的理论值：C 47.26, H 3.01, N 3.80。实际值（%）：C 47.39, H 3.09, N 3.94。IR（KBr 压片, v/cm^{-1}）: 3609, 3053, 2920, 1607(C=O), 1514, 1458, 1418, 1252, 1178, 1049, 1010, 965, 932, 831, 808, 712, 629, 540。

2.1.1.7 配合物 [Mn(L)(4,4′-bipy)]·H_2O(**6**)的合成与表征

将 $MnSO_4 \cdot H_2O$(0.1mmol)、H_2L 和 4,4′-bipy 按摩尔比 2：1：1 混合后，加入 10mL H_2O 和 0.2mmol NaOH（0.65mol/L 水溶液），然后将混合物置于容积为 25mL 的密封反应釜中，在 100℃ 下加热反应 72h，然后缓慢冷却至室温，过滤，得到无色透明块状晶体（产率 25.2%）。元素分析（%）：以 $C_{29}H_{22}MnF_6N_2O_7$为基础的理论值：C 51.26, H 3.26, N 4.12。实际值（%）：C 51.37, H 3.37, N 4.20。IR（KBr 压片, v/cm^{-1}）: 3358, 3069, 2924, 1604(C=O), 1577, 1518, 1450, 1414, 1360, 1323, 1297, 1256, 1170, 1129, 1052, 1025, 967, 921, 854, 827, 799, 705, 618, 546。

2.1.1.8 配合物单晶 X 射线衍射实验数据

选取合适大小的晶体置于 Brucker APEXⅡ单晶衍射仪，在 298K 条件下采用

石墨单色化 Mo-K_{α} 射线（$\lambda = 0.071073$nm），收集衍射点数据。用直接法解晶体结构，用全矩阵最小二乘法修正参数，用 SHELX-97（Sheldrick，1997）和 SHELXL-97（Sheldrick，1997）程序包完成[6,7]计算。

配合物 **1~6** 的晶体学数据见表 2-1，键长与键角数据见表 2-2，氢键数据见表 2-3。配体在配合物 **1~6** 中的配位模式如图 2-3 所示。

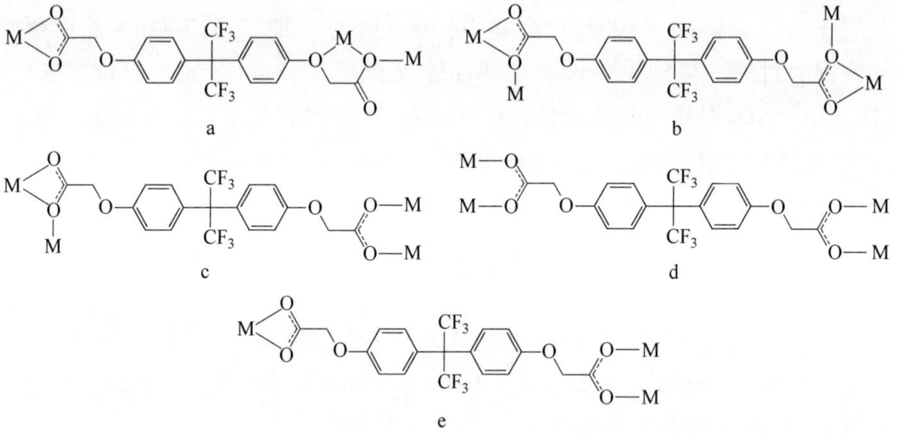

图 2-3 H_2L 配体的配位方式

表 2-1 配合物 1~6 的晶体学数据

配合物	**1**	**2**	**3**	**4**	**5**	**6**
分子式	$C_{19}H_{14}F_6O_7Pb$	$C_{31}H_{20}F_6N_2O_6Pb$	$C_{43}H_{28}F_{12}NO_{12}Pb_2$	$C_{31}H_{20}F_6N_2O_6Cd$	$C_{29}H_{22}F_6N_2O_7Cd$	$C_{29}H_{22}F_6N_2O_7Mn$
分子量	675. 49	837. 68	1393. 04	742. 89	736. 89	679. 43
T/K	296(2)	296(2)	296(2)	296(2)	296(2)	296(2)
晶系	Monoclinic	Monoclinic	Triclinic	Monoclinic	Monoclinic	Monoclinic
空间群	$P2_1/c$	$P2_1/n$	$P\bar{1}$	$P2_1/n$	$P2_1/c$	$P2_1/c$
a/nm	1. 4634(17)	0. 7957(9)	0. 7723(6)	0. 7481(4)	1. 5621(9)	1. 5184(2)
b/nm	0. 7219(8)	3. 1578(4)	1. 5875(13)	3. 3068(19)	0. 7595(4)	0. 7770(11)
c/nm	1. 9945(2)	1. 1596(14)	1. 7587(15)	1. 1682(7)	2. 3480(14)	2. 3302(3)
α/(°)	90	90	93. 3870(10)	90	90	90
β/(°)	104. 2070(10)	95. 6460(10)	94. 2880(10)	94. 1070(10)	102. 5300(10)	101. 9290(2)
γ/(°)	90	90	100. 7060(10)	90	90	90
V/nm^3	2. 0425(4)	2. 8994(6)	2. 1069(3)	2. 8823(3)	2. 7195(3)	2. 6898(7)

续表 2-1

配合物	1	2	3	4	5	6
晶胞中分子数量 Z	4	4	2	4	4	4
D_C/g·cm^{-3}	2. 197	1. 919	2. 196	1. 712	1. 800	1. 678
线性吸收系数 μ/mm^{-1}	8. 355	5. 906	8. 101	0. 845	0. 898	0. 586
单胞中电子的数目 F(000)	1280	1616	1322	1480	1472	1380
θ/(°)	2. 24~25. 50	2. 19~25. 50	2. 33~25. 50	2. 54~25. 50	2. 44~25. 50	2. 74~25. 50
拟合优度 S 值	1060	1078	1008	1095	1018	1009
收集的所有衍射数目	15018	21405	16272	22072	20185	14244
精修的衍射数目	3807	5393	7787	5345	5057	5013
等价衍射点在衍射强度上的差异值 R_{int}	0. 0279	0. 0459	0. 0446	0. 0240	0. 0471	0. 0242
可观测衍射点的 R_1，wR_2 [$I>2\sigma(I)$]	0. 0196, 0. 0471	0. 0415, 0. 1060	0. 0340, 0. 0752	0. 0306, 0. 0536	0. 0327, 0. 0703	0. 0387, 0. 1073
全部衍射点的 R_1，wR_2	0. 0266, 0. 0505	0. 0528, 0. 1116	0. 0553, 0. 0837	0. 0403, 0. 0568	0. 0552, 0. 0790	0. 0462, 0. 1132

表 2-2　配合物 1~6 的键长（nm）和键角（°）数据

		1			
Pb(1)-O(1)	0. 2456(2)	Pb(1)-O(1)#1	0. 2410(2)	Pb(1)-O(3)	0. 2855(2)
Pb(1)-O(5)#2	0. 2616(3)	Pb(1)-O(6)#2	0. 2521(3)	Pb(1)-O(7)	0. 2614(3)
O(1)#1-Pb(1)-O(1)	67. 39(9)	O(1)#1-Pb(1)-O(6)#2	78. 66(8)	O(1)-Pb(1)-O(6)#2	78. 87(8)
O(1)#1-Pb(1)-O(7)	77. 51(11)	O(1)-Pb(1)-O(7)	79. 74(8)	O(6)#2-Pb(1)-O(7)	152. 66(10)
O(1)#1-Pb(1)-O(5)#2	94. 05(10)	O(1)-Pb(1)-O(5)#2	128. 81(8)	O(6)#2-Pb(1)-O(5)#2	50. 25(9)
O(7)-Pb(1)-O(5)#2	144. 80(10)				
		2			
Pb(1)-O(1)	0. 2725(5)	Pb(1)-O(2)	0. 2440(5)	Pb(1)-O(1)#1	0. 2889(5)

续表 2-2

2					
Pb(1)-O(5)#2	0.2806(6)	Pb(1)-O(6)#2	0.2591(5)	Pb(1)-O(6)#3	0.2843(5)
Pb(1)-N(1)	0.2621(6)	Pb(1)-N(2)	0.2655(6)		
O(2)-Pb(1)-O(6)#2	86.53(18)	O(2)-Pb(1)-N(1)	75.93(17)	O(6)#2-Pb(1)-N(1)	79.42(17)
O(2)-Pb(1)-N(2)	78.75(18)	O(6)#2-Pb(1)-N(2)	141.28(17)	N(1)-Pb(1)-N(2)	62.36(18)
O(2)-Pb(1)-O(1)	49.79(16)	O(6)#2-Pb(1)-O(1)	111.55(17)	N(1)-Pb(1)-O(1)	121.94(17)
N(2)-Pb(1)-O(1)	85.61(18)				
3					
Pb(1)-O(1)	0.2501(5)	Pb(1)-O(2)	0.2823(5)	Pb(1)-O(6)#1	0.2735(5)
Pb(1)-O(11)#2	0.2584(4)	Pb(1)-O(12)#2	0.2469(5)	Pb(1)-N(1)	0.2600(5)
Pb(2)-O(2)#3	0.2533(5)	Pb(2)-O(5)	0.2431(6)	Pb(2)-O(6)	0.2763(5)
Pb(2)-O(7)	0.2506(5)	Pb(2)-O(8)#4	0.2769(5)	Pb(2)-O(11)#5	0.2535(5)
O(12)#2-Pb(1)-O(1)	75.22(16)	O(1)-Pb(1)-O(11)#2	78.67(16)	O(1)-Pb(1)-N(1)	87.26(17)
O(12)#2-Pb(1)-O(11)#2	51.43(15)	O(12)#2-Pb(1)-N(1)	74.30(16)	O(11)#2-Pb(1)-N(1)	125.71(16)
O(12)#2-Pb(1)-O(6)#1	103.00(16)	O(11)#2-Pb(1)-O(6)#1	109.45(16)	O(5)-Pb(2)-O(7)	106.7(2)
O(1)-Pb(1)-O(6)#1	168.40(15)	N(1)-Pb(1)-O(6)#1	81.26(17)	O(5)-Pb(2)-O(2)#3	93.1(2)
O(7)-Pb(2)-O(2)#3	89.07(17)	O(5)-Pb(2)-O(11)#5	98.12(19)	O(7)-Pb(2)-O(11)#5	106.53(17)
O(2)#3-Pb(2)-O(11)#5	157.12(17)				
4					
Cd(1)-O(1)	0.2275(2)	Cd(1)-O(2)#1	0.2255(2)	Cd(1)-O(5)#2	0.2268(2)
Cd(1)-O(6)#3	0.2268(2)	Cd(1)-N(1)	0.2403(2)	Cd(1)-N(2)	0.2408(2)
O(2)#1-Cd(1)-O(6)#3	87.25(8)	O(6)#3-Cd(1)-O(5)#2	144.76(7)	O(6)#3-Cd(1)-O(1)	83.96(9)
O(2)#1-Cd(1)-O(5)#2	83.36(9)	O(2)#1-Cd(1)-O(1)	144.67(7)	O(5)#2-Cd(1)-O(1)	84.38(8)
O(2)#1-Cd(1)-N(1)	129.63(8)	O(5)#2-Cd(1)-N(1)	129.04(8)	O(2)#1-Cd(1)-N(2)	86.20(8)
O(6)#3-Cd(1)-N(1)	82.11(8)	O(1)-Cd(1)-N(1)	82.89(8)	O(6)#3-Cd(1)-N(2)	134.86(8)
O(5)#2-Cd(1)-N(2)	78.37(8)	O(1)-Cd(1)-N(2)	123.33(8)	N(1)-Cd(1)-N(2)	68.54(7)
5					
Cd(1)-O(1)	0.2237(2)	Cd(1)-O(2)#1	0.2277(3)	Cd(1)-O(5)#2	0.2399(3)
Cd(1)-O(6)#2	0.2378(2)	Cd(1)-N(1)	0.2348(3)	Cd(1)-N(2)#3	0.2350(3)
O(1)-Cd(1)-O(2)#1	93.62(9)	O(2)#1-Cd(1)-N(1)	100.18(10)	O(2)#1-Cd(1)-N(2)#3	90.97(10)
O(1)-Cd(1)-N(1)	92.87(10)	O(1)-Cd(1)-N(2)#3	81.99(10)	N(1)-Cd(1)-N(2)#3	168.03(11)
O(1)-Cd(1)-O(6)#2	172.68(9)	N(1)-Cd(1)-O(6)#2	87.47(10)	O(1)-Cd(1)-O(5)#2	117.68(9)
O(2)#1-Cd(1)-O(6)#2	93.52(9)	N(2)#3-Cd(1)-O(6)#2	96.25(10)	O(2)#1-Cd(1)-O(5)#2	147.50(9)
N(1)-Cd(1)-O(5)#2	87.48(9)	O(6)#2-Cd(1)-O(5)#2	55.01(9)	N(2)#3-Cd(1)-O(5)#2	85.39(10)

续表 2-2

6					
Mn(1)-O(1)	0.2115(19)	Mn(1)-O(2)#1	0.2123(2)	Mn(1)-O(5)#2	0.2253(2)
Mn(1)-O(6)#2	0.2312(2)	Mn(1)-N(1)	0.2311(2)	Mn(1)-N(2)#3	0.2289(2)
O(1)-Mn(1)-O(2)#1	95.06(8)	O(2)#1-Mn(1)-O(5)#2	94.41(7)	O(2)#1-Mn(1)-N(2)#3	93.42(8)
O(1)-Mn(1)-O(5)#2	170.53(8)	O(1)-Mn(1)-N(2)#3	83.68(8)	O(5)#2-Mn(1)-N(2)#3	95.66(8)
O(1)-Mn(1)-N(1)	90.98(8)	O(5)#2-Mn(1)-N(1)	87.55(8)	O(1)-Mn(1)-O(6)#2	112.90(7)
O(2)#1-Mn(1)-N(1)	99.50(8)	N(2)#3-Mn(1)-N(1)	166.42(9)	O(2)#1-Mn(1)-O(6)#2	151.67(7)
O(5)#2-Mn(1)-O(6)#2	57.65(7)	N(1)-Mn(1)-O(6)#2	85.05(8)	N(2)#3-Mn(1)-O(6)#2	85.55(8)

注：对称操作：配合物**1**：#1 $-x$，$-y+1$，$-z$；#2 $-x+1$，$y-1/2$，$-z+1/2$。配合物**2**：#1 $-x+1$，$-y+2$，$-z+2$；#2 $x-1/2$，$-y+3/2$，$z+1/2$；#3 $-x+1/2$，$y+1/2$，$-z+3/2$。配合物**3**：#1 x，y，$z-1$；#2 $-x$，$-y+2$，$-z$；#3 $-x+1$，$-y+1$，$-z$；#4 $-x+2$，$-y+1$，$-z+1$；#5 $-x+1$，$-y+2$，$-z+1$。配合物**4**：#1 $-x$，$-y+2$，$-z+2$；#2 $-x-1/2$，$y+1/2$，$-z+3/2$；#3 $x+1/2$，$-y+3/2$，$z+1/2$。配合物**5**：#1 $-x+1$，$-y+2$，$-z+1$；#2 $-x+1$，$y-1/2$，$-z+3/2$；#3 x，$-y+3/2$，$z+1/2$。配合物**6**：#1 $-x+1$，$-y+1$，$-z+1$；#2 $-x+1$，$y-1/2$，$-z+3/2$；#3 x，$-y+1/2$，$z+1/2$。

表 2-3 配合物 1 和配合物 4~6 的氢键（nm 和°）数据

D-H···A	d（D-H）	d（H···A）	d（D···A）	<（DHA）
1				
O7-H1W···O5#1	0.083(2)	0.1909(17)	0.2710(4)	161(4)
O7-H2W···O6#2	0.084(3)	0.206(2)	0.2842(4)	155(3)
C5-H5···F2	0.093	0.238	0.3032(4)	127
C13-H13···F5	0.093	0.243	0.2878(4)	109
C18-H18A···F3#3	0.097	0.251	0.3360(4)	146
对称操作：#1 $x-1$，$-y+1/2$，$z-1/2$；#2 $x-1$，$-y+3/2$，$z-1/2$；#3 x，$y+1$，z				
4				
C5-H5···F6#1	0.093	0.253	0.3244(3)	133
C7-H7···F4	0.093	0.245	0.3045(4)	122
C13-H13···F3	0.093	0.238	0.3008(3)	125
C18-H18A···O2#2	0.097	0.260	0.3427(4)	144
C25-H25···O1#3	0.093	0.260	0.3379(3)	142
对称操作：#1 $x-1/2$，$-y+3/2$，$z-1/2$；#2 $x+1/2$，$-y+3/2$，$z-1/2$；#3 $-x$，$-y+2$，$-z+1$				

续表 2-3

D-H···A	d (D-H)	d (H···A)	d (D···A)	< (DHA)
		5		
O7-H1W···O2	0.085	0.206	0.2910(5)	174
C5-H5···O7#1	0.093	0.258	0.3478(6)	163
C7-H7···F1	0.093	0.228	0.2939(4)	128
C17-H17···F4	0.093	0.235	0.2972(4)	124
C20-H20···O6#2	0.093	0.256	0.3223(4)	128
C27-H27···O5#3	0.093	0.245	0.3128 (4)	129
对称操作：#1 x, $-y+3/2$, $z-1/2$；#2 $-x+1$, $y-1/2$, $-z+3/2$；#3 $-x+1$, $-y+2$, $-z+1$				
		6		
O7-H2W···O6	0.103	0.244	0.3405(7)	156
C2-H2A···O6#1	0.097	0.2360	0.3266(3)	155
C5-H5···O7	0.093	0.2590	0.3487(7)	163
C7-H7···F6	0.093	0.2270	0.2933(3)	128
C17-H17···F1	0.093	0.2350	0.2975(3)	124
C24-H24···O5#2	0.093	0.2580	0.3189(4)	123
C28-H28···O6#3	0.093	0.2420	0.3067(3)	127
对称操作：#1 x, $-y+1/2$, $z-1/2$；#2 $-x+1$, $y-1/2$, $-z+3/2$；#3 $-x+1$, $-y+1$, $-z+1$				

2.1.2　结果与讨论

2.1.2.1　配合物 [Pb(L)(H_2O)] (**1**)的晶体结构

单晶 X 射线衍射分析表明，配合物 **1** 的不对称结构单元中包含一个 Pb^{2+} 离子、一个 H_2L 配体和一个配位水分子，如图 2-4a 所示。中心离子 Pb^{2+} 与来自三个 H_2L 配体的五个氧原子和来自配位水分子的一个氧原子配位，形成一个扭曲的八面体。在配合物 **1** 中配体上的两个羧基都解离了，分别采取 μ_1-η^1：η^1，μ_1-η^1：η^0的配位模式，而且其中的一个醚氧原子也参加了配位，只有一种配位模式，如图 2-3a 所示。在配合物 **1** 中配体只有一种取向，配体上的两个苯环形成的二面角为 65.30°。配合物 **1** 中的 Pb(Ⅱ) 离子与来自三个 L^{2-} 配体和一个水氧原子的五个氧原子六配位，显示出扭曲的八面体几何构型 [Pb_1O_6]。Pb-O 键长在 0.2410~0.2855nm 范围内，与报道值[8,9]非常近似。每两个 [Pb_1O_6] 多面体彼此共享边，形成 [Pb_2O_{10}] 多面体（如图 2-4b 所示）。最后，所有 [Pb_2O_{10}]

多面体通过L^{2-}配体连接，形成具有I^0O^2类型的2-D结构。在二维层中可以观察到沿b轴方向伸展的单螺旋链结构，重复单元是-Pb-L^{2-}-Pb-L^{2-}，螺距为0.7219nm，等于晶胞参数b的值，如图2-4c所示。通过拓扑方法[10]可以更好地了解结构。每个［Pb_2O_{10}］多面体，由四个L^{2-}配体包围，可视为四连接节点；每个L^{2-}配体连接两个［Pb_2O_{10}］多面体，并且可以被认为是线性连接体，配合物**1**的整体结构可以简化为4连接的sql拓扑结构，拓扑符号为｛$4^4 \cdot 6^2$｝（如图2-4d所示）。

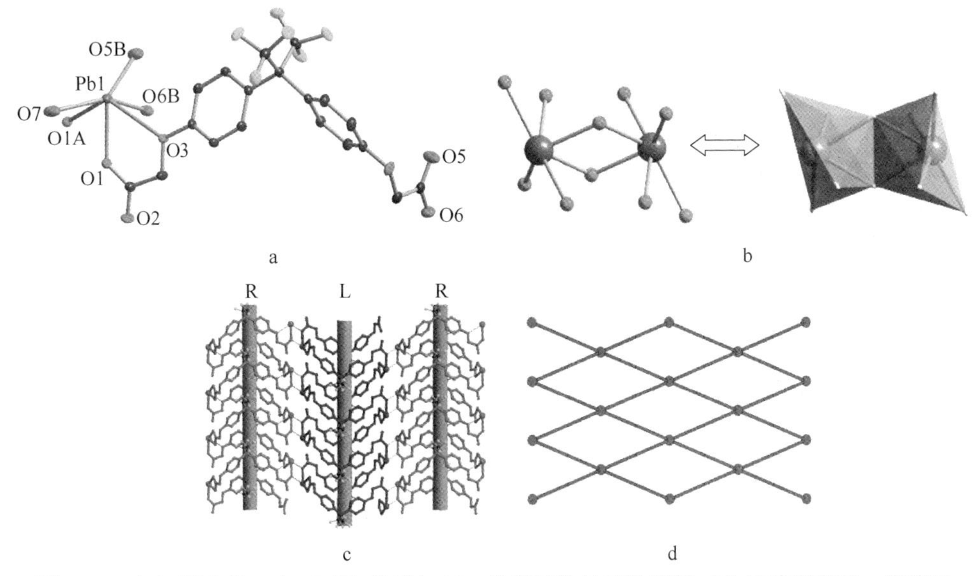

图2-4 （a）配合物**1**中Pb(Ⅱ)离子与30%热椭球体的配位环境（为了清晰起见，省略了所有氢原子，对称操作，A：$-x$，$-y+1-z$；B：$-x+1$，$y-0.5$，$-z+0.5$）；（b）［Pb_2O_{10}］；（c）配合物**1**的二维结构中的左手和右手螺旋；（d）配合物**1**中｛$4^4 \cdot 6^2$｝拓扑结构的示意图

在配合物**1**中，L^{2-}配体的C-F基团与相邻层的苯环之间存在C-F…π相互作用（F…π距离为0.341nm，C-F…π角为107.75°，见表2-3），将二维层进一步连接成3-D超分子结构，如图2-5所示。

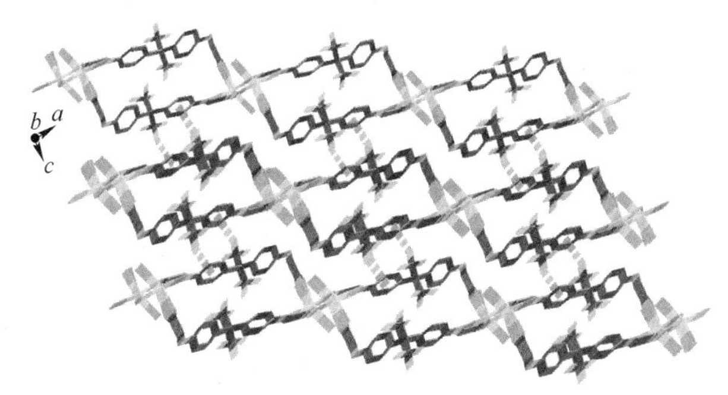

图2-5 沿b方向配合物**1**三维超分子结构（为了清晰起见，省略了氢原子）

2.1.2.2　配合物 [Pb(L)(phen)](2)的晶体结构

配合物 **2** 的不对称结构单元中包含一个 Pb^{2+} 离子、一个 H_2L 配体和一个邻菲罗啉分子，如图 2-6a 所示。中心离子 Pb^{2+} 是五配位的，与来自三个 H_2L 配体的 O1、O2、O6B，来自一个 phen 配体的 N1、N2 配位。Pb-O 键长在 0.2440～0.2889nm 范围内，Pb-N1 和 Pb-N2 键长分别是 0.2621(6) nm 和 0.2655(6) nm，与报道值非常吻合[6]。在配合物 **2** 中，H_2L 配体只采取一种配位模式，phen 分子采取螯合配位模式。H_2L 上的羧基全部解离了，两个羧基采取 μ_1-η^1：η^1 和 μ_1-η^1：η^0 的配位模式，如图 2-3b 所示，配体 H_2L 上的苯环之间形成的二面角等于 64.85°。每个配体 H_2L 连接四个 Pb^{2+} 离子形成了一个 I^1O^2 型的三维框架结构。

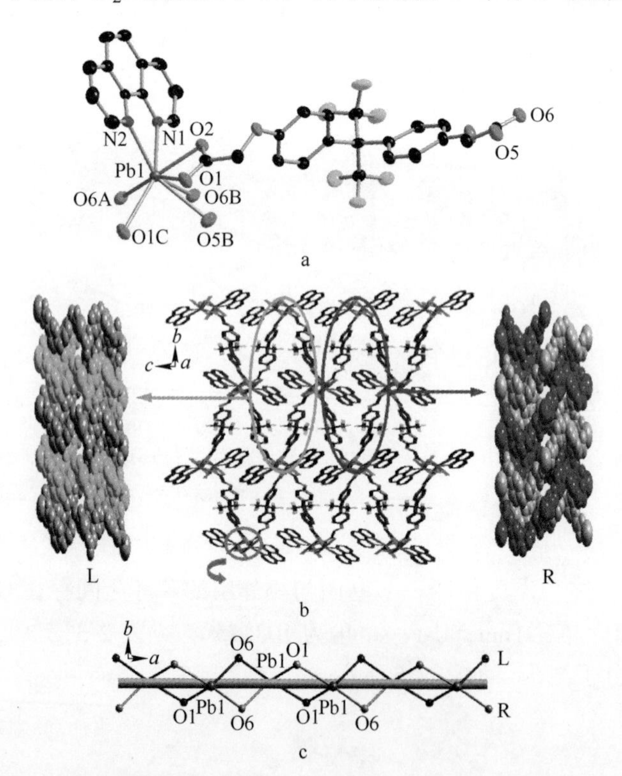

图 2-6　(a) 配合物 **2** 中 Pb(Ⅱ)离子与 30%热椭球体的配位环境（为了清晰起见，省略了所有氢原子，对称操作，A：$-x+0.5$，$y+0.5$，$-z+1.5$；B：$x-0.5$，$-y+1.5$，$z+0.5$；C：$-x+1$，$-y+2$，$-z+2$）；(b) 沿 *a* 轴方向的 3-D 框架视图，含左手和右手螺旋；(c) 一维无机-Pb-O-Pb-链的视图，其中包含沿 *c* 轴的 2 条 Pb-O 的左手和右手螺旋链

配合物的一个有趣特征是它的双股螺旋链结构，重复单元是-Pb-L^{2-}-Pb-L^{2-}-Pb-L^{2-}-Pb-L^{2-}-，沿 *a* 轴方向延伸的螺旋链的螺距是 1.5913nm，是 *a* 轴晶胞长度

的两倍。手性相反的两个双股螺旋链通过 O1 和 O6 原子连接，如图 2-6b 所示。配合物 **2** 另一个有趣的结构是［$Pb_1O_6N_2$］互相分享邻边，形成一个具有相反手性的无机的-Pb-O-Pb-双螺旋链，如图 2-6c 所示，沿 *a* 轴方向延伸的螺旋链的螺距是 0.7957nm，与晶胞参数 *a* 值相等。就我们所知，双股的-金属-氧-金属-螺旋链十分少见。

在配合物 **2** 中，两个 Pb1 通过四个 L^{2-} 配体的四个羧基结合在一起形成一个［$Pb_2(COO)_4$］二级结构块（SBU），其中 Pb…Pb 的距离为 0.4528nm（如图 2-7a 所示），每个［$Pb_2(COO)_4$］簇被四个 L^{2-} 配体和两个［$Pb_2(COO)_4$］包围，得到一个六连接点，而每个 L^{2-} 配体连接两个［$Pb_2(COO)_4$］作为线性连接体，因此配合物 **2** 的结构可以描述为 6 连接的 pcu 网络结构，其拓扑符号为 $\{4^{12}\cdot6^3\}$（如图 2-7b 所示）。

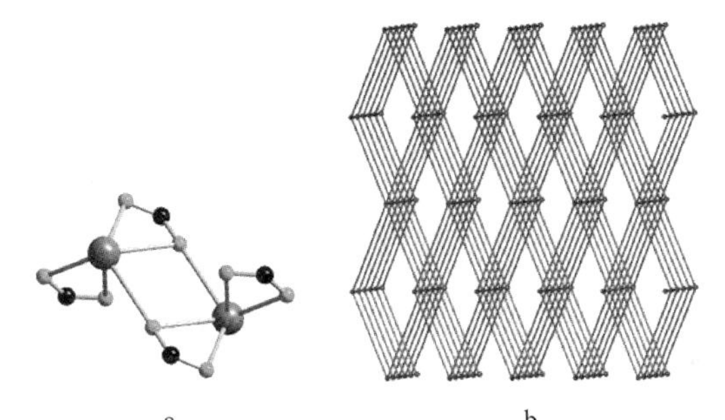

图 2-7 （a）［$Pb_2(COO)_4$］二级构造单元；（b）配合物 **2** 中 $\{4^{12}\cdot6^3\}$ 拓扑结构的示意图

2.1.2.3 配合物［$Pb_2(L)_2(4,4'\text{-bipy})_{0.5}$］(**3**) 的晶体结构

单晶 X 射线衍射分析表明配合物 **3** 的不对称结构单元中包含两个晶体独立的 Pb^{2+} 离子、两个 H_2L 配体和半个 4,4′-bipy 分子，如图 2-8a 所示。Pb1 是六配位的，与来自三个 H_2L 配体的 O1、O2、O6D、O11C、O12C 和来自半个 4,4′-bipy 配体的 N1 配位，而 Pb2 由来自五个 L^{2-} 配体的六个氧原子配位，形成［$Pb_1O_5N_1$］和［Pb_2O_6］多面体。Pb-O 键长在 0.2431~0.2823nm 范围内，Pb1-N1 键长为 0.2600(5)nm。在配合物 **3** 中，H_2L 配体有两种取向，配体上的苯环形成的二面角分别为 71.59°和 83.97°，配体表现出两种配位模式，配体上的羧基分别采取 μ_1-η^1：η^0、μ_2-η^1：η^2、μ_2-η^1：η^1 的配位模式，如图 2-3b 和图 2-3c 所示。每个 L^{2-} 配体连接四个 Pb(Ⅱ) 离子，Pb(Ⅱ) 离子通过 L^{2-} 和 4,4′-联吡啶相互连接形成具有 I^1O^2 类型的 3-D 框架结构（如图 2-8b 所示），其中可以观察到单螺旋链，重复单元是-Pb1-L2-Pb2-L2-Pb2-O11-Pb1-，螺距与 *a* 轴的长度相同，如图 2-8b 所示。配合物 **3** 的一个有趣特征是有两种金属-O-金属的八原子环，它们彼此共享边缘，形成具有相反手性的无机-Pb-O-Pb-双股螺旋链（如图 2-8c 所示），重复单

元是-Pb1-O2-Pb2-O11-Pb1-O2-Pb2-O6-，沿 a 轴延伸的螺旋链的螺距与 a 轴长度（0.7723nm）相同。

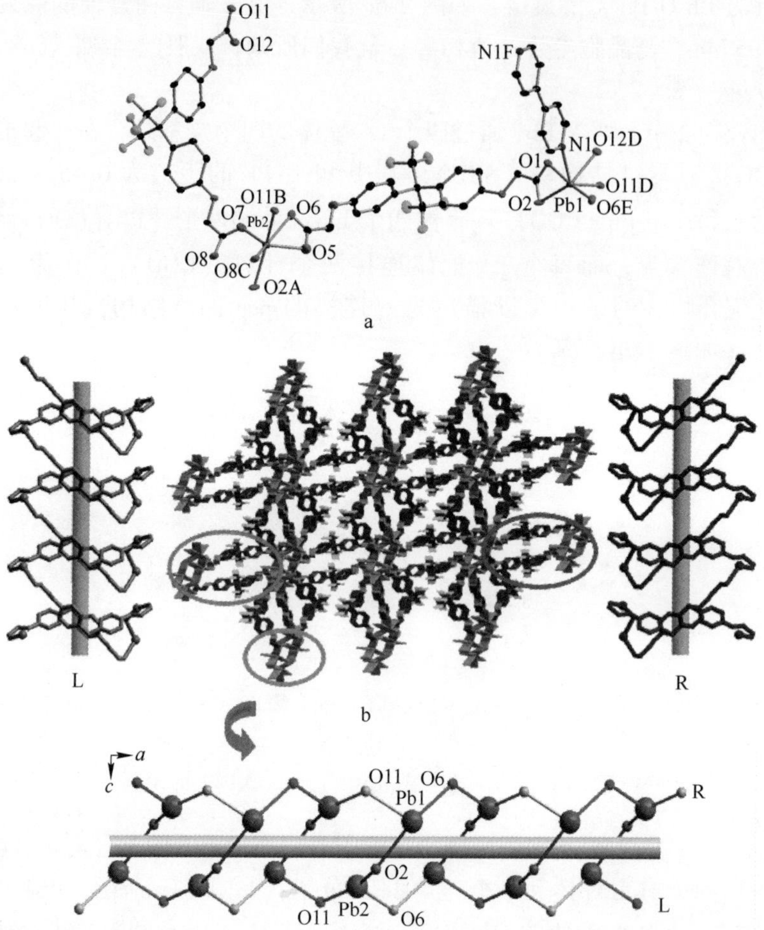

a

b

c

图 2-8　(a) 配合物 **3** 中 Pb(Ⅱ)离子与 30%热椭球体的配位环境（为了清晰起见，省略了所有氢原子，对称操作，A：$-x+1$，$-y+1$，$-z$；B：$-x+1$，$-y+2$，$-z+1$；C：$2-x$，$-y+1$，$-z+1$；D：$-x$，$-y+2$，$-z$；E：x，y，$z-1$；F：$-x+2$，$-y+2$，$-z-1$）；(b) 沿 a 轴配合物 **3** 的三维框架图，含有左手和右手螺旋；(c) 一维无机-Pb-O-Pb-链，由沿 b 轴方向相反手性的双螺旋链组成

为方便起见，在配合物 **3** 中，六齿配体（如图 2-3b 所示）命名为 L^a，五齿配体（如图 2-3c 所示）命名为 L^b。两个 Pb1 和两个 Pb2 通过来自 L^a的四个羧基和来自 L^b的四个羧基结合在一起形成［$Pb_4(COO)_8$］二级构筑块 SBU（如图 2-9a 所示）。连接三个［$Pb_4(COO)_8$］簇的每个 L^a配体可以被视为 3 连接的节点，

每个L^b配体连接两个［$Pb_4(COO)_8$］簇，为线性连接体。每个4,4′-bipy分子还连接两个［$Pb_4(COO)_8$］簇，为线性连接子，而每个［$Pb_4(COO)_8$］簇被六个L^a配体，四个L^b配体和两个4,4′-bipy分子包围，为十二连接节点。因此，可以将配合物**3**的3-D框架简化为双节点（3，12)-连接的拓扑结构，拓扑符号为｛$3·4^2$｝$_2$｛$3^4·4^{18}·5^{27}·6^{15}·7·8$｝，如图2-9b所示。

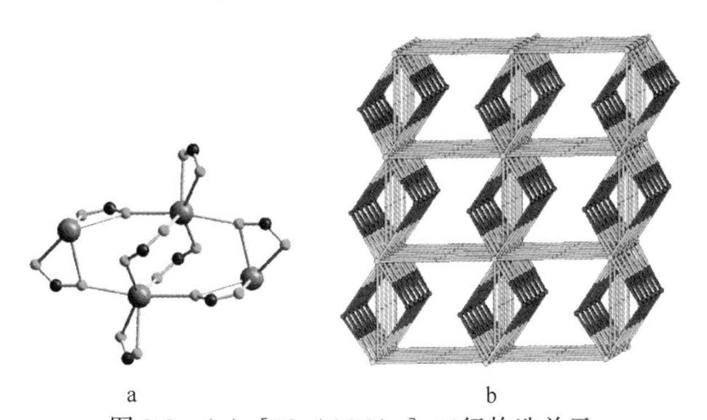

图2-9 (a)［$Pb_4(COO)_8$］二级构造单元；
(b) 配合物**3**中｛$3·4^2$｝$_2$｛$3^4·4^{18}·5^{27}·6^{15}·7·8$｝拓扑图

2.1.2.4 配合物［Cd(L)(phen)］(**4**)的晶体结构

单晶X射线衍射分析表明配合物**4**是一个I^0O^2型的二维结构。由配合物**4**的晶体结构图2-10可知，配合物**4**中的金属离子Cd^{2+}是六配位的，金属离子Cd^{2+}与来自四个H_2L配体的四个氧原子和来自一个phen分子的两个氮原子配位，形成一个扭曲的三棱柱。在配合物**4**中，L^{2-}配体的两个羧基都解离了，失去质子，配体上的羧基都采取μ_2-η^1：η^1的配位模式，如图2-3d所示。配体上的苯环之间形成的二面角等于72.46°，每个配体连接相邻的四个金属离子Cd^{2+}形成了一个2D层状结构，如图2-10所示，在这个二维层中，Cd^{2+}与配体组成左右手螺旋链，重复单元是-Cd-L^{2-}-Cd-L^{2-}-，沿*b*轴延伸的螺旋链的螺距与*b*轴长度3.3068nm相同，如图2-10c所示。在配合物**4**中，四个羧酸基团将两个Cd(Ⅱ)离子连接为一个桨轮形状的［$Cd_2(COO)_4$］簇，Cd…Cd的距离为0.3599nm（如图2-10b所示)，每个［$Cd_2(COO)_4$］簇由四个L^{2-}配体包围，可以被认为是四连接的节点，并且每个L^{2-}配体连接两个［$Cd_2(COO)_4$］簇，为线性连接体。因此，配合物**4**的2-D结构也可以简化为4连接的sql网络结构，与配合物**1**具有相同拓扑符号。

最终这个2D层状结构在phen上的C-H与H_2L配体上的羧基氧形成的氢键C_{26}-H_{26}…O_1的作用下，以及两个相邻层中平行的phen分子之间的π-π堆积作用下（两个最近的phen分子之间的中心距离为0.3754nm)，进一步连接形成了一个三维超分子结构，如图2-11所示。

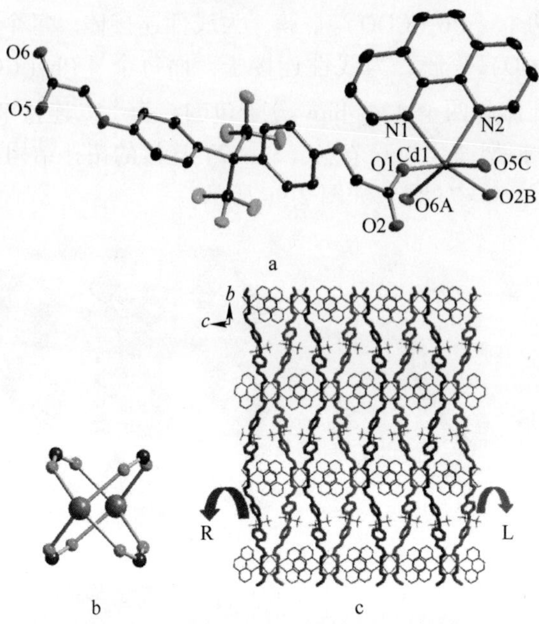

图 2-10 (a) 配合物 **4** 中 Cd(Ⅱ)离子与 30%热椭球体的配位环境
(为了清晰起见，省略了所有氢原子，对称操作，A：x+0.5，$-y$+1.5，z+0.5；B：$-x$，$-y$+2，$-z$+2；C：$-x$−0.5，y+0.5，$-z$+1.5)；(b) [$Cd_2(COO)_4$] 结构单元的叶轮视图；(c) 沿 a 方向看配合物 **4** 的二维结构图，含左旋和右旋

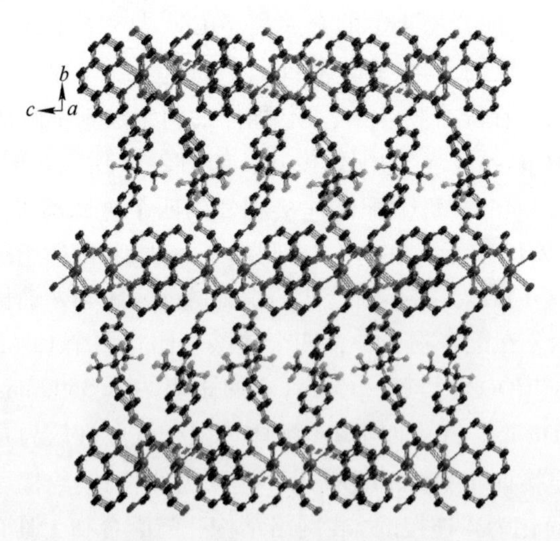

图 2-11 沿 a 方向配合物 **4** 三维超分子结构（为了清晰起见，省略了未参与氢键的氢原子）

2.1.2.5 配合物 [Cd(L)(4,4′-bipy)]·H_2O(**5**)的晶体结构

单晶 X 射线衍射分析表明配合物 **5** 是一个 I^0O^2型的二维结构，其不对称结构

单元中包含一个 Cd^{2+}离子、一个 H_2L 配体，一个 4,4′-bipy 分子和一个游离的水分子。如图 2-12a 所示，中心离子 Cd^{2+}是六配位的，与来自三个 H_2L 配体的四个氧原子 O1、O2A、O5B、O6B，来自两个 4,4′-bipy 配体的 N1、N2 配位，形成了一个扭曲的八面体几何构型。两个氮原子位于轴向位置，而四个氧原子 O1、O2A、O5B、O6B 占据了赤道面，轴向键角等于 168.03°，这说明了形成的八面体是扭曲的。在配合物 **5** 中，L^{2-}配体采用一种配位模式，配体上的两个羧基分别采取 μ_1-η^1：η^1和 μ_2-η^1：η^1的配位模式，如图 2-3e 所示，L^{2-}配体的两个苯环以 71.14°的角度扭曲。每个 L^{2-}配体连接三个 Cd(Ⅱ)离子，形成具有左手和右手螺旋链的二维结构，螺旋链的重复单元为（$\text{-Cd-L}^{2-}\text{Cd-L}^{2-}$）$_n$，并且沿 b 轴延伸的螺旋链的螺距与 b 轴长度 0.7595nm 相同（如图 2-12b 所示）。在配合物 **5** 中，每个 L^{2-}配体连接三个 Cd(Ⅱ)离子而被认为是一个三连接节点。每个 4,4′-bipy 分子连接两个 Cd(Ⅱ)离子为线性连接子，并且每个 Cd(Ⅱ)离子被三个 L^{2-}配体和两个 4,4′-bipy 分子包围，而被认为是一个五连接节点。配合物 **5** 的 2-D 结构可以描述为(3,5)-连接的 gek1 拓扑结构，拓扑符号为 $\{3\cdot4\cdot5\}\{3^2\cdot4\cdot5\cdot6^2\cdot7^4\}$（如图 2-12c 所示）。配合物 **5** 的 2-D 结构进一步通过苯环的 C-H 基团和相邻层的 F 原子之间的 C-H…F 氢键连接形成 3-D 超分子结构（见表 2-3 和图 2-13）。

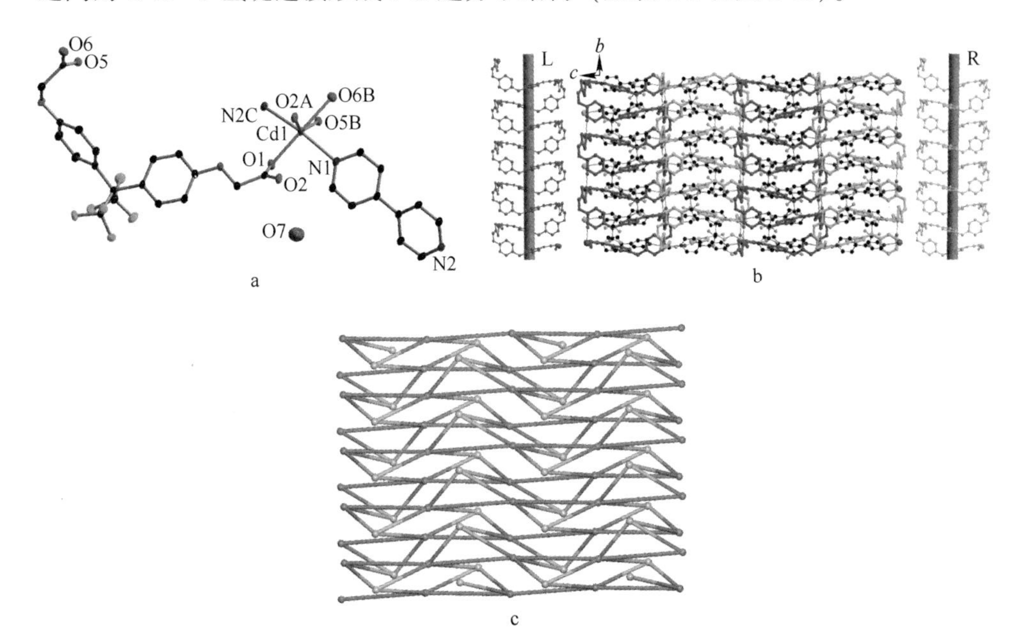

图 2-12 (a) Cd(Ⅱ)离子在 30%热椭球体配合物 **5** 中的配位环境（为了清晰起见，省略了所有氢原子，对称操作，A：$-x+1$，$-y+2$，$-z+1$；B：$-x+1$，$y-0.5$，$-z+1.5$；C：x，$-y+1.5$，$z+0.5$）；(b) 沿 a 轴方向配合物 **5** 的二维结构图，左手和右手螺旋链；(c) 配合物 **5** 中 $\{3\cdot4\cdot5\}\{3^2\cdot4\cdot5\cdot6^2\cdot7^4\}$ 拓扑结构的示意图

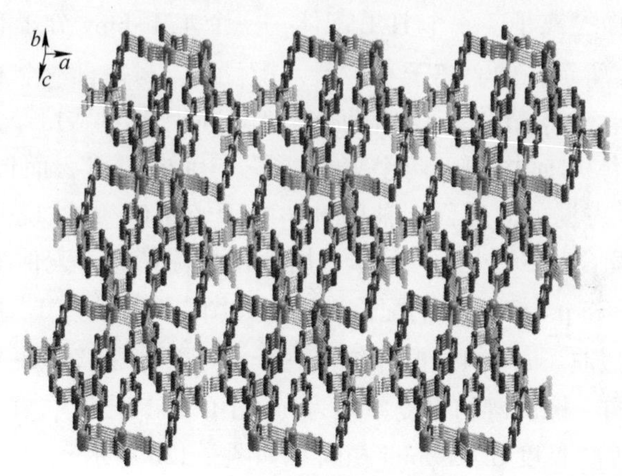

图 2-13 沿 b 方向看配合物 **5** 三维超分子结构（为了清晰起见，省略了未参与氢键的氢原子）

2.1.2.6 配合物 [Mn(L)(4,4′-bipy)]·H_2O(**6**)的晶体结构

配合物 **6** 与配合物 **5** 同构，在这里就不再讨论配合物 **6** 的结构了。

2.1.2.7 反应体系对结构多样性的影响

（1）L^{2-}配体的配位模式。如图 2-3 所示，L^{2-}配体表现出五种配位模式，这导致配合物 **1~6** 的不同结构。在配合物 **1** 中，每个 L^{2-}配体通过 μ_3-η^1：η^1：η^2：η^0模式（如图 2-3a 所示）连接三个 Pb(Ⅱ)离子，其桥接 Pb(Ⅱ)离子以形成拓扑符号为 {4^4·6^2}。在配合物 **5** 和配合物 **6** 中，每个 L^{2-}配体还以 μ_3-η^1：η^1：η^1：η^1方式（如图 2-3e 所示）桥连三个金属离子，以获得拓扑符号为 {3·4·5}{3^2·4·5·6^2·7^4}。在配合物 **1**，配合物 **5** 和配合物 **6** 中，每个 L^{2-}配体连接三个金属离子形成 2-D 结构，但是不同的配位模式导致不同的拓扑结构。在配合物 **2** 和配合物 **3** 中，L^{2-}配体分别显示 μ_4-η^2：η^1：η^2：η^1（如图 2-3b 所示），μ_4-η^2：η^1：η^2：η^1和 μ_4-η^2：η^1：η^1：η^1配位模式（如图 2-3b 和图 2-3c 所示）。在配合物 **4** 中，L^{2-}配体表现出 μ_4-η^2：η^1：η^1：η^1配位模式（如图 2-3d 所示）。在配合物**2~4** 中，每个 L^{2-}配体连接四个金属离子，但产生不同的 3-D 框架，拓扑符号配合物 **2** 为{4^{12}·6^3}，配合物 **3** 为 {3·4^2}$_2${3^4·4^{18}·5^{27}·6^{15}·7·8}，只有配合物 **4** 是层结构。

（2）中心金属离子。应注意，中心金属离子对配合物 **1~6** 的结构也具有显著的功能。配合物 **2** 和配合物 **4**；配合物 **3**、配合物 **5** 和配合物 **6**，主配体和辅助配体是相同的，只有中心金属是不同的，这导致配合物 **2** 和配合物 **4**，以及配合物 **3**，配合物 **5** 和配合物 **6** 的不同结构。对于配合物 **2** 和配合物 **4**，配合物 **2** 中的 Pb(Ⅱ)离子高于配合物 **4** 中的 Cd(Ⅱ)离子，配合物 **2** 中 L^{2-}配体桥接 Pb(Ⅱ)离子产生3-D结构，而配合物**4**中，六配位Cd(Ⅱ)离子通过L^{2-}配体桥连形成2-D结构。对于配合物**3**，配合物**5**和配合物**6**，中心金属离子是六配位的，但它们的配位环境是不同的。在配合物**3**中，Pb(Ⅱ)离子通过L^{2-}配体桥接形成3-D结构。然而，在配合物**5**和配合物**6**中，Cd(Ⅱ)和Mn(Ⅱ)离子通过L^{2-}配体桥连形成2-D结构。

(3) N-供体辅助配体。虽然相同的主配体与相同的Pb(Ⅱ)离子配位，但配合物**1~3**，配合物**4~5**的晶体结构是不同的。N-供体辅助配体与配合物**2**和配合物**3**中的Pb(Ⅱ)离子配位，与配合物**4**和配合物**5**中的Cd(Ⅱ) 离子配位，从而产生不同的配位环境，不同的结构。

在配合物**1**中，L^{2-}配体桥接Pb(Ⅱ)离子以获得2-D结构。然而，在配合物**2**和配合物**3**中，当phen和4,4′-bipy分别引入反应体系时，配合物**2**和配合物**3**都显示出3-D结构。与配合物**1**相比，配合物**2**和配合物**3**的更高维度框架的形成可归因于N-供体辅助配体的引入改变了L^{2-}配体的配位模式，从而导致不同的结构。在配合物**2**，**4**和配合物**3**，**5**中，phen和4,4′-bipy分别作为螯合配体和桥联配体，L^{2-}配体桥接Pb/Cd(Ⅱ)离子以获得不同的3-D/2-D拓扑结构。

(4) 反应体系的温度。配合物**1**和配合物**3**的合成条件相同，只是配合物**3**的反应温度高于配合物**1**。在配合物**3**中，4,4′-bipy分子以桥接配位模式与Pb(Ⅱ) 离子配位，而在配合物**1**中,4,4′-bipy分子不配位，这表明较高的温度可能有助于4,4′-bipy与金属离子的配位。

2.1.2.8 配合物的PXRD和TGA分析

为了检验这些配合物的相纯度，在室温下记录了配合物**1~6**的粉末X射线衍射（PXRD）图谱，如图2-14所示。配合物**1~6**的实验图显示出更微弱的反

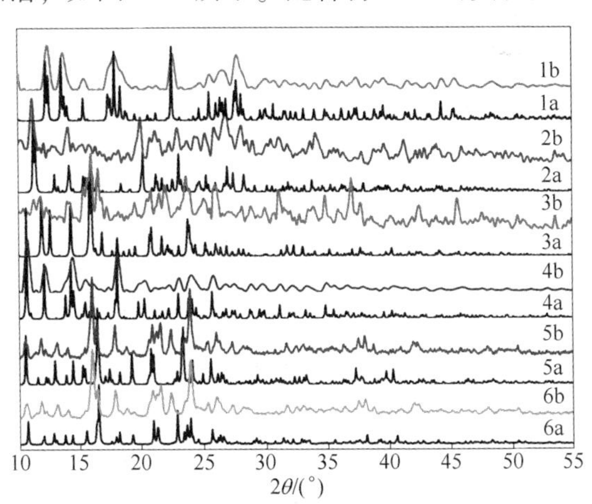

图2-14 配合物**1~6**的模拟（a）和实验（b）粉末X射线衍射图谱

射衍射峰，有些峰与单晶数据模拟的 X 射线衍射峰相比略有变宽，但仍然可以认为，所合成材料代表着配合物 **1~6**。

对配合物 **1~4** 和配合物 **6** 进行热失重分析（TGA），考察它们的热稳定性，并在 N_2 气氛下进行 TGA 测试，升温速率为 10℃/min，升温至 800℃，如图 2-15 所示。对于配合物 **1**，在 128~186℃（实测值 2.74%，计算值 2.66%）范围内观察到每个晶胞单元逐渐释放一个配位水分子所导致的重量下降。配合物 **2** 在 237~355℃ 的温度范围内，失去一个配位 phen 分子（实测值 21.10%，计算值 21.49%）。配合物 **3** 在 243~300℃ 范围内失去一个配位 4,4′-bipy 分子（实测值 5.81%，计算值 5.60%）。配合物 **4** 在 183~354℃ 的温度范围内失重 20.55%（计算值 24.23%），相应于失去一个配位 phen 分子。对于配合物 **6**，第一步在 66~123°C 的温度范围内，可以归结于一个自由水分子的失去（实测值 2.74%，计算值 2.56%），284~344°C 的第二步是失重 24.53%，而对应失去一个配位的 4,4′-bipy 分子（计算值为 22.96%）。随着温度的升高，配合物 **1~4** 和配合物 **6** 的骨架开始坍塌，最终的残余化合物没有被表征出来。

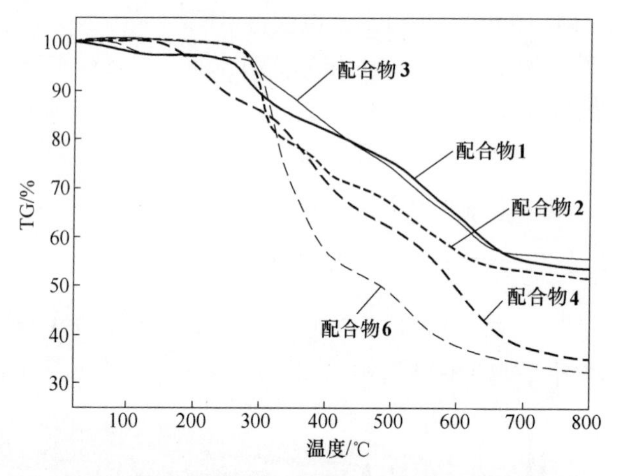

图 2-15　配合物 **1~4** 和配合物 **6** 的 TGA 曲线

2.1.2.9　配合物的荧光性质分析

铅离子具有有趣的光物理性质。然而，与过渡金属和镧系金属相比，对 Pb(Ⅱ) 离子配合物的光致发光性能的研究相对较少。进一步考虑到 Cd(Ⅱ) 离子优异的发光性能，在室温下测定了配合物 **1~5** 的固态光致发光光谱以及配体 H_2L，2,2′-bipy，1,10-phen 以及 4,4′-bipy 的荧光光谱。如图 2-16 所示，配体 H_2L 在 311nm 处（激发波长为 279nm），2,2′-bipy 在 393nm、410nm 处（激发波长 368nm），1,10-phen 在 419nm、440nm 处（激发波长为 375nm），4,4′-bipy 在

362nm、394nm 处（激发波长为 319nm），均有较强的荧光峰，这主要是 $\pi^* \rightarrow n$ 的电子跃迁峰。对配合物 **1~3** 光谱图进行分析，配合物[Pb(L)(H_2O)](**1**) 在 470nm、492nm 处（激发波长为 305nm）有较强的荧光峰，主要来自配体 H_2L 的电子跃迁。配合物[Pb(L)(phen)](**2**) 在 397nm、469nm 处（激发波长为 331nm）有较强的荧光峰，它们都主要来自配体 H_2L，1,10-phen 的电子跃迁。配合物[$Pb_2(L)_2(4,4'\text{-bipy})_{0.5}$](**3**) 在 468nm、488nm 处（激发波长为 302nm）有较强的荧光峰，主要来自配体 H_2L 的电子跃迁。配合物 **1~3** 的荧光光谱与配体H_2L 的荧光光谱相比发生了红移，这是配体与金属 Pb(Ⅱ)配位的结果，可以看成配体-金属的电荷跃迁。对配合物 **4~5** 荧光光谱进行分析，配合物[Cd(L)(phen)](**4**)在 373nm、391nm 处（激发波长为 347nm）有较强的荧光峰，主要来自配体 H_2L、1,10-phen 的电子跃迁。配合物[Cd(L)(4,4′-bipy)]·H_2O(**5**)在 399nm 处（激发波长为 289nm）有较强的荧光峰，主要来自配体 H_2L 的电子跃迁[11,12]。与 H_2L 配体的荧光光谱相比发生了红移，这是 H_2L 配体与金属 Cd(Ⅱ) 配位的结果，如图 2-16 所示。

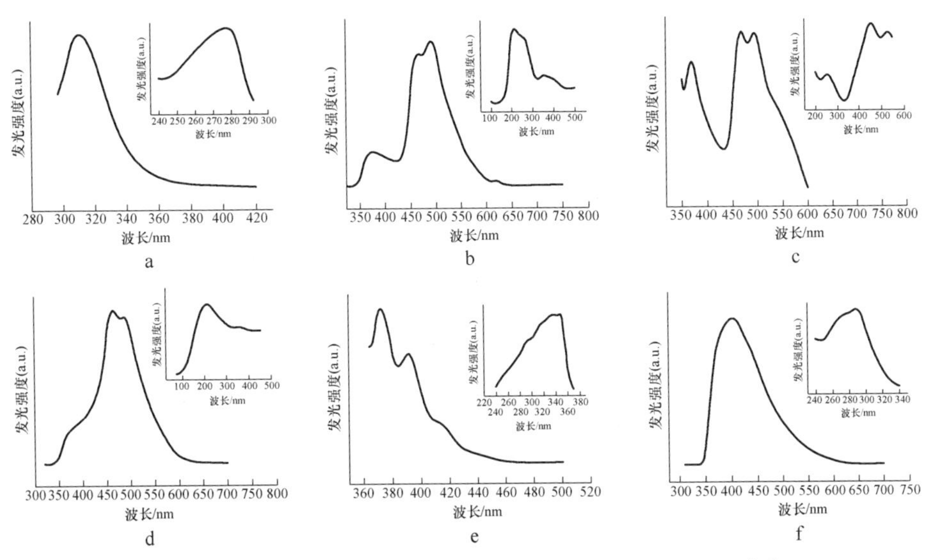

图 2-16 室温下固态 H_2L（a）、配合物 **1**（b）、配合物 **2**（c）、配合物 **3**（d）、配合物 **4**（e）和配合物 **5**（f）的发射和激发光谱

2.1.2.10 配合物的磁性分析[13~15]

在 10000e 磁场，5~320K 下对配合物 **6** 的变温磁化率进行测试，如图 2-17 所示。将配合物［Mn(L)(4,4′-bipy)］·H_2O(**6**)的变温磁化率χ_m及$\chi_m T$ 对 T 作图，从图中可以看出 320K 时χ_m的值为 0.019cm³/mol，χ_m值随着温度的降低而缓

慢的增大，当温度降低到 75K 时χ_m值加速增大；低于 50K 时，快速上升，但未出现峰值；至 5K 时达到最大值 0. 45cm³/mol。在温度为 320K 时，配合物 **6** 的$\chi_m T$ 值为 5. 89cm³ · K/mol，随着温度的降低$\chi_m T$ 变化不大，当温度为 75K 时，$\chi_m T$ 开始随温度的降低而迅速增大；当温度为 35K 时，$\chi_m T$ 达到最大值 6. 44cm³ · K/mol，然后又随着温度的降低而迅速减小；当温度为 5K 时，$\chi_m T$降为 2. 24cm³ · K/mol。此现象为反铁磁特征，表明整个体系存在反铁磁耦合作用。

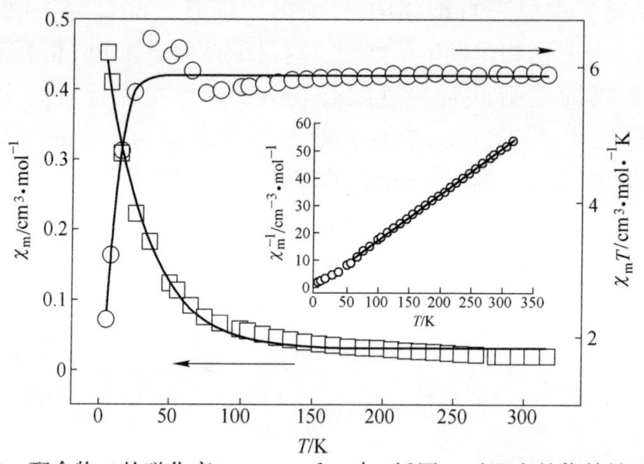

图 2-17　配合物 **6** 的磁化率χ_m、$\chi_m T$ 和χ_m^{-1}（插图）对温度的依赖性示意图（实线表示最佳拟合）

2. 1. 2. 11　本节小结

本节综述了六种新型的金属配位聚合物，它们基于柔性 V 型 H_2L 配体，在含氮复配体存在的情况下获得。研究表明 H_2L 能够与金属中心以丰富的配位模式进行配位，从而形成各种各样的螺旋链；金属离子的配位几何构型、含氮附属配体和反应温度对配合物 **1** ~ **6** 的结构也有很大影响。拓扑分析表明，利用多核金属羧酸盐作为簇是对于设计和构筑高连接点和新颖拓扑结构一种合理和有效的方法。光致发光测试的结果表明，配合物 **1** ~ **5** 可能是光活性材料的潜在优良候选材料，而配合物 **6** 显示出旋转磁行为。

2. 2　柔性 V 型二羧酸配体构筑的 Zn^{2+}的螺旋配位聚合物及性能[16]

2.2.1　实验部分

所用测试手段和仪器设备同 2. 1. 1 节。配体的合成同 2. 1. 1 节。

2. 2. 1. 1　配合物 $[Zn_2(L)(OH)(O)_{0.5}]\cdot 0.5H_2O$(**7**) 的合成与表征

将 $ZnCl_2\cdot 6H_2O$(0. 1mmol)、H_2L 按摩尔比 1 : 1 混合后，加入 3mL 乙醇和

7mL H_2O，再加入0.2mmol NaOH（0.65mol/L水溶液），然后将混合物置于容积为25mL的密封反应釜中，在130℃下加热反应72h，然后缓慢冷却至室温，过滤，得到无色透明块状晶体（产率：30.1%）。元素分析：以$C_{19}H_{14}Zn_2F_6O_8$为基础计算的理论值（%）：C 37.10，H 2.29；实际值（%）：C 37.22，H 2.51。IR（KBr压片，v/cm^{-1}）：3680，3558，3051，2939，2907，1626（C=O），1564，1510，1425，1267，1172，1067，968，928，845，738，611，548。

2.2.1.2 配合物［Zn(L)(2,2-bipy)(H_2O)］(**8**)的合成与表征

将$ZnSO_4 \cdot 7H_2O$(0.1mmol)、H_2L和2,2′-bipy按摩尔比1∶1∶1混合后，加入7mL H_2O和3mL乙醇，再加入0.2mmol NaOH（0.65mol/L水溶液），然后将混合物置于容积为25mL的密封反应釜中，在120℃下加热反应72h，然后缓慢冷却至室温，过滤，得到无色透明块状晶体（产率：29.6%）。元素分析：以$C_{29}H_{22}ZnF_6N_2O_7$为基础的理论值（%）：C 50.49，H 3.21，N 4.06；实际值（%）：C 50.58，H 2.97，N 3.85。IR（KBr压片，v/cm^{-1}）：3412，3110，3057，2922，2851，1603（C=O），1517，1425，1304，1250，1178，1038，966，928，825，771，732，700，605，542。

2.2.1.3 配合物［$Zn_3(L)_3(phen)_2$］·H_2O(**9**)的合成与表征

将$ZnCl_2 \cdot 6H_2O$(0.1mmol)、H_2L和phen按摩尔比1∶1∶1混合后，加入7mL H_2O和3mL乙醇，再加入0.2mmol NaOH(0.65mol/L)，然后将混合物置于25mL的密封反应釜中，在130°C下加热反应72h，然后缓慢冷却至室温，过滤得到无色透明块状晶体（产率：37.2%）。元素分析：以$C_{81}H_{54}Zn_3F_{18}N_4O_{19}$为基础的理论值（%）：C 50.53，H 2.83，N 2.91；实际值（%）：C 50.62，H 2.56，N 2.76。IR（KBr压片，v/cm^{-1}）：3651，3412，3130，2363，1639（C=O），1516，1400，1254，1173，1067，929，831，728，617，526。

2.2.1.4 配合物［$Zn_2(L)_2$(4,4′-bipy)］(**10**)的合成与表征

将$ZnSO_4 \cdot 7H_2O$(0.1mmol)、H_2L和4,4′-bipy按摩尔比1∶1∶1混合后，加入7mL H_2O和3mL异丙醇，再加入0.2mmol NaOH（0.65mol/L）水溶液，然后将混合物置于容积为25mL的密封反应釜中，在120°C下加热反应72h，然后缓慢冷却至室温，过滤，得到无色透明块状晶体（产率：30.3%）。元素分析：$C_{48}H_{32}Zn_2F_{12}N_2O_{12}$为基础的理论值（%）：C 48.55，H 2.72，N 2.36；实际值（%）：C 48.64，H 2.93，N 2.21。IR（KBr压片，v/cm^{-1}）：2971，2922，1671，1619（C=O），1518，1421，1249，1168，1070，967，929，828，737，644，546。

配合物 **7~10** 的晶体学数据见表 2-4，键长数据见表 2-5，氢键数据见表 2-6。配体在配合物 **7~10** 中的配位模式如图 2-18 所示。

表 2-4　配合物 7~10 的晶体学数据

配合物	**7**	**8**	**9**	**10**
分子式	$C_{19}H_{14}F_6O_8Zn_2$	$C_{29}H_{22}ZnF_6N_2O_7$	$C_{81}H_{54}F_{18}N_4O_{19}Zn_3$	$C_{48}H_{32}F_{12}N_2O_{12}Zn_2$
分子量	615. 04	689. 86	1925. 39	1187. 50
T/K	296(2)	296(2)	296(2)	296(2)
晶系	Monoclinic	Orthorhombic	Triclinic	Monoclinic
空间群	C2/c	Pca2 (1)	P-1	C2/c
a/nm	2. 1521(2)	0. 7104(6)	0. 8546(6)	2. 0719(5)
b/nm	2. 2112(3)	1. 2792(10)	1. 7110(12)	1. 1962A
c/nm	0. 8734(10)	3. 1132(3)	2. 7486(18)	3. 8552(8)
α/(°)	90	90	87. 2300 (10)	90
β/(°)	95. 575(10)	90	87. 255(10)	90
γ/(°)	90	90	86. 949 (10)	90
V/nm^3	4. 1364(8)	2. 8289(4)	4. 0043(5)	9. 555(3)
晶胞中分子数量 Z	8	4	2	8
晶体大小/mm^3	0. 21×0. 20×0. 14	0. 23×0. 20×0. 18	0. 25×0. 22×0. 20	0. 22×0. 20×0. 16
D_c/mg · m^{-3}	1. 975	1. 620	1. 597	1. 651
线性吸收系数 μ/mm^{-1}	2. 421	0. 959	1. 007	1. 117
单胞中电子的数目 F(000)	2448	1400	1944	4784
θ/(°)	2. 61~23. 98	2. 62~25. 50	2. 23~25. 50	2. 23~25. 50
拟合优度 S 值	1045	1031	986	1054
收集的所有衍射数目	13853	20517	31140	35842
精修的衍射数目	3226	5030	14832	8896
等价衍射点在衍射强度上的差异值 R_{int}	0. 0221	0. 0277	0. 0269	0. 0606
可观测衍射点的 R_1，wR_2 [$I>2\sigma(I)$]	0. 0249，0. 0594	0. 0318，0. 0785	0. 0359，0. 0672	0. 0436，0. 0827
全部衍射点的 R_1，wR_2(all data)	0. 0309，0. 0630	0. 0393，0. 0823	0. 0598，0. 0755	0. 0860，0. 0974
最大的衍射峰和孔/e · nm^{-3}	310，-271	219，-392	279，-406	495，-384

表 2-5 配合物 7~10 的键长（nm）数据

		7			
Zn(1)-O(5)#1	0.2023(2)	Zn(1)-O(6)	0.2000(2)	Zn(1)-O(8)	0.1977(2)
Zn(1)-O(7)#2	0.1909(2)	Zn(2)-O(1)	0.2025(1)	Zn(2)-O(2)#3	0.2006(2)
Zn(2)-O(7)	0.1892(2)	Zn(2)-O(8)#4	0.1954(2)		
		8			
Zn(1)-O(1)	0.1996(2)	Zn(1)-N(1)	0.2201(3)	Zn(1)-O(5)#1	0.1991(2)
Zn(1)-N(2)	0.2136(3)	Zn(1)-O(7)	0.1997(2)		
		9			
Zn(1)-O(1)	0.2146(2)	Zn(1)-O(5)#1	0.2083(2)	Zn(1)-O(7)	0.2084(2)
Zn(1)-O(12)#2	0.2066(2)	Zn(1)-O(13)	0.2071(2)	Zn(1)-O(18)#3	0.2188(2)
Zn(2)-O(1)	0.2032(2)	Zn(2)-O(8)	0.1981(2)	Zn(2)-O(14)	0.2020(2)
Zn(2)-N(1)	0.2193(2)	Zn(2)-N(2)	0.2093(2)	Zn(3)-O(6)#4	0.2005(2)
Zn(3)-O(11)#5	0.2025(2)	Zn(3)-O(18)	0.2044(2)	Zn(3)-N(3)	0.2165(2)
Zn(3)-N(4)	0.2088(2)				
		10			
Zn(1)-O(1)#1	0.2084(2)	Zn(1)-O(2)	0.2025(2)	Zn(1)-O(7)	0.2069(3)
Zn(1)-O(8)#1	0.2047(2)	Zn(1)-N(1)	0.2026(3)	Zn(2)-O(5)#2	0.2009(3)
Zn(2)-O(6)#3	0.1958(3)	Zn(2)-O(11)#3	0.2395(4)	Zn(2)-O(12)#3	0.2032(4)
Zn(2)-N(2)	0.2033(3)				

注：对称操作：配合物**7**：#1 x, $-y$, $z+1/2$；#2 $-x+1/2$, $-y+1/2$, $-z+2$；#3 $-x$, y, $-z+5/2$；#4 $x-1/2$, $y+1/2$, $z+1$。配合物**8**：#1 $-x+2$, $-y+2$, $z+1/2$。配合物**9**：#1 $-x+2$, $-y-1$, $-z+1$；#2 $x+1$, $y-1$, z；#3 $-x+1$, $-y$, $-z+2$；#4 $x-1$, $y+1$, $z+1$；#5 $-x+2$, $-y-1$, $-z+1$。配合物**10**：#1 $-x+1$, y, $-z+1/2$；#2 x, $-y+1$, $z-1/2$；#3 $-x$, y, $-z+1/2$。

表 2-6 配合物 7~10 的氢键（nm 和°）数据

D-H···A	d(D-H)	d(H···A)	d(D···A)	<(DHA)
		7		
O9-H1W···O5#1	0.089	0.249	0.3173(2)	134.0
O8-H6···O9#2	0.081	0.218	0.2934(4)	155.0
C2-H2A···O4#3	0.097	0.244	0.3179(5)	133.0
C7-H7···F1	0.093	0.231	0.2946(4)	125.0
C7-H7···F2	0.093	0.246	0.2892(5)	108.0
C17-H17···F4	0.093	0.229	0.2951(5)	128.0

对称操作：#1 $-x+1/2,-y+1/2,-z+1$；#2 $-x+1/2,-y+1/2,-z$；#3 $-x+1/2,-y+1/2,-z+2$。

续表 2-6

D-H···A	d(D-H)	d(H···A)	d(D···A)	<(DHA)
8				
O7-H1W···O6#1	0. 082	0. 191	0. 2703(3)	163. 0
O7-H2W···O2#2	0. 082	0. 194	0. 2716(4)	157. 0
C2-H2A···O3#3	0. 097	0. 230	0. 3243(4)	163. 0
C5-H5···F2	0. 093	0. 236	0. 2998(4)	126. 0
C13-H13···F4	0. 093	0. 234	0. 2973(5)	125. 0
C23-H23···O2#4	0. 093	0. 243	0. 3351(5)	172. 0
C26-H26···O2#4	0. 093	0. 223	0. 3142(5)	169. 0
C29-H29···O5#5	0. 093	0. 242	0. 2953(4)	116. 0
对称操作: #1 $-x+3/2,y,z+1/2$; #2 $x-1,y,z$;#3 $x-1/2,-y+2,z$; #4 $x-1/2,-y+1,z$; #5 $-x+2,-y+2,z+1/2$。				
9				
O19-H2W···O17#1	0. 083	0. 213	0. 2856(4)	146. 0
C2-H2A···O12#2	0. 097	0. 240	0. 3172(3)	136. 0
C5-H5···F3	0. 093	0. 233	0. 2987(4)	127. 0
C13-H13···F6	0. 993	0. 227	0. 2927(4)	127. 0
C18-H18A···O3#3	0. 097	0. 231	0. 3194(3)	151. 0
C24-H24···F12	0. 093	0. 232	0. 2957(4)	125. 0
C27-H27···F4#4	0. 093	0. 242	0. 3148(4)	135. 0
C32-H32···F9	0. 093	0. 233	0. 2973(3)	126. 0
C33-H33···O6#5	0. 093	0. 241	0. 3312(3)	164. 0
C45-H45···F15	0. 093	0. 235	0. 2986(4)	125. 0
C55-H55···F18	0. 093	0. 234	0. 2977(3)	126. 0
C56-H56B···O13#6	0. 097	0. 248	0. 3214(3)	132. 0
C65-H65···O2#5	0. 093	0. 249	0. 3314(4)	147. 0
C72-H72···O17#7	0. 093	0. 243	0. 3250(4)	147. 0
对称操作:#1 $-x+1,-y+1,-z+2$; #2 $x+1,y-1,z$; #3 $-x+3,-y-1,-z+1$;#4 $-x+1,-y,-z+1$; #5 $-x+2,-y,-z+1$;#6 $-x+1,-y,-z+2$;#7 $x+1,y,z$。				
10				
C7-H7···F4	0. 093	0. 236	0. 2984(4)	124. 0
C17-H17···F3	0. 093	0. 239	0. 3012(5)	124. 0
C21-H21A···F5#1	0. 097	0. 243	0. 3201(4)	136. 0

续表 2-6

D-H···A	d(D-H)	d(H···A)	d(D···A)	<(DHA)
		10		
C24-H24···F8	0.093	0.242	0.3033(5)	123.0
C24-H24···F9	0.093	0.249	0.2917(4)	108.0
C36-H36···F10	0.093	0.240	0.3022(5)	124.0
C40-H40···O10#2	0.093	0.242	0.3178(5)	138.0

对称操作:#1 $x+1/2,y+1/2,z$;#2 $-x+1/2,y+1/2,-z+1/2$。

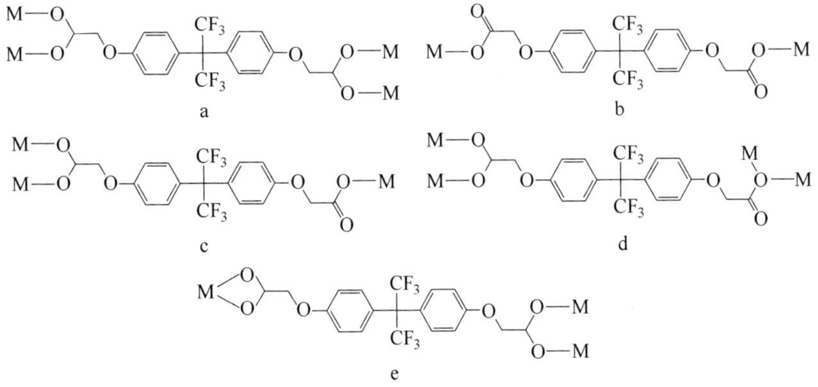

图 2-18　H_2L 配体在配合物 **7~10** 中的配位模式

2.2.2 结果与讨论

2.2.2.1 配合物 $[Zn_2(L)(OH)(O)_{0.5}]\cdot 0.5H_2O$(**7**)的晶体结构

X 射线结晶学分析结果表明，配合物 **7** 的晶体属于单斜晶系 C2/c 空间群。配合物 **7** 的不对称单元包括两个晶体学独立的 Zn(Ⅱ) 离子，一个完全质子化的 L^{2-} 配体，一个 μ_2-OH(O8)，半个 μ_4-O(O7) 和半个未配位水分子，如图 2-19a 所示。Zn(Ⅱ) 离子是 4 配位的：来自两个 L^{2-} 配体的两个氧原子，一个 μ_2-OH 的氧原子和半个 μ_4-O 氧原子，表现出一个扭曲的四面体几何。L^{2-} 配体采用 μ_4-η^1：η^1：η^1：η^1 配位模式（如图 2-18a 所示），将 Zn(Ⅱ) 离子连接成一条孔道螺旋链，进一步由 μ_2-OH 和 μ_4-O 桥连形成三维框架结构，如图 2-19b 所示。

有两种桥联羟基氧原子。一种 μ_2-OH 连接一个 Zn1(Ⅱ) 和一个 Zn2(Ⅱ) 原子。Zn-Oμ_2 的距离是 0.1909nm 和 0.1892nm[17]。另一个 μ_4-O 连接两个 Zn1(Ⅱ) 和两个 Zn2(Ⅱ) 原子形成 Zn_4O 核心[18]。Zn-Oμ_4 键长是 0.1954nm 和 0.1977nm，一些 Zn-Oμ_2 价键的长度根据 Zn_4O 核心文献。两个 μ_2-OH 连接 Zn_4O 核心形成一个四

核的 [$Zn_4(\mu_4\text{-}O)(\mu_2\text{-}OH)_2$]$^{4+}$簇。

配合物**7**的一个有趣的特点是其特殊的内消旋螺旋链，一个是 M-O 内螺旋链，重复单元为-Zn1-O7-Zn2-O8-（如图 2-19c 所示）；另一种是-M-O-M-L-内消旋螺旋链，重复单元为-Zn2-O8-Zn1-L-（如图 2-19d 所示）；沿 *c* 轴方向两条螺旋的螺距与晶胞长度 *c* 轴相同。配合物**7**的另一个有趣的特性是 L^{2-}配体连接 Zn(Ⅱ)离子，形成具有双股螺旋链结构的一维螺旋通道（如图 2-19e 所示）。所述重复单元为（-Zn2-L-Zn1-L-Zn2-O2-C1-O1-Zn2-O2-C1-O1-Zn2-L-Zn1-L-）$_n$，沿 *c* 轴方向螺旋的螺距（1.748nm）为晶胞 *c* 轴长度（0.874nm）的两倍。

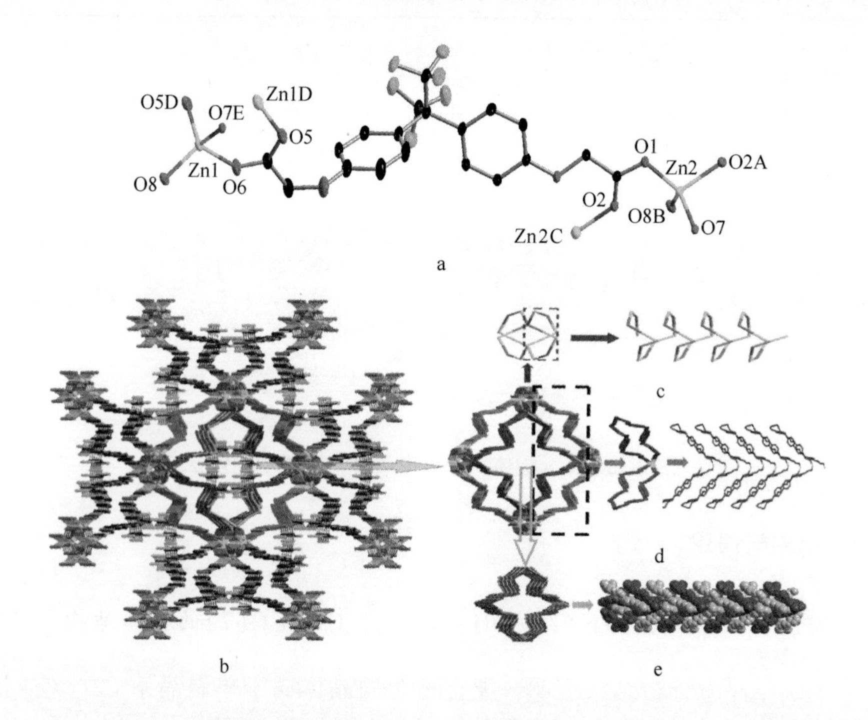

图 2-19 （a）配合物**7**中 Zn(Ⅱ)离子的配位环境为 30%热椭球体（为了清晰起见，省略了所有氢原子和未协调水分子）；（b）沿 *c* 轴方向配合物**7**的三维结构视图；（c）-Zn-O-meso-helix 在配合物**7**；（d）配合物**7**的-Zn-O-Zn-L-内螺旋链；（e）配合物**7**中的-Zn-L-双股螺旋链（为了清晰起见，省略了所有氢原子和未配位水分子）

每个 [$Zn_4(\mu_4\text{-}O)(\mu_2\text{-}OH)_2$]$^{4+}$簇，连接 2 个 [$Zn_4(\mu_4\text{-}O)(\mu_2\text{-}OH)_2$]$^{4+}$和 6 个 L^{2-}配体，应被视为一个 8 连接的节点（如图 2-20a 所示）。每个 L^{2-}配体连接 3 个 [$Zn_4(\mu_4\text{-}O)(\mu_2\text{-}OH)_2$]$^{4+}$簇，可以被视为一个 3 连接的节点（如图 2-20b 所示）。配合物**7**的结构可以简化为 2 个节点的（3,8）-连接的框架，拓扑符号为 $\{3\cdot4\cdot5\}_2\ \{3^4\cdot4^4\cdot5^2\cdot6^6\cdot7^{10}\cdot8^2\}$（如图 2-20c 所示）。

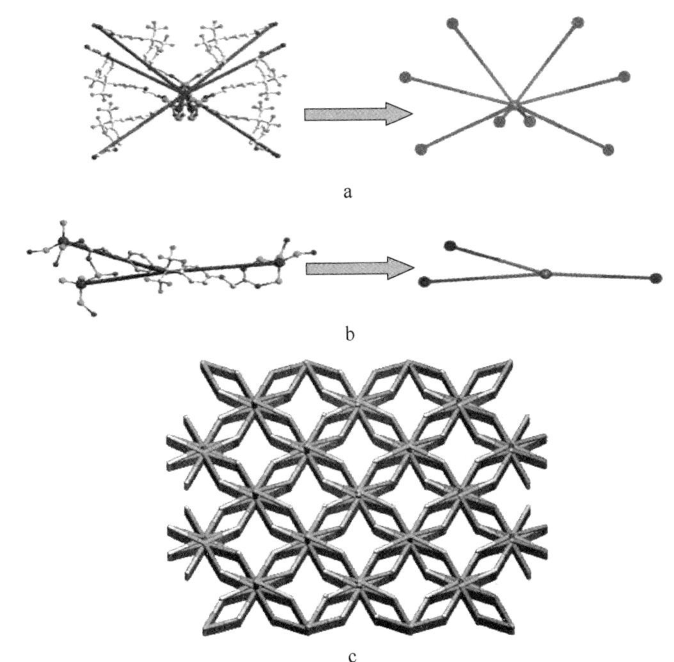

图 2-20 (a) $[Zn_4(\mu_4\text{-}O)(\mu_2\text{-}OH)_2]^{4+}$簇的节点示意图;
(b) L^{2-}配体和 (c) 配合物**7**的 (3,8) 连接的拓扑结构

2.2.2.2 配合物 $[Zn(L)(2,2\text{-bipy})(H_2O)](8)$的晶体结构

配合物**8**晶体属于Pca21空间群，只有一个晶体学独立的Zn(Ⅱ)离子，如图2-21a所示，Zn(Ⅱ)离子是五配位的：来自两个L^{2-}配体上的两个氧原子，一个2，2′-吡啶分子上的两个氮原子和一个水氧原子。在配合物**8**中，L^{2-}配体采用μ_2-η^1：η^0：η^1：η^0配位模式（如图2-18b所示）和连接Zn(Ⅱ)离子形成一维螺旋链（如图2-21b所示），重复单元可以被描述为-Zn1-L-Zn1-，沿*c*轴方向，螺旋链的螺距与晶胞*c*轴长度是一样的（3.1132nm），这些螺旋链进一步通过丰富的配位水分子与羧基氧原子之间的氢键被连接成一个二维结构。最后，通过2,2′-吡啶的C-H基团与羧基氧原子之间的C-H…O氢键形成三维超分子结构（如图2-21c所示）。其中，可以观察到由…H1W-O7-Zn-O5-C19-O6…H1W-组成的内消旋螺旋链，如图2-21d所示，沿*a*轴螺旋的螺距与晶胞*a*轴的长度相同（0.7104nm）。

2.2.2.3 配合物 $[Zn_3(L)_3(phen)_2]\cdot H_2O(\mathbf{9})$的晶体结构

单晶X射线衍射结果表明，配合物**9**晶体属于三斜$P\bar{1}$空间群，由3个晶体学独立的Zn(Ⅱ)离子、3个L^{2-}配体、2个phen分子和1个未配位的水分子组成，如图2-22a所示。Zn1离子是六配位的，其配位几何构型呈扭曲的八面体，由六

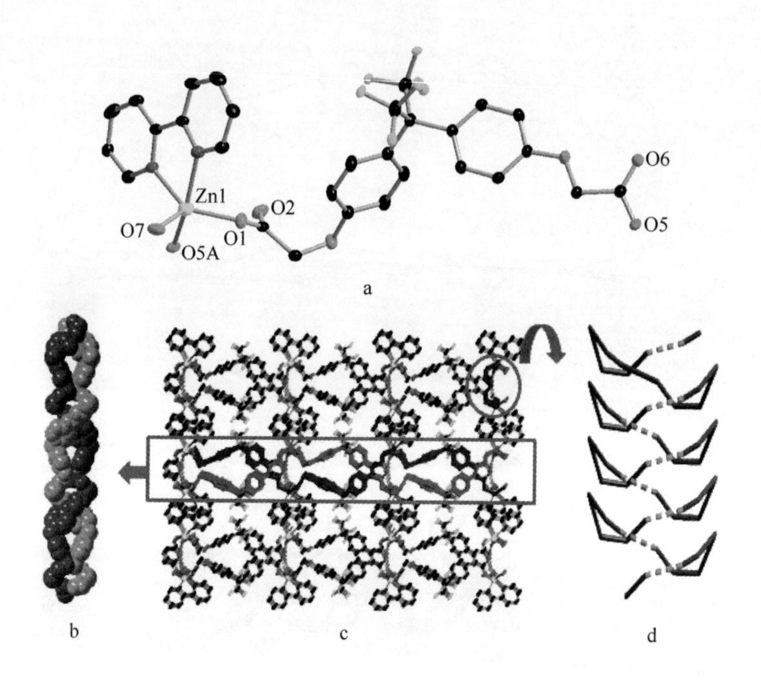

图2-21　(a) 配合物 **8** 中 Zn(Ⅱ) 离子的配位环境为 30%热椭球体 (为了清晰起见，省略了所有氢原子)；(b) 沿 *a* 轴方向-Zn-L-螺旋链视图；(c) 沿 *a* 轴方向配合物 **8** 的三维超分子结构视图；(d) 沿 *c* 轴方向配合物 **8** 的内消旋螺旋链视图

个单齿羧基氧原子完成。Zn2 和 Zn3 离子均为五配位，配位几何构型为扭曲的三角双锥，均由一个螯合 phen 分子和三个单齿羧基氧原子完成。在配合物 **3** 中，L^{2-}配体表现出两种配位模式：μ_4-η^1：η^1：η^1：η^1和 μ_4-η^1：η^1：η^2：η^0 (如图 2-18a 和 d 所示)。Zn(Ⅱ) 离子被 L^{2-}配体连接形成一个二维平行四边形结构，其大小为 $17.14\times18.71\times10^{-2}$nm (如图 2-22b 所示)。

在配合物 **9** 中，3 个 Zn(Ⅱ) 离子被 6 个不同的羧基连接，形成一个 $[Zn_3(COO)_6]$簇，其中 Zn1 ··· Zn2 和 Zn1 ··· Zn3 的距离分别为 0.3413nm 和 0.3378nm，如图 2-22b 所示。每个$[Zn_3(COO)_6]$ 簇被四个 L^{2-}配体包围，可以看作是一个四连接节点，L^{2-}配体连接两个 $[Zn_3(COO)_6]$ 簇，是线性连接节点。因此，配合物 **9** 的二维结构可以简化为一个具有 $\{4^4\cdot6^2\}$ 拓扑符号的四连接的 sql 拓扑结构 (如图 2-22b 所示)。最后，通过 phen 分子的 C-H 基团与羧基氧原子之间 C-H···O 氢键形成配合物 **9** 的三维超分子结构 (如图 2-22c 所示)。在这个三维结构中可以观察到左手和右手螺旋链，重复单元可以被描述为 Zn1-L-Zn1-L-Zn1-O12-C38-O11-Zn3-N3-C70-C71-C72-H72··· O17-L-Zn1-L-Zn1-，沿 *a* 轴方向螺旋的螺距长度与晶胞 *a* 轴的长度是一样的 (0.8546nm)，如图 2-22c 所示。

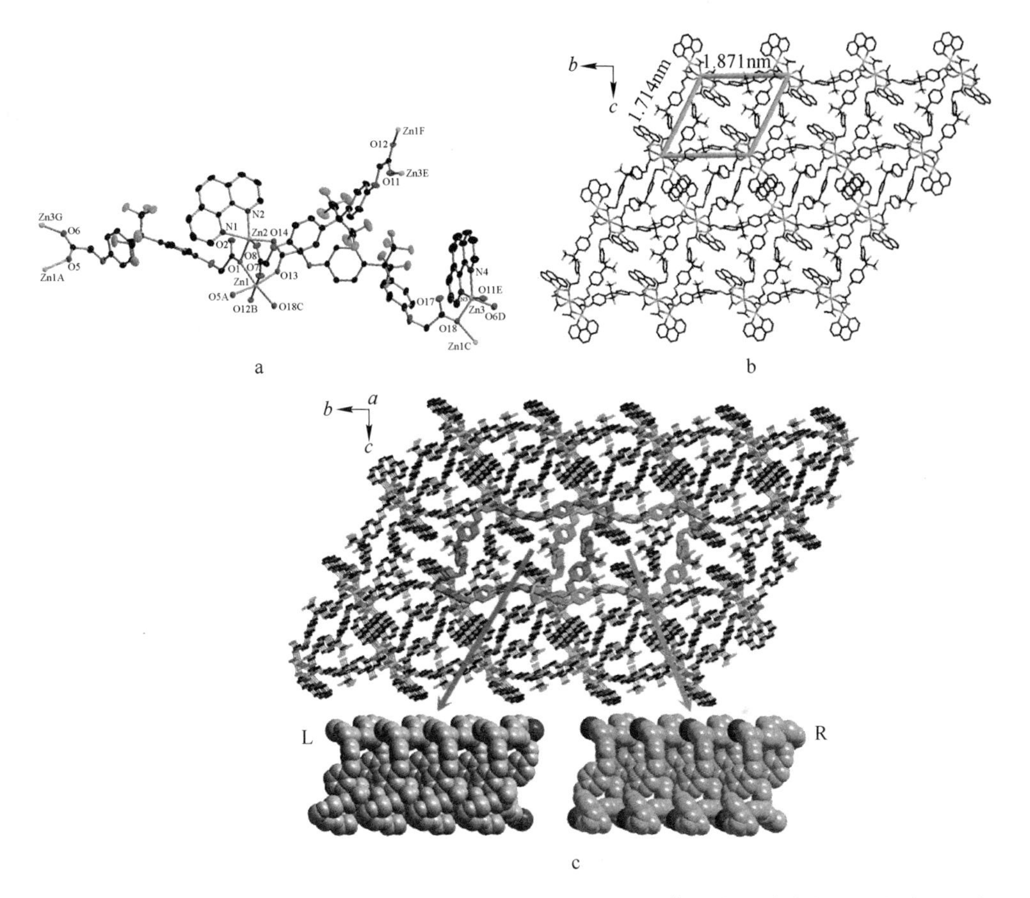

图 2-22 (a) 配合物**9**中Zn(Ⅱ)离子配位环境为30%热椭球体(为了清晰起见，省略了所有氢原子)；(b) 配合物**9**沿*a*轴方向的二维结构视图和配合物**9**中的 $\{4^4 \cdot 6^2\}$ 拓扑结构示意图；(c) 沿*a*轴方向的三维超分子结构视图，含左右手螺旋链

2.2.2.4 配合物$[Zn_2(L)_2(4,4'\text{-bipy})]$(**10**)的晶体结构

单晶X射线衍射结果表明，配合物**10**晶体属于单斜系的C2/c空间群，呈二维结构。配合物**10**的不对称单元包含两个Zn(Ⅱ)离子、两个完全质子化的L^{2-}配体和一个4,4′-bipy分子，如图2-23a所示。Zn1离子是五配位的，由四个L^{2-}配体中的四个单齿羧基氧原子和一个4,4′-联吡啶分子中的一个氮原子组成，呈扭曲的四方形锥体。Zn2离子与三个L^{2-}配体上的四个氧原子和一个4,4′-联吡啶分子上的一个氮原子配位，共五配位，呈扭曲的三角双锥体。在配合物**10**中，L^{2-}配体表现出两种配位模式：μ_4-η^1：η^1：η^1：η^1和μ_3-η^1：η^1：η^1：η^1(如图2-18a和e所示)。L^{2-}配体连接Zn(Ⅱ)离子形成一维链，同时相邻的链通过4,4′-bipy配体连接，形成一个由$14.15 \times 14.15 \times 10^{-2}$ nm格子组成的二维正方形结构

(如图 2-23b 所示)。其中，可以观察到单股螺旋链，重复单元为-Zn1-L-Zn2-4,4′-bipy-，沿 a 轴方向螺旋的螺距与晶胞 a 轴的长度（2. 0719nm）相同，如图 2-23b 所示。

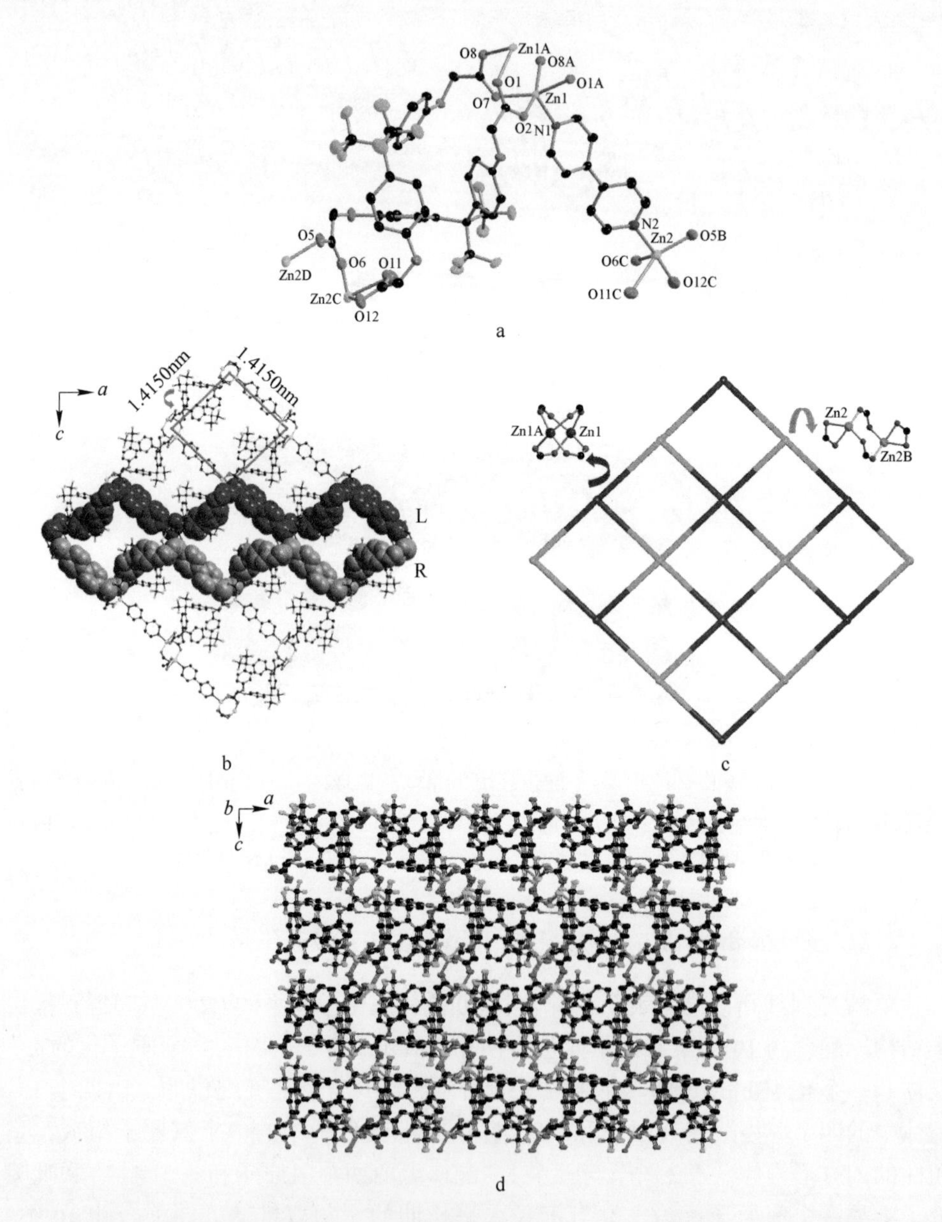

图 2-23　(a) 配合物 **10** 中 Zn(Ⅱ)离子的配位环境为 30%热椭球体（为了清晰起见，省略了所有氢原子)；(b) 沿 b 轴方向配合物 **10** 的二维结构，含左手和右手螺旋；(c) 配合物 **10** {$4^4·6^2$} 拓扑结构的示意图；(d) 沿 b 轴方向的三维超分子结构

在配合物**10**中，其中四个羧酸基团连接两个Zn(Ⅱ)离子，形成两种$[Zn_2(COO)_4]$簇，Zn…Zn分离分别为0.2937nm和0.3643nm，如图2-23c所示。每个$[Zn_2(COO)_4]$簇被四个L^{2-}配体包围，可以看作是一个四连接节点，两个L^{2-}配体连接两个$[Zn_2(COO)_4]$簇，为线性连接体，每个4,4′-bipy分子也连接两个$[Zn_2(COO)_4]$簇为线性连接体。因此，配合物**10**的二维结构可以简化为一个具有$\{4^4·6^2\}$拓扑结构的四连接的sql拓扑结构（图2-23c）。最后，L^{2-}配体的-CH_2基团与相邻层的F原子通过C-H…F氢键形成三维超分子结构（如图2-23d）所示。

2.2.2.5 配合物的PXRD和TGA分析

为了检查配合物**7~10**的相纯度，在室温下记录配合物**7~10**的粉末X射线衍射（PXRD）图谱，如图2-24所示。然而，配合物**7~10**固体样品的粉末X射线衍射图谱显示出更微弱的反射衍射峰，有些峰与单晶数据模拟的X射线衍射峰相比略有变宽，但仍然可以认为，所合成材料代表着配合物**7~10**。

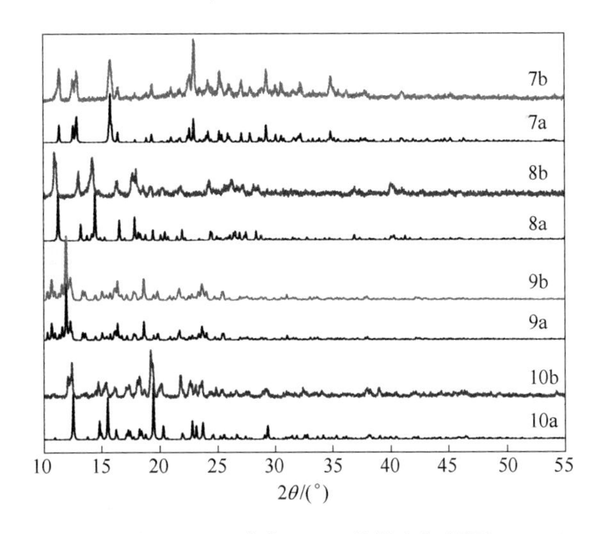

图2-24 配合物**7~10**的粉末衍射图
（a）用软件模拟得到的图；（b）实验测试得到的图

对配合物**7~10**进行热失重分析（TGA）分析，考察其热稳定性，在氮气气氛下，室温至800℃，升温速率为10℃/min，TGA实验结果如图2-25所示。在89~218℃的温度范围内，配合物**7**的失重率为1.61%，与半个晶格水分子排出量的计算值1.47%的结果一致。对于配合物**8**，在145~253℃范围内，第一个失重归因于每个晶胞单元失去一个配位水分子（实测值2.44%，计算值2.61%），270℃和395℃之间的第二步失重为19.96%，对应为失去一个配位2,2′-联吡啶分子（计算值 22.61%）。对于配合物 **9**，第一步在 95～148℃的温度范围内，可以归结于一个自由水分子的失去（实测值 1.42%，计算值 0.93%），240℃和 364℃之间的第二步失重为 10.85%，对应于一个配位的 phen 分子的失去（计算值 9.35%）。配合物 **10** 在 294～361℃范围内失去一个配位的 4,4′-联吡啶分子（实测值 15.04%，计算值 13.14%）。随着温度的升高，配合物 **7～10** 的骨架开始坍塌，最终的残余物质没有被表征。

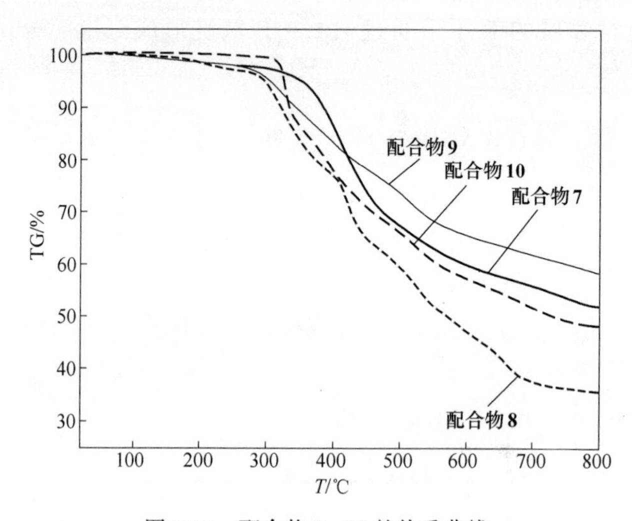

图 2-25　配合物 **7～10** 的热重曲线

2.2.2.6　配合物的荧光性质分析

室温下我们测定了锌配合物 **7～10** 的荧光光谱图，如图 2-26 所示，配体 H_2L 在 311nm 处（激发波长为 279nm），2,2′-联吡啶在 393nm、410nm 处（激发波长为 368nm），1,10-邻菲罗啉在 419nm、440nm 处（激发波长为 375nm），4,4′-联吡啶在 362nm、394nm 处（激发波长为 319nm），均有较强的荧光发射峰，这主要是 $\pi^* \rightarrow n$ 的电子跃迁所致。配合物 $[Zn_2(L)(OH)(O)_{0.5}]\cdot 0.5H_2O$(**7**) 在 364nm 处（激发波长为 282nm）有较强的荧光峰，主要来自配体 H_2L 的电子跃迁。配合物 $[Zn(L)(2,2'\text{-bipy})(H_2O)]$(**8**) 在 416nm（激发波长为 349nm）有较强的荧光峰，主要来自配体 H_2L 的电荷跃迁。配合物 $[Zn_3(L)_3(phen)_2]\cdot H_2O$(**9**) 在 380nm、397nm 处（激发波长为 251nm）有较强的荧光峰，主要来自配体 H_2L 和 1,10-phen 的电荷跃迁。配合物 $[Zn_2(L)_2(4,4'\text{-bipy})]$(**10**) 在 418nm 处（激发波长 325nm）有较强的荧光峰，主要来自配体 H_2L 的电子跃迁。与配体 H_2L 的荧光光谱相比配合物 **7～10** 的荧光光谱都发生了红移，这是配体与金属 Zn(Ⅱ)配位的结果，可以看成配体-金属的电荷跃迁所致。

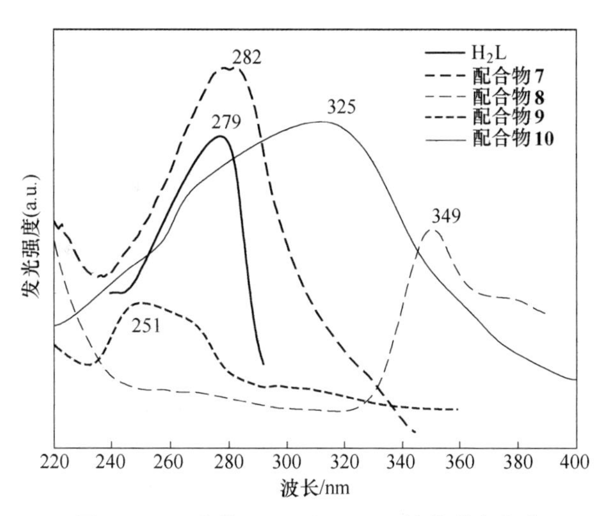

图 2-26 配合物 **7~10** 和 H_2L 配体的激发光谱

2.2.2.7 总结

综上所述，本节提出了四种新型的基于 V 型 H_2L 配体的锌配位聚合物。研究表明，H_2L 能够以丰富的配位方式与金属中心配位，并对多种螺旋结构（内消旋螺旋、四股螺旋链等螺旋结构）的形成起着关键作用，金属离子、N-给体配体的配位几何对于配合物的不同结构也非常重要。光致发光测试结果表明，配合物 **7~10** 可能是潜在光活性材料的良好候选材料。

缩略词：

H_2L=2,2-双(对氧乙酸基苯基)六氟丙烷；phen=1,10-邻菲罗啉；
2,2′-bipy=2,2′-联吡啶；4,4′-bipy=4,4′-联吡啶。

参 考 文 献

[1] Cui Y, And S J L, Lin W. Interlocked Chiral Nanotubes Assembled from Quintuple Helices [J]. Journal of the American Chemical Society, 2003, 125 (20): 6014~6015.

[2] Shi Z, Feng S, Gao S. Inorganic-Organic Hybrid Materials Constructed from $[(VO_2)(HPO_4)]_\infty$ Helical Chains and $[M(4,4'\text{-bpy})_2]^{2+}$ (M=Co, Ni) Fragments [J]. Angewandte Chemie International Edition in English, 2000, 112 (13): 2325~2327.

[3] Moulton B, Zaworotko M J. From molecules to crystal engineering: supramolecular isomerism and polymorphism in network solids [J]. Chemical Reviews, 2001, 101 (6): 1629~1658.

[4] 刘红. 新型 V 型羧酸配体构筑的螺旋配合物的表征、结构与性能研究 [D]. 南昌：南昌航空大学，2014.

[5] Yang G S, Liu C B, Liu H, et al. Rational assembly of Pb(Ⅱ)/Cd(Ⅱ)/Mn(Ⅱ) coordination polymers based on flexible V-shaped dicarboxylate ligand: Syntheses, helical structures and properties [J]. Journal of Solid State Chemistry, 2015, 225: 391~401.

[6] Sheldrick G M, SHELXS 97. Program for the Solution of Crystal Structures [D]. University of Göttingen, Germany, 1997.

[7] Sheldrick G M, SHELXL 97. Program for Crystal Structure Refinement [D]. University of Göttingen, Germany, 1997.

[8] Gabriel C, Raptopoulou C P, Terzis A. Binary and Ternary Metal-Organic Hybrid Polymers in Aqueous Lead(Ⅱ)-Dicarboxylic Acid-(Phen) Systems. The Influence of O-and S-Ligand Heteroatoms on the Assembly of Distinct Lattice Architecture, Dimensionality, and Spectroscopic Properties [J]. Crystal Growth & Design, 2013, 13 (6): 2573~2589.

[9] Ding B, Liu Y Y, Wu X X. Hydrothermal Syntheses and Characterization of Two Novel Lead (Ⅱ)-IDA Coordination Polymers: From 2D Homochiral Parallel Interpenetration to 12-Connected Lead (Ⅱ) Hybrid Framework Based on Propeller-Like Spiral Pb_4O_6 Cores (H2IDA = iminodiacetic acid) [J]. Crystal Growth & Design, 2009, 9 (9): 4176~4180.

[10] Blatov V A, Shevchenko A P, Proserpio D M. TOPOS-Version 4.0 Professional [D]. Samara State University, Samara, Russia, 2011.

[11] Li S L, Lan Y Q, Qin J S. A (4,8)-Connected Fluorite Topology Framework Based on Mononuclear and Dinuclear Metal Centers [J]. Crystal Growth & Design, 2008, 8 (7): 2055~2057.

[12] Meng X R, Song Y L, Hou H W, et al. Hydrothermal Syntheses, Crystal Structures, and Characteristics of a Series of Cd-btx Coordination Polymers (btx = 1,4-Bis (triazol-1-ylmethyl) benzene) [J]. Inorganic Chemistry, 2004, 43: 3528~3536.

[13] Schultheiss-Grassi P P, Dobson J. Magnetic analysis of human brain tissue [J]. Biometals, 1999, 12 (1): 67~72.

[14] Nematollahi M A, Dini A, Hosseini M. Thermo-magnetic analysis of thick-walled spherical pressure vessels made of functionally graded materials [J]. Applied Mathematics and Mechanics, 2019, 40 (6).

[15] Ahmad A, Alam M S. Magnetic Analysis of Copper Coil Power Pad with Ferrite Core for Wireless Charging Application [J]. Transactions on Electrical and Electronic Materials, 2019, 20 (2): 165~173.

[16] Li L, Liu C B, Yang G S. Zn(Ⅱ) coordination polymers with flexible V-shaped dicarboxylate ligand: Syntheses, helical structures and properties [J]. Journal of Solid State Chemistry, 2015, 231: 70~79.

[17] Wang L C, Sun J, Huang Z T. Stepwise tuning of the substituent groups from mother BTB ligands to two hexaphenylbenzene based ligands for construction of diverse coordination polymers [J]. Crystengcomm, 2013, 15 (42): 8511~8521.

[18] Hou L, Lin Y Y, Chen X M. Porous Metal-Organic Framework Based on μ_4-oxo Tetrazinc Clusters: Sorption and Guest-Dependent Luminescent Properties [J]. Inorganic Chemistry, 2008, 47 (4): 1346~1351.

3 吡唑羧酸配体构筑的螺旋配位聚合物

超分子配合物的设计与组装因其独特的拓扑结构和在磁性、光学材料和生物活性方面的潜在功能而受到广泛关注[1~3]。其中，由于螺旋结构在蛋白质、胶原、石英和单壁碳纳米管中频繁出现，螺旋超分子结构的构建引起了人们极大的兴趣[4~10]。一般来说，超分子配合物的自组装主要受有机配体、金属离子、溶剂体系、pH 值等因素的影响[11~13]，因此，要建立合适的合成策略以获得可预测的理想的结构和性能的物种，还需要做大量的工作。

到目前为止，已报道了许多与 N-和 O-供体桥联的多功能有机配体配合物[14~16]。尤其是吡唑羧酸由于几个有趣的特点而受到广泛的关注：（1）它们有多个 O-，N-配位点以及氢键受体，它们是构建高维 $3d$，$4f$ 或 $3d$-$4f$ 超分子结构良好的候选者；（2）它们具有可失去的质子，调节 pH 值可获得不同的羧酸配位模式，因此在使用相同试剂时，只改变 pH 值就可以构建不同的结构；（3）O-配位位点和 N-配位位点之间的适当角度将提供螺旋或微孔结构形成的可能性。由于上述原因，得到了许多吡唑羧酸的配合物，如 3,5-吡唑二甲酸等，并对它们进行了表征[17~21]。然而，在吡唑羧酸中引入苯环的报道却较少[22]。吡唑羧酸中引入了苯基基团，从而扩大了配体的尺寸，增加了 π-π 和 C-H···π 相互作用的可能性[25,26]，也可以诱发不同构象的吡唑羧酸的桥联金属离子的配位模式，由于几何构型的限制，也可能导致吡唑羧酸桥联模式的不同构象，最终使配合物的结构多样化。

3.1 羧基在不同位置的吡唑羧酸配合物的合成与表征[23,24]

本书合成了两种苯基取代的吡唑羧酸，羧基在吡唑环上不同位置：H_2L^1 = 5-苯基-1H-吡唑-3-羧酸和 H_2L^2 = 3-苯基-1H-吡唑-4-羧酸。由于吡唑环上羧基位置的不同，吡唑羧酸阴离子在超分子结构中可能发挥不同的作用，而获得不同的超分子结构。复配体对结构也有一定的影响，4,4′-联吡啶作为线性桥联配体通常被用来构筑多孔高维金属-有机骨架。

另一方面，金属离子特别是它们的半径和配位几何决定了有机配体的延伸方向和配位方式，这对配合物的结构很重要[25]。离子半径的细微差别将导致相同配体的配合物结构完全不同。本节选取元素周期表中三个相邻的过渡金属元素 Ni、Cu、Zn，研究金属离子对两种羧基位置不同的苯基取代吡唑羧酸配合物结构的影响，合成了 13 种新的配合物：[$Ni(HL^1)_2(H_2O)_2$](**1**)、[$Cu(HL^1)_2(H_2O)_2$](**2**)、[$Zn(HL^1)_2$](**3**)、[$Ni(HL^2)_2(H_2O)_2$](**4**)、[$Ni(HL^2)_2(HL^3)_2$](**5**)、[$Cu(HL^2)_2$]·$2H_2O$(**6**)、[$Zn(HL^2)_2$](**7**)、[$Zn_2(HL^2)_2(L^2)$](**8**)、[$Ni(HL^1)_2$(2,2′-bipy)]·$3H_2O$(**9**)、[$Ni(HL^1)_2$(4,4′-bipy)](**10**)、[$Co(HL^1)_2$(4,4′-bipy)]·$5H_2O$(**11**)、[$Ni_2(HL^2)_4$·(4,4′-bipy)($H_2O)_2$]·$4H_2O$(**12**)和[$Co(HL^2)_2$·(4,4′-bipy)](**13**)。

3.1.1　实验部分

除配体外，所有试剂均可商用，无需进一步纯化即可使用。元素分析用 Elementar Vario EL 分析仪进行测试，红外光谱在 Nicolet Avatar 5700 FT-IR 光谱仪上以 KBr 压片的形式测量。核磁共振氢谱在 400MHz 下利用 Bruker WH400 DS 光谱仪记录。在日立 FS-4500 荧光光度计上进行了室温荧光测量。用 ZRY-2P 热分析仪记录热重曲线。

3.1.1.1　配体的合成与表征

根据文献[26，27]制备了 H_2L^1 和 H_2L^2 配体，配体的合成路线如图 3-1 所示。

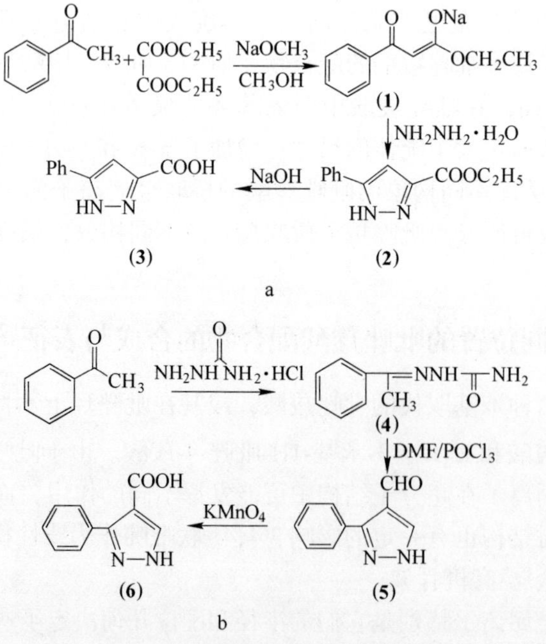

a

b

图 3-1　(a) H_2L^1 和 (b) H_2L^2 配体的合成路径

(1) H_2L^1 配体：产率约 80%，熔点为 257～258℃。$C_{10}H_8N_2O_2$ 元素分析

(%)：计算值：C 63.82，H 4.29，N 14.89；实测值：C 64.56，H 4.14，N 14.38。红外数据（KBr 压片，v/cm^{-1}）：2618～3146(s)，1698(vs)，1515(s)，1431(s)，1265(s)，1187(m)。^{1}HNMR(DMSO-d_6，400MHz) d：3.33(s，1H)，7.19(s，1H)，7.33～7.85(m，5H)，13.48(s，1H)。

（2）H_2L^2配体：产率约 75%，熔点为 290～292℃。$C_{10}H_8N_2O_2$ 元素分析(%)：计算值：C 63.82，H 4.29，N 14.89；实测值：C 64.52，H 4.24，N 14.58。红外数据（KBr 压片，v/cm^{-1}）：2577～3265(s)，1667(s)，1523(s)，1443(m)，1331(m)，1255(s)，1197(m)。^{1}HNMR(DMSO-d_6) d：3.35（s，1H），7.40～7.74（m，5H），8.13（s，1H），12.81(s，1H)。

3.1.1.2 $[Ni(HL^1)_2(H_2O)_2]$(**1**) 的合成

H_2L^1(0.0188g，0.1mmol)、$Ni(NO_3)_2 \cdot 6H_2O$(0.029g，0.1mmol)、H_2O(7mL)、乙醇(3mL)和 0.65mol/L NaOH 水溶液（0.035mmol）混合溶液于 25mL 聚四氟乙烯内衬的不锈钢反应釜中，在 443K 下加热 4 天。自然冷却至室温后，过滤得到绿色片状晶体。产率为 27%。$C_{20}H_{18}N_4O_6Ni$ 元素分析（%）：计算值：C 51.21，H 3.84，N 11.94；实测值：C 51.43，H 3.62，N 12.22。红外数据（KBr 压片，v/cm^{-1}）：3437(m)，2924(w)，1639(vs)，1342(m)，982(w)，684(s)。

3.1.1.3 $[Cu(HL^1)_2(H_2O)_2]$(**2**) 的合成

将含有 $CuSO_4 \cdot 5H_2O$（0.025g，0.1mmol）、H_2L^1（0.0188g，0.1mmol）、0.65mol/L NaOH 水溶液（0.07mmol）、H_2O（2mL）、乙醇（1mL）混合溶液的厚壁耐热玻璃管冷冻于液氮中，真空密封，以 423K 加热 3 天后得到了适合 X 射线分析的蓝色块状晶体。产率为 36%。$C_{20}H_{18}N_4O_6Cu$ 元素分析（%）：计算值：C 50.64，H 3.80，N 11.82；实测值：C 50.46，H 3.62，N 11.54。红外数据（KBr 压片，v/cm^{-1}）：3418(m)，3162(w)，1668(vs)，1424(m)，1328(vs)，1039(m)，760(m)，687(m)。

3.1.1.4 $[Zn(HL^1)_2]$（**3**）的合成

H_2L^1(0.0188g，0.1mmol)、$Zn(ClO_4)_2 \cdot 6H_2O$(0.0373g，0.1mmol) 和 H_2O(10mL)混合溶液于 25mL 聚四氟乙烯内衬的不锈钢反应釜中，在 453K 下加热 96h。自然冷却至室温后，过滤得到微小的无色晶体。产率为 18%。$C_{20}H_{14}N_4O_4Zn$ 元素分析（%）：计算值：C 54.58，H 3.18，N 12.74；实测值：C 54.36，H 3.02，N 12.54。红外数据（KBr 压片，v/cm^{-1}）：1621(vs)，1420(s)，1347(s)，1002(w)，762(m)。

3.1.1.5 $[Ni(HL^2)_2(H_2O)_2]$(**4**) 的合成

H_2L^2(0.0188g, 0.1mmol)、$NiCl_2 \cdot 6H_2O$(0.024g, 0.1mmol)、0.65mol/L NaOH 水溶液(0.2mmol)和 H_2O(10mL)混合溶液于25mL聚四氟乙烯内衬的不锈钢反应釜中，在393K下加热3天。自然冷却至室温后，得到蓝色块状晶体。产率为35%。$C_{20}H_{18}N_4O_6Ni$ 元素分析(%)：计算值：C 51.21, H 3.84, N 11.94；实测值：C 51.01, H 3.67, N 11.72。红外数据(KBr 压片, v/cm^{-1})：3440(m), 2758(w), 1544(vs), 1423(m), 1328(s), 958(m), 783(m), 693(m)。

3.1.1.6 $[Ni(HL^2)_2(HL^3)_2]$(**5**) 的合成

合成过程同配合物**4**。产率为18%。$C_{38}H_{30}N_8O_4Ni$ 元素分析(%)：计算值：C 63.21, H 4.16, N 15.53；实测值：C 63.01, H 3.89, N 15.31。红外数据(KBr压片, v/cm^{-1})：1541(vs), 1494(s), 1398(s), 1325(vs), 958(s), 798(m), 759(m), 686(m)。

3.1.1.7 $[Cu(HL^2)_2] \cdot 2H_2O$(**6**) 的合成

配合物**6**的合成与配合物**4**、配合物**5**相似，只是用0.1mmol $CuSO_4 \cdot 5H_2O$ 代替0.1mmol $NiCl_2 \cdot 6H_2O$，氢氧化钠水溶液降至0.07mmol，混合物的反应温度为433K。得到的是蓝色块状晶体。产率为42%。$C_{20}H_{18}CuN_4O_6$元素分析(%)：计算值：C 50.64, H 3.80, N 11.82；实测值：C 50.87, H 3.49, N 11.69。红外数据(KBr 压片, v/cm^{-1})：3617(s), 3405(s), 1575(vs), 1560(s), 1509(s), 1322(s), 946(m)。

3.1.1.8 $[Zn(HL^2)_2]$(**7**) 的合成

配合物**7**的合成与配合物**6**相似，只是用0.1mmol $ZnSO_4 \cdot 7H_2O$ 代替0.1mmol $CuSO_4 \cdot 5H_2O$，反应混合物温度为393K。得到的是无色的菱形晶体。产率为53%。$C_{20}H_{14}N_4O_4Zn$ 元素分析(%)：计算值：C 54.58, H 3.18, N 12.74；实测值：C 54.73, H 3.37, N 12.92。红外数据(KBr 压片, v/cm^{-1})：1581(vs), 1488(s), 1431(vs), 1328(s), 957(m)。

3.1.1.9 $[Zn_2(HL^2)_2(L^2)]$(**8**) 的合成

配合物**8**的合成与配合物**7**相似，只是氢氧化钠水溶液增加到0.14mmol。得到无色晶体。产率为32%。$C_{30}H_{20}N_6O_6Zn_2$ 元素分析(%)：计算值：C 52.12, H 2.89, N 12.16；实测值：C 52.43, H 2.65, N 12.52。红外数据(KBr

压片，v/cm^{-1})：1609(m)，1551(m)，1399(vs)，1330(s)，1215(m)。

3.1.1.10 [$Ni(HL^1)_2(2,2'\text{-bipy})$]·$3H_2O$(**9**) 的合成

$NiCl_2 \cdot 6H_2O$ (0.024g,0.1mmol)、H_2L^1 (0.019g,0.1mmol)、2,2′-联吡啶 (0.016g,0.1mmol)、NaOH(0.15mL,0.65mol/L) 和蒸馏水 (10mL) 的混合溶液于23mL聚四氟乙烯内衬的不锈钢反应釜中，以120℃加热3天。自然冷却至室温后，得到蓝色块状晶体。产率为43.5%。$C_{30}H_{28}NiN_6O_7$元素分析 (%)：计算值：C 56.01，H 4.35，N 13.07；实测值：C 56.46，H 4.18，N 13.55。红外数据 (KBr压片，v/cm^{-1})：3409(s)，1602(s)，1495(m)，1413(s)，1337(s)，1207(w)，1023(m)，957(w)，918(w)，829(m)，761(m)。

3.1.1.11 [$Ni(HL^1)_2(4,4'\text{-bipy})$](**10**) 的合成

配合物 **10** 的合成与配合物 **9** 相似，只是用0.1mmol 4,4′-联吡啶代替0.1mmol 2,2′-联吡啶，氢氧化钠水溶液降至0.1mL，反应混合物温度为150℃，得到蓝色块状晶体。产率为54.5%。$C_{30}H_{22}NiN_6O_4$元素分析 (%)：计算值：C 61.15，H 3.76，N 14.27；实测值：C 61.33，H 3.55，N 14.55。红外数据 (KBr压片，v/cm^{-1})：1634(s)，1583(s)，1488(m)，1414(s)，1339(s)，1297(s)，1209(m)，1097(m)，942(w)，807(m)，663(w)。

3.1.1.12 [$Co(HL^1)_2(4,4'\text{-bipy})$]·$5H_2O$(**11**) 的合成

配合物 **11** 的合成与配合物 **10** 相似，只是用0.1mmol $CoCl_2 \cdot 6H_2O$ 代替0.1mmol $NiCl_2 \cdot 6H_2O$，反应混合物温度为90℃，得到红色块状晶体。产率为42.3%。$C_{30}H_{32}CoN_6O_9$元素分析 (%)：计算值：C 53.02，H 4.75，N 12.37；实测值：C 53.25，H 4.52，N 12.65。红外数据 (KBr压片，v/cm^{-1})：3134(m)，1608(s)，1495(m)，1413(s)，1337(m)，1208(m)，1073(m)，974(w)，889(w)，824(m)，761(m)，685(m)。

3.1.1.13 [$Ni_2(HL^2)_4 \cdot (4,4'\text{-bipy}) \cdot (H_2O)_2$]·$4H_2O$ (**12**) 的合成

$NiCl_2 \cdot 6H_2O$ (0.024g，0.1mmol)，H_2L^2(0.019g，0.1mmol)，4,4′-bipyridine (0.016g，0.1mmol)，NaOH(0.15mL，0.65mol/L) 和蒸馏水 (10mL)的混合溶液于23mL聚四氟乙烯内衬的不锈钢反应釜中，以120℃加热3天。自然冷却至室温后，得到绿色块状晶体。产率为36.5%。$C_{50}H_{48}N_{10}Ni_2O_{14}$元素分析 (%)：计算值：C 53.12，H 4.37，N 12.39；实测值：C 53.49，H 4.12，N 12.55。红外数据 (KBr压片，v/cm^{-1})：3147(m)，1607(m)，1537(m)，1490(m)，1402(m)，

1327(s), 1220(w), 959(m), 915(w), 810(m), 758(w), 693(m)。

3.1.1.14 [$Co(HL^2)_2$·(4,4′-bipy)](**13**) 的合成

配合物**13**的合成与配合物**12**相似，只是使用了0.1mmol $CoCl_2 \cdot 6H_2O$ 而不是0.1mmol $NiCl_2 \cdot 6H_2O$，得到红色块状晶体。产率为58.5%。$C_{30}H_{22}N_6CoO_4$元素分析（%）：计算值：C 61.12，H 3.76，N 14.26；实测值：C 61.45，H 3.52，N 14.03。红外数据（KBr压片，v/cm^{-1}）：1615(m), 1545(s), 1488(m), 1433(m), 1334(s), 1275(w), 1083(m), 957(s), 899(m), 805(m), 768(w), 701(w)。

3.1.1.15 X射线单晶衍射的研究[28~30]

选取合适尺寸晶体置于Brucker APEX Ⅱ单晶衍射仪，采用石墨单色化Mo-K_α射线（λ=0.071073nm），在298K条件下，一定的θ范围内，收集衍射点数据。利用SADABS程序对标题配合物进行半经验吸收校正，采用直接法求解结构。采用SHELXL-97对F^2进行全矩阵最小二乘优化。所有非氢原子坐标采用各向异性热参数进行修正，从差值傅里叶图上找到羟基H和水中H原子并进行定位，并将其他H原子置于几何计算位置。

配合物**1~13**的晶体结构数据和相关实验参数见表3-1，部分键长键角见表3-2，主要氢键数据见表3-3。配体在配合物**1~13**中的配位模式如图3-2所示。

表3-1 配合物1~13的晶体学数据

配 合 物	**1**	**2**	**3**	**4**
分子式	$C_{20}H_{18}NiN_4O_6$	$C_{20}H_{18}CuN_4O_6$	$C_{20}H_{14}N_4O_4Zn$	$C_{20}H_{18}NiN_4O_6$
分子量	469.09	473.92	439.72	469.09
T/K	296(2)	293(2)	295(2)	296(2)
晶系	Monoclinic	Monoclinic	Monoclinic	Triclinic
空间群	P2(1)/n	P2(1)/n	P2(1)/c	$P\bar{1}$
a/nm	0.4845(9)	0.5044(6)	0.7096(12)	0.6614(7)
b/nm	3.2906(6)	3.2161(4)	1.2071(2)	0.6987(7)
c/nm	0.6323(8)	0.6323(8)	2.2767(4)	1.0441(11)
α/(°)	90	90	90	79.736(10)
β/(°)	106.293(10)	106.293(10)	90.338(3)	82.999(10)
γ/(°)	90	90	90	75.092

续表 3-1

配 合 物	**1**	**2**	**3**	**4**
V/nm^3	0.9657(3)	0.9846(2)	0.1950(6)	0.4574(8)
晶胞中分子数量 Z	2	2	4	1
单胞中电子的数目 F(000)	484	486	896	242
D_C/mg · m^{-3}	1.613	1.599	1.498	1.703
θ/(°)	2.48~25.48	2.53~27.49	2.46~25.49	3.03~25.50
线性吸收系数 μ/mm^{-1}	1.053	1.157	1.294	1.112
拟合优度 S 值	1118	1078	1036	1077
收集的衍射点/精修用的衍射点数目	7394/1794	8611/2254	10603/3626	3527/1683
等价衍射点在衍射强度上的差异值 R_{int}	0.0367	0.0272	0.0816	0.0190
可观测衍射点的 R_1, wR_2[$I>2\sigma(I)$]	0.0448, 0.1026	0.0367, 0.0796	0.0666, 0.1206	0.0292, 0.0670
全部衍射点的 R_1, wR_2	0.0572, 0.1085	0.0465, 0.0838	0.1243, 0.1415	0.0327, 0.0689
配 合 物	**5**	**6**	**7**	**8**
分子式	$C_{38}H_{30}NiN_8O_4$	$C_{20}H_{18}CuN_4O_6$	$C_{20}H_{14}N_4O_4Zn$	$C_{30}H_{20}N_6O_6Zn_2$
分子量	721.41	473.92	439.72	691.3
T/K	296(2)	291(2)	291(2)	296(2)
晶系	Monoclinic	Monoclinic	Orthorhombic	Monoclinic
空间群	P2(1)/c	P2(1)/c	Fddd	P2(1)/c
a/nm	1.2463(3)	0.7492(8)	1.6575(19)	1.4377(4)
b/nm	1.1681(3)	1.0656(12)	1.8395(2)	1.3872(3)
c/nm	1.2403(3)	1.2167(14)	2.2912(3)	1.4606(4)
α/(°)	90	90	90	90
β/(°)	102.109(3)	100.442(10)	90	102.988(3)
γ/(°)	90	90	90	90
V/nm^3	1.7655(8)	0.9552(18)	6.9858(14)	2.8383(12)
晶胞中分子数量 Z	2	2	16	4
单胞中电子的数目 F(000)	748	486	3584	1400
D_C/mg · m^{-3}	1.357	1.648	1.672	1.618
θ/(°)	2.42~25.49	2.56~25.50	2.84~27.49	2.32~27.50
线性吸收系数 μ/mm^{-1}	0.602	1.092	1.445	1.746
拟合优度 S 值	1057	1077	1079	1013
收集的衍射点/精修用的衍射点数目	13125/3279	6655/1754	14743/2009	24474/6509

续表 3-1

配 合 物	5	6	7	8
等价衍射点在衍射强度上的差异值 R_{int}	0.0393	0.0134	0.0247	0.0800
可观测衍射点的 $R_1, wR_2[I > 2\sigma(I)]$	0.0406, 0.1114	0.0217, 0.0618	0.0313, 0.0855	0.0501, 0.1091
全部衍射点的 R_1, wR_2	0.0533, 0.1198	0.0234, 0.0631	0.0359, 0.0882	0.1056, 0.1361

配合物	9	10	11	12	13
分子式	$C_{30}H_{28}NiN_6O_7$	$C_{30}H_{22}NiN_6O_4$	$C_{30}H_{32}CoN_6O_9$	$C_{50}H_{48}N_{10}Ni_2O_{14}$	$C_{30}H_{22}CoN_6O_4$
分子量	643.29	589.25	679.55	1130.41	589.47
T/K	296(2)	296(2)	296(2)	296(2)	296(2)
晶系	Rhombohedral	Monoclinic	Tetragonal	Monoclinic	Monoclinic
空间群	$R\bar{3}c$	Cc	$P4_322$	I2/a	C2/c
a/nm	2.7013(8)	1.4483(4)	1.1421(5)	1.2665(9)	2.4038(3)
b/nm	2.7013(8)	1.7050(5)	1.1421(5)	1.1408(8)	1.2754(16)
c/nm	2.1432(7)	1.3026(4)	2.4240(11)	3.4571(3)	1.1864(15)
α/(°)	90	90	90	90	90
β/(°)	90	121.296(3)	90	97.5210(10)	110.073(2)
γ/(°)	120	90	90	90	90
V/nm^3	13.544(7)	2.7487(14)	3.1621(2)	4.9522(6)	3.4163(7)
晶胞中分子数量 Z	18	4	4	4	4
单胞中电子的数目 F(000)	6012	1216	1412	2344	1212
D_C/mg · m^{-3}	1.420	1.424	1.427	1.516	1.146
θ/(°)	2.49~25.50	2.39~27.50	2.45~25.50	2.41~27.50	2.36~25.50
线性吸收系数 μ/mm^{-1}	0.701	0.753	0.605	0.840	0.541
拟合优度 S 值	2373	1392	1036	1014	1078
收集的衍射点/精修用的衍射点数目	34149/2813	11751/5819	24585/2953	21392/5657	13039/3186
等价衍射点在衍射强度上的差异值 R_{int}	0.0568	0.0404	0.0363	0.0319	0.0498
可观测衍射点的 $R_1, wR_2[I > 2\sigma(I)]$	0.0399, 0.0476	0.0460, 0.0942	0.0433, 0.1141	0.0420, 0.0897	0.0452, 0.1296
全部衍射点的 R_1, wR_2	0.0617, 0.0491	0.0503, 0.0957	0.0510, 0.1214	0.0594, 0.1005	0.0547, 0.1354

表 3-2 配合物 1~13 的键长(nm)数据

1			
Ni(1)-O(1)	0.2072(2)	Ni(1)-O(1)#1	0.2072(2)
Ni(1)-O(3)	0.2136(2)	Ni(1)-O(3)#1	0.2136(2)
Ni(1)-N(1)	0.2012(3)	Ni(1)-N(1)#1	0.2012(3)
2			
Cu(1)-O(1)	0.1997(14)	Cu(1)-O(1)#1	0.1997(14)
Cu(1)-O(3)	0.2540(19)	Cu(1)-O(3)#1	0.2540(19)
Cu(1)-N(1)	0.1957(17)	Cu(1)-N(1)#1	0.1957(17)
3			
Zn(1)-O(1)	0.2174(4)	Zn(1)-N(1)	0.2120(5)
Zn(1)-O(1)#2	0.2070(4)	Zn(1)-N(3)	0.2095(5)
Zn(1)-O(3)#1	0.1962(4)		
4			
Ni(1)-O(1)#2	0.2076(14)	Ni(1)-O(1)#3	0.2076(14)
Ni(1)-O(3)	0.2101(15)	Ni(1)-O(3)#1	0.2101(15)
Ni(1)-N(1)	0.2071(17)	Ni(1)-N(1)#1	0.2071(17)
5			
Ni(1)-O(2)#2	0.2104(15)	Ni(1)-O(2)#3	0.2104(15)
Ni(1)-N(1)	0.2084(17)	Ni(1)-N(1)#1	0.2084(17)
Ni(1)-N(3)	0.2102(19)	Ni(1)-N(3)#1	0.2102(19)
6			
Cu(1)-O(1)	0.2561(14)	Cu(1)-O(1)#1	0.2561(14)
Cu(1)-O(2)	0.1992(10)	Cu(1)-O(2)#1	0.1992(10)
Cu(1)-N(2)#2	0.2015(13)	Cu(1)-N(2)#3	0.2015(13)
7			
Zn(1)-O(2)#1	0.1934(17)	Zn(1)-N(1)	0.2015(18)
Zn(1)-O(2)#2	0.1934(17)	Zn(1)-N(1)#3	0.2015(18)
8			
Zn(1)-O(2)#1	0.1977(4)	Zn(2)-O(3)#2	0.1966(3)
Zn(1)-O(4)#2	0.1941(3)	Zn(2)-O(6)#3	0.1936(4)
Zn(1)-N(1)	0.1955(4)	Zn(2)-N(4)	0.1958(4)
Zn(1)-N(3)	0.1993(4)	Zn(2)-N(5)	0.2023(4)
9			
Ni(1)-O(1)	0.2066(14)	Ni(1)-O(1)#1	0.2066(14)

续表 3-2

9			
Ni(1)-N(1)	0.2087(17)	Ni(1)-N(1)#1	0.2087(17)
Ni(1)-N(3)	0.2060(18)	Ni(1)-N(3)#1	0.2060(18)
10			
Ni(1)-O(2)	0.2058(2)	Ni(1)-O(3)	0.2109(2)
Ni(1)-N(2)	0.2095(3)	Ni(1)-N(4)	0.2114(3)
Ni(1)-N(5)	0.2050(3)	Ni(1)-N(6) #1	0.2069(3)
11			
Co(1)-O(1)	0.2059(3)	Co(1)-O(1) #1	0.2059(3)
Co(1)-N(1)	0.2113(3)	Co(1)-N(1) #1	0.2113(3)
Co(1)-N(3)	0.2178(4)	Co(1)-N(4) #2	0.2161(3)
12			
Ni(1)-O(1)	0.2039(18)	Ni(1)-O(1) #1	0.2039(18)
Ni(1)-O(5)	0.2102(2)	Ni(1)-O(5) #1	0.2102(2)
Ni(1)-N(3)	0.2133(3)	Ni(1)-N(4) #2	0.2159(3)
Ni(2)-O(4) #3	0.2094(18)	Ni(2)-O(4) #4	0.2094(18)
Ni(2)-N(1)	0.2123(2)	Ni(2)-N(1) #5	0.2123(2)
Ni(2)-N(6)	0.2067(2)	Ni(2)-N(6) #5	0.2067(2)
13			
Co(1)-O(1) #1	0.2144(15)	Co(1)-O(1) #2	0.2144(15)
Co(1)-N(1)	0.2111(2)	Co(1)-N(1) #3	0.2111(2)
Co(1)-N(3)	0.2195(2)	Co(1)-N(3) #3	0.2195(2)

注：对称操作：配合物 **1**：#1 $-x$, $-y$, $-z+1$。配合物 **2**：$-x+1$, $-y$, $-z$。配合物 **3**：#1 $-x+1$, $-y+1$, $-z+1$; #2 $-x$, $-y+1$, $-z+1$。配合物 **4**：#1 $-x+1$, $-y$, $-z+1$; #2 x, $y-1$, z; #3 $-x+1$, $-y+1$, $-z+1$。配合物 **5**：#1 $-x+1$, $-y+1$, $-z$; #2 $-x+1$, $y-1/2$, $-z+1/2$; #3 x, $-y+3/2$, $z-1/2$。配合物 **6**：#1 $-x+1$, $-y+1$, $-z+1$; #2 $-x+1$, $y-1/2$, $-z+1/2$; #3 x, $-y+3/2$, $z+1/2$。配合物 **7**：#1 $x+1/4$, $-y+2$, $z+1/4$; #2 $-x+1$, $y+1/4$, $z+1/4$; #3 $-x+5/4$, $-y+9/4$, z。配合物 **8**：#1 $-x$, $y-1/2$, $-z+1/2$; #2 x, $-y+1/2$, $z-1/2$; #3 $-x+1$, $y+1/2$, $-z+1/2$。配合物 **9**：#1 $x+2/3$, $y-2/3$, $-z+13/6$。配合物 **10**：#1 $x+1/2$, $y+1/2$, z。配合物 **11**：#1 $-x+1$, y, $-z$; #2 x, $y+1$, z。配合物 **12**：#1 $-x+1/2$, y, $-z+1$; #2 x, $y+1$, z; #3 $x+1/2$, $-y+1$, z; #4 $-x$, $y-1/2$, $-z+1/2$; #5 $-x+1/2$, $-y+1/2$, $-z+1/2$。配合物 **13**：#1 $-x+1/2$, $y+1/2$, $-z+3/2$; #2 x, $-y$, $z+1/2$; #3 $-x+1/2$, $-y+1/2$, $-z+2$。

表 3-3 配合物 25~31 的氢键（nm 和°）数据

D-H…A	d(D-H)	d(H…A)	d(D…A)	<(DHA)
1				
O(3)-H(1W)…O(1)#2	0.083	0.198	0.2732(3)	150.1

续表 3-3

D-H…A	d(D-H)	d(H…A)	d(D…A)	<(DHA)
1				
O(3)-H(2W)…O(2)#3	0.086	0.186	0.2625(3)	153.8
N(2)-H(2A)…O(3)#4	0.086	0.210	0.2823(4)	141.6
对称操作：#2 $-x-1$, $-y$, $-z+1$; #3 x, y, $z-1$; #4 $x+1$, y, z。				
2				
N(2)-H(2)…O(3)#2	0.086	0.193	0.2719(2)	152.0
O(3)-H(1W)…O(2)#3	0.083	0.188	0.2678(2)	161.3
O(3)-H(2W)…O(1)#4	0.083	0.203	0.2773(2)	149.3
对称操作：#2 $x+1$, y, z; #3 x, y, $z-1$; #4 $-x$, $-y$, $-z$。				
3				
N(2)-H(2)…O(2)#3	0.086	0.202	0.2765(6)	144.8
N(4)-H(4)…O(4)#4	0.086	0.182	0.2673(6)	172.8
C(16)-H(16)…O(4)#4	0.093	0.255	0.3220(9)	129.0
C(6)-H(6)…O(2)#2	0.093	0.271	0.3456(2)	137.5
对称操作：#2 $-x$, $-y$, $-z+1$; #3 $x+1$, y, z; #4 $x-1$, y, z。				
4				
O(3)-H(1W)…O(2)#1	0.082	0.190	0.2721(2)	176.2
N(2)-H(2)…O(2)#2	0.086	0.195	0.2764(2)	157.0
C(1)-H(1)…O1#3	0.093	0.251	0.2928(3)	108.0
C(7)-H(7)…O2#4	0.093	0.261	0.3499(1)	159.3
对称操作：#1 $x+1$,$y-1$,z; #2 x,$y-1$,z; #3 $1-x$,$1-y$,$1-z$; #4 $-x$, $2-y$, $-z$。				
5				
N(4)-H(4)…O(1)#3	0.086	0.192	0.2717(2)	154.2
N(2)-H(2)…O(1)#2	0.086	0.197	0.2741(2)	148.8
C(6)-H(6)…O(2)	0.093	0.236	0.3090(3)	135.0
对称操作：#2 $-x+1$, $y-1/2$, $-z+1/2$; #3 x, $-y+3/2$, $z-1/2$。				
6				
O(3)-H(2W)…O(2)#5	0.082	0.257	0.2969(2)	111.5
O(3)-H(1W)…O(1)	0.082	0.197	0.2781(2)	170.2
N(1)-H(1)…O(3)#6	0.086	0.191	0.2765(2)	171.2
对称操作：#5 $x+1$, y, z; #6 $x-1$, $-y+3/2$, $z-1/2$。				
7				
N(2)-H(2)…O(1)#1	0.086	0.193	0.2720(3)	151.4
C(1)-H(1)…O(1)#2	0.093	0.239	0.3264(3)	155.0

续表 3-3

D-H…A	d(D-H)	d(H…A)	d(D…A)	<(DHA)
C(6)-H(6)…O(2)	0. 093	0. 248	0. 2932(3)	110. 0
C(10)-H(10)…O(2)#3	0. 093	0. 258	0. 3400(3)	147. 0
对称操作:#1 x + 1/4, − y + 2, z + 1/4; #2 x + 1/2, y + 2, z + 1/2; #3 3/2 + x, 1/2 + y, z。				
8				
C(1)- H(1)…O(5) #1	0. 093	0. 255	0. 3107(7)	119. 0
对称操作: #1 − x + 1, y + 1/2, − z + 1/2。				
9				
O(3)-H(1W)…O(2)#1	0. 084	0. 195	0. 2779(2)	172. 9
O(3)-H(2W)…O(2)#2	0. 084	0. 195	0. 2756(2)	160. 8
O(4)-H(3W)…O(1)#3	0. 083	0. 196	0. 2771(18)	166. 7
N(2)-H(2)…O(3)#4	0. 087	0. 189	0. 2751(2)	173. 3
C(10)-H(10)…O(3)#4	0. 093	0. 234	0. 3243(4)	165. 0
C(14)-H(14)…O(4)#5	0. 093	0. 235	0. 3282(3)	178. 0
C(14)-H(14)…O(4)#6	0. 093	0. 235	0. 3282(3)	178. 0
对称操作:#1 − x + 2/3, − y + 4/3, − z + 4/3; #2 x + 1, y, z − 1; #3 x, y, z − 1; #4 − x + y + 1/3, − x + 5/3, z + 2/3; #5 − x + y + 1/3, y − 1/3, − z + 4/3; #6 − x + y + 1/3, y + 1/3, z + 5/6。				
10				
N(1)-H(1)…O(4)#1	0. 086	0. 202	0. 2854(4)	163. 6
N(3)-H(3A)…O(4)#1	0. 086	0. 194	0. 2755(5)	156. 9
C(24)-H(24)…O(2)#1	0. 093	0. 254	0. 3461(5)	173. 0
C(25)-H(25)…O(3)#1	0. 093	0. 247	0. 3271(4)	144. 0
C(29)-H(29)…O(2)#1	0. 093	0. 254	0. 3434(4)	162. 0
C(30)-H(30)…O(1)#1	0. 093	0. 247	0. 3047(5)	120. 0
对称操作: #1 x, − y, z + 1/2。				
11				
O(3)-H(1W)…O(1)#1	0. 084	0. 216	0. 2902(7)	147. 7
O(3)-H(2W)…O(4)#2	0. 083	0. 156	0. 2379(13)	164. 6
O(4)-H(3W)…O(5)#3	0. 087	0. 257	0. 3235(17)	133. 7
O(4)-H(4W)…O(2)#1	0. 090	0. 239	0. 3000(8)	124. 7
O(4)-H(4W)…O(2)#4	0. 090	0. 246	0. 3223(11)	142. 4
O(5)-H(5W)…O(2)#5	0. 080	0. 254	0. 3050(10)	123. 1
N(2)-H(3)…O(3)#3	0. 086	0. 193	0. 2677(7)	145. 1
N(2)-H(3)…O(4)#6	0. 086	0. 252	0. 3226(10)	140. 3

续表 3-3

D-H···A	d(D-H)	d(H···A)	d(D···A)	<(DHA)
对称操作：#1 $x, y, z+1$；#2 $-x+1, -y+1, -z+7/4$；#3 $-x+1, y, -z+1$；#4 $-x, y, -z+1$；#5 $-x+1, y, z+1/4$；#6 $-x+1, y, z-3/4$。				
12				
O(5)-H(1W)···O(6)	0.083	0.196	0.2772(3)	166.5
O(5)-H(2W)···O(2)	0.083	0.193	0.2721(3)	160.6
O(6)-H(3W)···O(7)#1	0.083	0.232	0.2855(4)	123.1
O(7)-H(6W)···O(2)	0.084	0.204	0.2770(4)	145.3
O(7)-H(5W)···O(3)#2	0.084	0.230	0.2887(3)	127.8
N(2)-H(2A)···O(4)#3	0.086	0.221	0.2746(3)	120.0
N(5)-H(5A)···O(3)#3	0.086	0.196	0.2728(3)	148.1
对称操作：#1 $-x+1, -y+1, -z+1$；#2 $x+1/2, -y+1, z$；#3 $-x, y-1/2, -z+1/2$。				
13				
N(2)-H(2D)···O(2)#1	0.086	0.191	0.2679(3)	148.8
C(11)-H(11)···O(1)#2	0.093	0.241	0.2981(4)	120.0
对称操作：#1 $-x+1/2, y+1/2, -z+3/2$；#2 $x, -y, z+1/2$。				

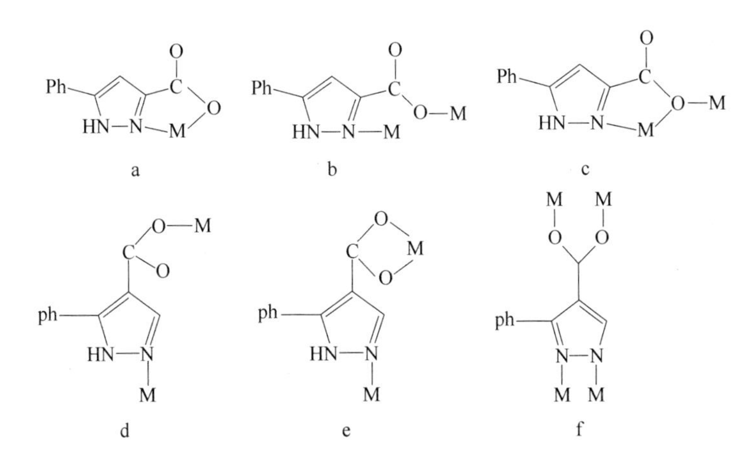

图 3-2 H_2L^1 和 H_2L^2 配体的配位模式

3.1.2 结果与讨论

3.1.2.1 $[Ni(HL^1)_2(H_2O)_2]$(**1**) 的结构

晶体学分析表明，配合物 **1** 和配合物 **2** 是同构的，这里只详细描述了配合物 **1** 的晶体结构。

配合物**1**中的每个Ni(Ⅱ)离子位于一个反转中心，与六个原子配位：2个氧原子和2个氮原子来自2个HL^1配体，另两个氧原子来自2个水分子，如图3-3a所示。在配合物**1**中，HL^1配体呈现N,O-螯合配位模式，每个HL^1配体连接一个Ni(Ⅱ)离子（如图3-2a所示），为了方便将双齿配体命名为HL^1a，HL^1a配体的苯基和吡唑环扭曲角度为9.54°。在配合物**1**中，每个单核单元通过O-H⋯O和N-H⋯O氢键与相邻核单核单元相连（见表3-3），沿*b*轴方向形成二维超分子网络，如图3-3b所示。配合物**1**的不对称单元类似于王艺谋所描述的Ni配合物$[Ni(HL^1)_2(DMF)_2]\cdot 2H_2O$，不同之处在于，配合物**1**中是水分子与$Ni^{2+}$配位，而在$[Ni(HL^1)_2(DMF)_2]\cdot 2H_2O$中是DMF与$Ni^{2+}$配位，水分子在$[Ni(HL^1)_2(DMF)_2]\cdot 2H_2O$中以晶格水的形式存在。此外，在$[Ni(HL^1)_2(DMF)_2]\cdot 2H_2O$中，单体通过氢键和π-π堆积相互作用与相邻单体连接，形成具有一维纳米通道的三维超分子网络。此外，配合物**1**与HL^1配体的Co配位聚合物是同构的，这是我们以前报道过的。

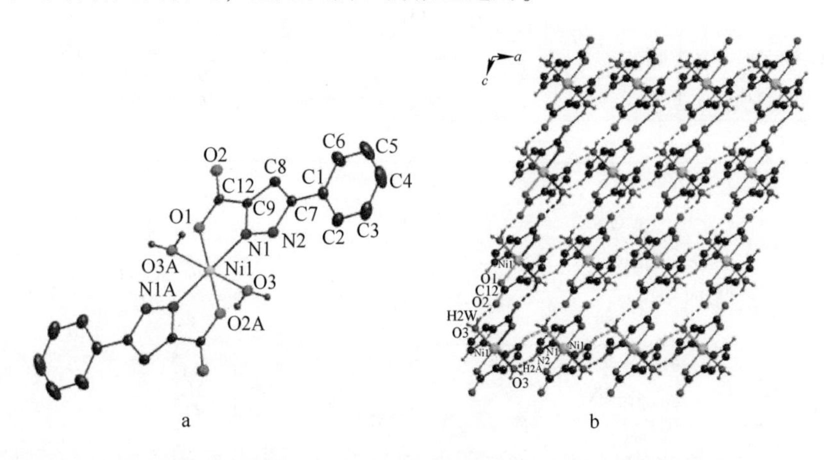

图3-3 (a) 配合物**1**中Ni(Ⅱ)离子的配位环境为30%热椭球体；
(b) 配合物**1**由氢键螺旋链组成的二维超分子结构图（为了清晰起见，省略了苯环）

3.1.2.2 $[Zn(HL^1)_2]$(**3**)的结构

如图3-4所示，配合物**3**中的Zn(Ⅱ)离子是五配位的，由4个HL^1配体中的3个氧原子和2个氮原子组成的1个变形的三角双锥构型。配合物**3**的HL^1配体采用两种配位模式：(1) 1个羧基氧原子和1个吡唑氮原子分别桥联1个Zn(Ⅱ)离子，如图3-2b所示，为方便起见，将双齿配体命名为HL^1b；(2) 1个羧基氧原子和吡唑环上相邻的氮原子与1个Zn(Ⅱ)离子螯合，同时羧基氧原子与另一个Zn(Ⅱ)离子桥联，如图3-2c所示，为了方便起见，将其命名为HL^1c。

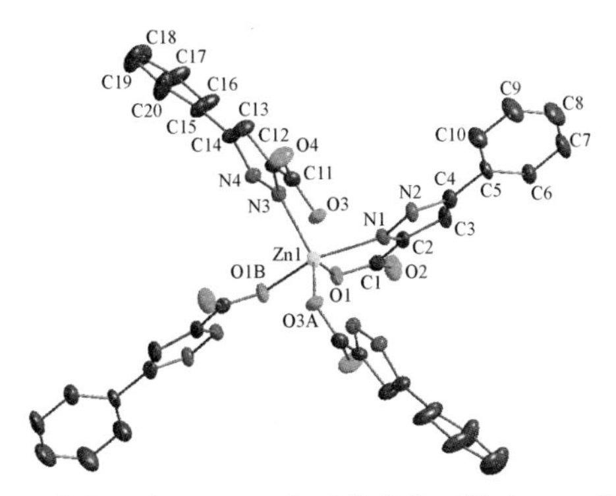

图 3-4 配合物 **3** 中 Zn(Ⅱ)离子的配位环境为 30%热椭球体（为了清晰起见，省略了所有氢原子）

HL^1b 和 HL^1c 配体依次与 Zn(Ⅱ)离子连接，Zn…Zn 距离分别为 0.3840nm 和 0.3476nm，沿 *b* 轴方向形成锯齿形链结构，如图 3-5a 所示。重复单元可以描述为 Zn1-HL1b-Zn1-HL1c-Zn1，并且沿着 *a* 轴延伸的锯齿链的键长是 0.7096nm，其与 *a* 轴的长度相同。HL^1b 和 HL^1c 配体中苯基和吡唑环之间的二面角分别为 33.19°和 28.03°，HL^1b 和 HL^1c 配体的吡唑环之间的二面角为 77.77°。在配合物 **3** 中，苯环的 C-H 与相邻链的 HL^1c 的未配位的羧基氧原子之间存在分子间 C-H…O氢键，进一步将链连接成 2-D 超分子结构，如图 3-5b 所示。

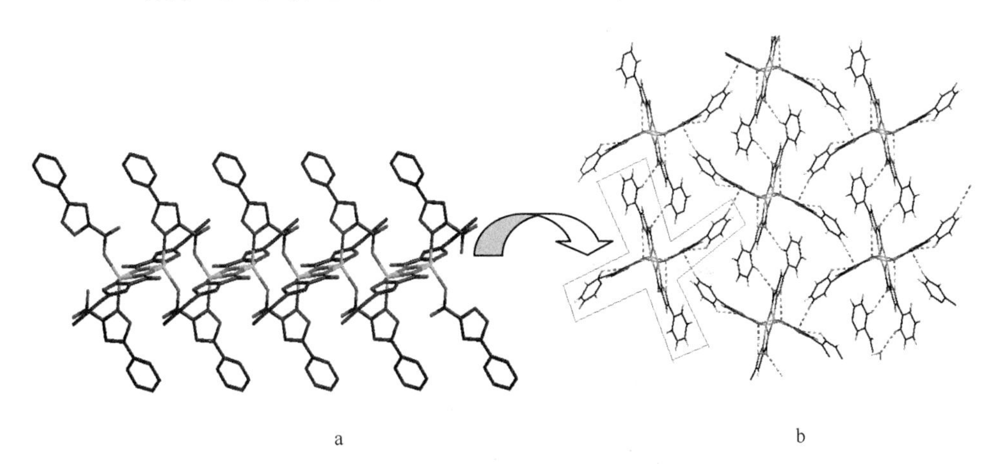

图 3-5 （a）沿 *b* 轴方向的配合物 **3** 的锯齿形链结构视图；（b）沿 *c* 轴方向的配合物 **3** 的 2-D 超分子结构视图，虚线表示氢键

3.1.2.3 $[Ni(HL^2)_2(H_2O)_2]$(**4**) 的结构

在配合物 **4** 中，每个 Ni(Ⅱ)原子位于反转中心，显示出扭曲的八面体几何结构，与来自 4 个 HL^{2-} 配体的 2 个氧原子和 2 个氮原子以及 2 个水分子配位，如

图 3-6a 所示。HL^2配体采用一种双齿配位模式（如图 3-2d 所示），只有一个方向，吡唑环分布在多个平行平面上，其中吡唑环和羧基几乎共面，吡唑与苯环之间的二面角为 49.05°；Ni(Ⅱ)通过 HL^2配体连接成一个锯齿形链结构，沿 *b* 轴方向的 Ni···Ni 距离为 0.6987nm，通过 O3-H1W···O2 氢键进一步连接形成 2-D 层结构，如图 3-6b 所示。另外，面对面的 π-π 堆积存在于两个相邻层的平行苯环平面之间，其中最近的中心距离约为 0.380nm。这些氢键（见表 3-3）和 π-π 堆积作用产生配合物 **4** 的 3-D 超分子结构。

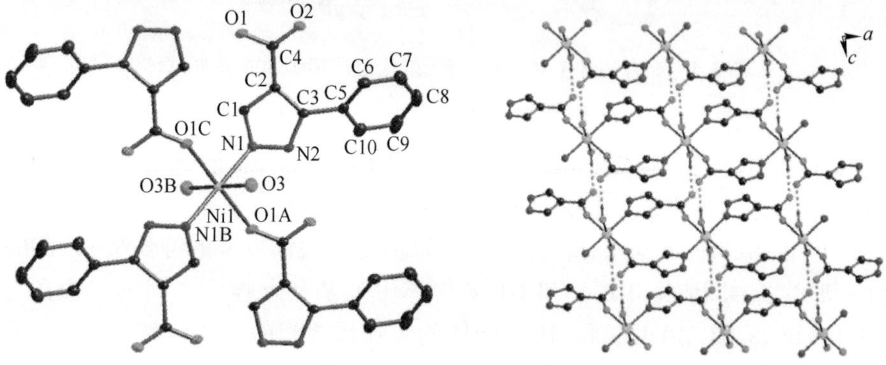

图 3-6 (a) 配合物 **4** 中 Ni(Ⅱ)离子的配位环境为 30%热椭球体；
(b) 沿 *c* 轴方向的配合物 **4** 的 2-D 层状超分子结构（为清楚起见，省略了苯环）

3.1.2.4 $[Ni(HL^2)_2(HL^3)_2]$ (**5**) 的结构

配合物 **4** 和配合物 **5** 通过一锅反应形成，在水热条件下发生脱羧反应，一些 H_2L^2配体转化为 HL^3配体，与配合物中的 Ni(Ⅱ)离子配位。配合物 **5** 中的 Ni(Ⅱ)离子位于反转中心，显示出扭曲的八面体几何构型，与来自 4 个 HL^2配体的 2 个氧和 2 个氮原子以及来自 2 个 HL^3配体的另外两个氮原子配位，如图 3-7a 所示。

在配合物 **5** 中，一个 HL^2配体桥联 2 个 Ni(Ⅱ)离子，采取与配合物 **4** 中相同的配位模式，但 HL^2配体具有两个取向，配合物 **5** 中吡唑环之间的二面角为 75.1°。羧基位于吡唑环平面之外，二面角为 21.74°，配合物 **5** 中 HL^2配体的苯环和吡唑环的二面角为 18.06°。每个 Ni(Ⅱ)离子通过两个方向的 HL^2配体与四个相邻的 Ni(Ⅱ)离子桥联，形成由 P 型和 M 型螺旋链组成的二维层结构，其中重复单元为 Ni-HL^2-Ni-HL^2-Ni（如图 3-7b 所示）；HL^2配体的苯环位于该层的两侧，苯环和 Ni(Ⅱ)离子平面之间的二面角为 46.95°。HL^3配体作为末端配体，1 个 HL^3配体桥联 1 个 Ni(Ⅱ)离子，HL^3配体的吡唑环平面与 Ni(Ⅱ)离子之间的二面角为 78.40°，HL^3配体的苯环碳原子呈现无序。在配合物 **5** 中，HL^2的苯环

与相邻层的 HL^3 的无序苯环的 C-H 基团之间存在 C-H…π 相互作用（H…π 键长为 0.294nm，C—H…π 键角为 168°），将层进一步连接成 3-D 超分子结构。

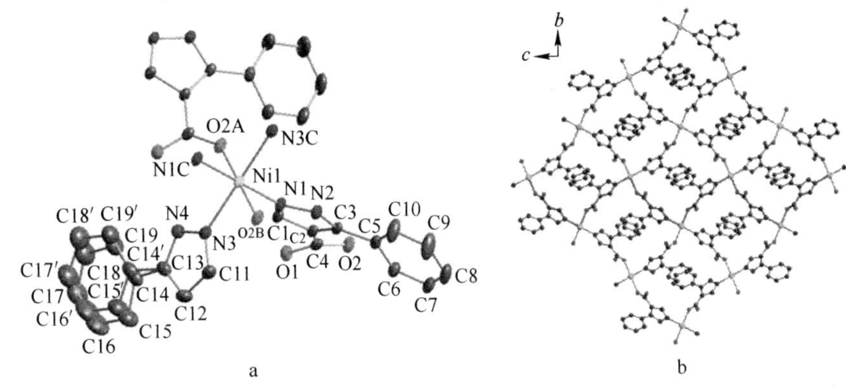

图 3-7 (a) 配合物 **5** 中 Ni(Ⅱ)离子的配位环境为 30%热椭球体；(b) 包含由 HL^2 配体沿 *a* 轴方向桥联的螺旋链的 2-D 层结构视图（为清楚起见，省略了所有氢原子和 HL^3 配体）

3.1.2.5 $[Cu(HL^2)_2]\cdot 2H_2O$(**6**) 的结构

在配合物 **6** 的不对称单元中，存在一个晶体学上独立的 Cu(Ⅱ)离子，2 个 HL^2 配体和 2 个晶格水分子。如图 3-8 所示，Cu(Ⅱ)离子位于反转中心，2 个羧基氧原子（O2 和 O2A）和 2 个氮原子（N2B 和 N2C）来自 4 个 HL^2 配体，构成赤道平面，另外两个羧酸氧原子（O1 和 O1A）由于 Jahn-Teller 效应占据轴向位置，Cu-O 键长为 0.2561nm，HL^2 配体采用一种三齿配位模式（如图 3-2e 所示）。在配合物 **6** 中 HL^2 配体的苯环和吡唑环以 41.79°的角度扭曲。

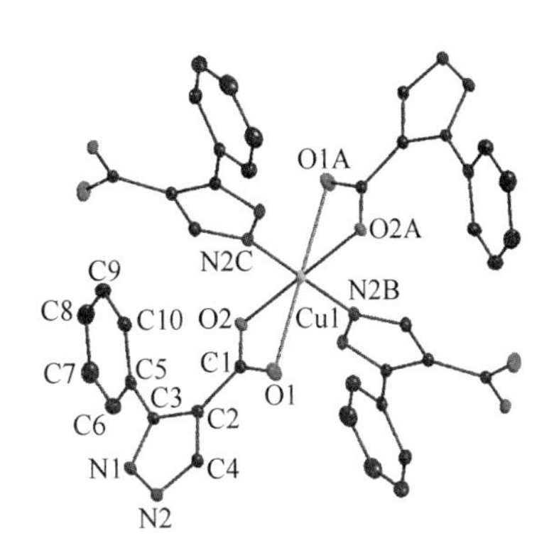

图 3-8 配合物 **6** 中 Cu(Ⅱ)离子的配位环境图，30%热椭球体（为清楚起见，省略了所有氢原子）

与配合物 **5** 类似，基于 Cu…Cu 键长，HL^2 配体桥联 Cu(Ⅱ)离子形成二维层结构，由规则的菱形网格组成，尺寸为 0.809nm×0.809nm，其中可以观测到 P 型和 M 型螺旋链。相邻层中 HL^2 配体的苯环是平行的，苯环中心之间的最短距离为 0.370nm，表明在配合物 **6** 中存在 π-π 芳香相互作用。此外，HL^2 的吡唑环和相邻层的苯环的 C-H 基团存在相互作用（H…π 键长为 0.289nm，C-H…π 键角为 140°）。最后，这些弱的相互作用将层连接成 3-D 超分子结构。未配位的水分子通过 O-H…O 氢键存在于晶格中（见表 3-3）。

3.1.2.6　[$Zn(HL^2)_2$](**7**) 的结构

X 射线单晶衍射分析表明，配合物**7**具有互穿的3-D金属-有机骨架，并在正交晶系 Fddd 空间群结晶。在配合物**7**中，每个 Zn(Ⅱ)离子位于双轴线上，与来自4个 HL^2配体的2个氧原子和2个氮原子配位，呈现扭曲的四面体构型，如图 3-9a 所示。

在配合物**7**中，HL^2配体采用一种配位模式，与配合物**4**和配合物**5**中的配位模式相同；羧基和吡唑环共面，HL^2配体的苯环和吡唑环之间的二面角为 40.3°；但在配合物**7**中，对于 HL^2配体，存在四个取向，吡唑环平面之间的二面角分别为 12.8°、72.1°、68.9°、67.8°、72.5°和 7.3°。Zn(Ⅱ)离子通过4个取向的 HL^2配体与沿着 *b* 轴方向连接成3-D金属-有机骨架，含1-D通道（约 0.843nm×0.843nm，以相邻的 Zn 原子之间计算）。应该注意的是，由于空间位阻效应和静电相互作用，配合物**7**的实际晶体结构是1个具有两重穿插的3-D配合物框架。

在配合物**7**中，1个 HL^2配体连接2个 Zn(Ⅱ)离子，并被认为是1个2连接节点；并且每个 Zn 原子连接到4个 HL^2配体，被视为4连接节点，整体结构可以简化为具有（6^6）拓扑的4连接菱形结构，如图 3-9b 所示。

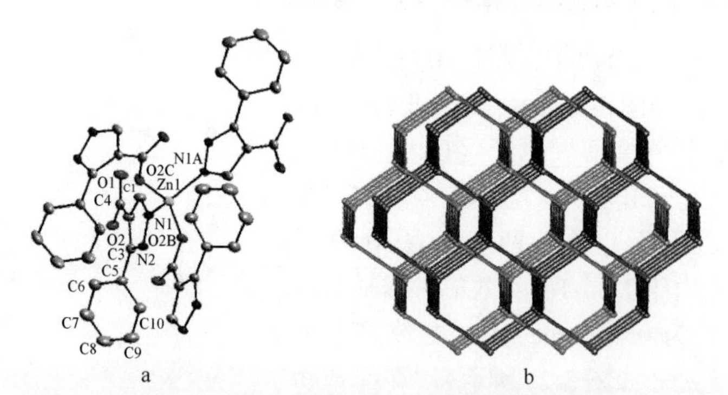

图 3-9　(a) 配合物**7**中 Zn(Ⅱ)离子的配位环境为 30%热椭球体（为清楚起见，省略了所有氢原子）；(b) 配合物**7**中（6^6）拓扑结构

3.1.2.7　[$Zn_2(HL^2)_2(L^2)$] (**8**) 的结构

在配合物**8**中，三分之一的 H_2L^2配体失去2个质子为 L^2，HL^2配体采用四齿配位模式，如 3-2f 所示；三分之二的 H_2L^2配体仅失去1个质子，HL^2配体采用一种双齿配位模式，如图 3-2d 所示，但在晶体中呈现两种取向，为方便起见，HL^2阴离子中含 N1 和 N5 的氮原子（如图 3-10 所示）分别命名为 HL^2a 和 HL^2b。HL^2a 和 HL^2b，HL^2a 和 L^2以及 HL^2b 和 L^2的吡唑环之间的二面角分别为 52.3°，78.2°和 89.6°；HL^2a，HL^2b 和 L^2配体的苯环和吡唑环分别以 2.3°，38.5°和

57.2°的角度扭曲。

在配合物**8**的不对称单元中，存在2个晶体学上独立的Zn(Ⅱ)离子，其距离为0.348nm，2个HL^2和1个L^2配体。如图3-10所示，每个Zn(Ⅱ)离子与2个HL^2和2个L^2配体的2个氧原子和2个氮原子配位，呈现出扭曲的四面体构型，但Zn(1)-O和Zn(2)-O、Zn(1)-N和Zn(2)-N的键长存在微小差异。HL^2a和HL^2b配体连接$Zn_2(HL^2)_2$二聚体单元形成2-D层结构，通过L^2配体进一步连接形成3-D金属-有机骨架，如图3-11a所示。

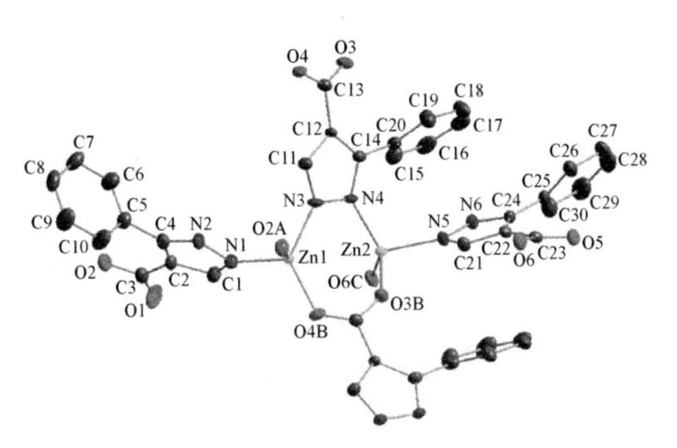

图3-10 配合物**8**中Zn(Ⅱ)离子的配位环境，30%热椭球体（为清楚起见，省略了所有氢原子）

配合物**8**的一个有趣特征是双股螺旋链结构。重复单元可以描述为$(\text{-Zn1-}L^2\text{-Zn2-}HL^2\text{b-Zn2-}L^2\text{-Zn1-}HL^2\text{a-})_n$，螺旋沿$a$轴方向伸展的螺距与晶胞$a$轴长度（1.4377nm）相同，如图3-11a所示。两条手性相反的螺旋链在L^2配体的C12和C13原子处连接。此外，在双股螺旋链中可以观察到一种由4个Zn(Ⅱ)离子，2个HL^2和2个L^2配体组成的28元环。

在配合物**8**中，1个HL^2配体连接2个二聚体单元的2个Zn(Ⅱ)离子，1个L^2配体连接2个二聚体单元的4个Zn(Ⅱ)离子，如果我们用二聚体作为节点，HL^2和L^2配体都被认为是2个连接节点；每个二聚体单元连接4个HL^2和2个L^2配体，并被视为1个6连接节点，整体结构可简化为6连接的NaCl型的（$4^{12}\cdot6^3$）拓扑结构，如图3-11b所示。

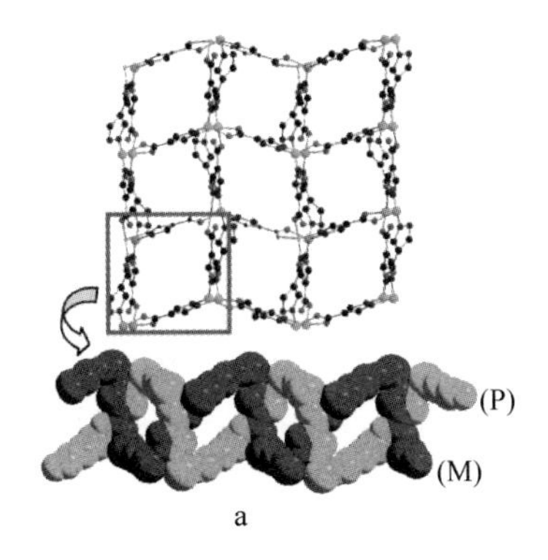

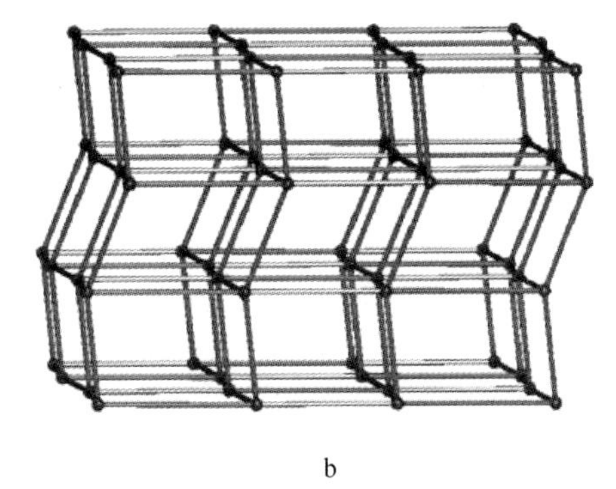

图3-11 （a）配合物**8**中，沿a轴方向，双股螺旋链构成的3-D MOF结构，表现出的填满苯环的1-D孔道（为清楚起见省略了苯环）；（b）配合物**8**的（$4^{12}\cdot6^3$）拓扑结构

3.1.2.8　[Ni(HL^1)$_2$(2,2′-bipy)]·$3H_2O$(**9**) 的结构

单晶 X 射线衍射分析表明，配合物 **9** 的不对称单元含有 1 个 Ni(Ⅱ)离子，2 个 HL^1配体，1 个 2,2′-联吡啶和 3 个晶格水分子。配合物 **9** 中的每个 Ni(Ⅱ)离子位于反转中心并与 6 个原子配位：来自 2 个 HL^1配体的 2 个羧基氧原子和 2 个氮原子，来自 1 个 2,2′-联吡啶分子的 2 个氮原子，如图 3-12 所示。在配合物 **9** 中，HL^1和 2,2′-联吡啶配体分别采用 N,O-螯合（如图 3-2a 所示）和 N,N-螯合配位模式与 Ni(Ⅱ)离子配位，HL^1配体的苯环和吡唑环以 5.1°的角度扭曲。在配合物 **9** 中，存在丰富的氢键：(1) 晶格水分子和羧基氧原子之间；(2) 吡唑环的 N-H 与晶格水分子之间；(3) 苯环或吡啶环的 C-H 与晶格水分子之间（见表 3-3）。配合物 **9** 的每个单核单元通过 O-H…O 氢键与邻近基团连接，沿 *c* 轴方向产生一维锯齿形链（如图 3-13a 所示），通过 N-H…O 和 C-H…O 氢键连接成 3D 超分子结构（如图 3-13b 所示）。

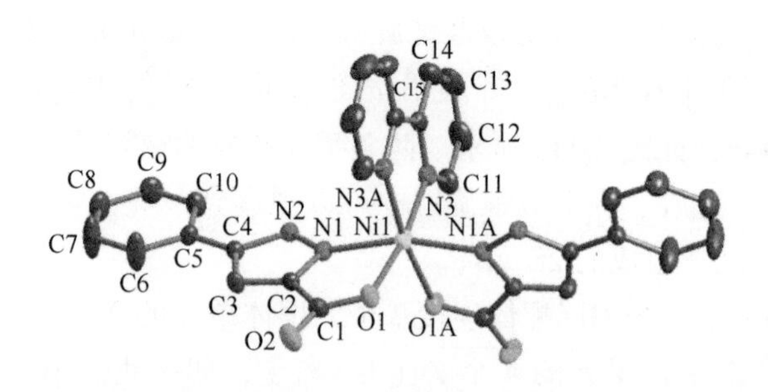

图 3-12　配合物 **9** 中 Ni(Ⅱ)离子的配位环境，30%热椭球体
（为清楚起见，省略了所有氢原子）

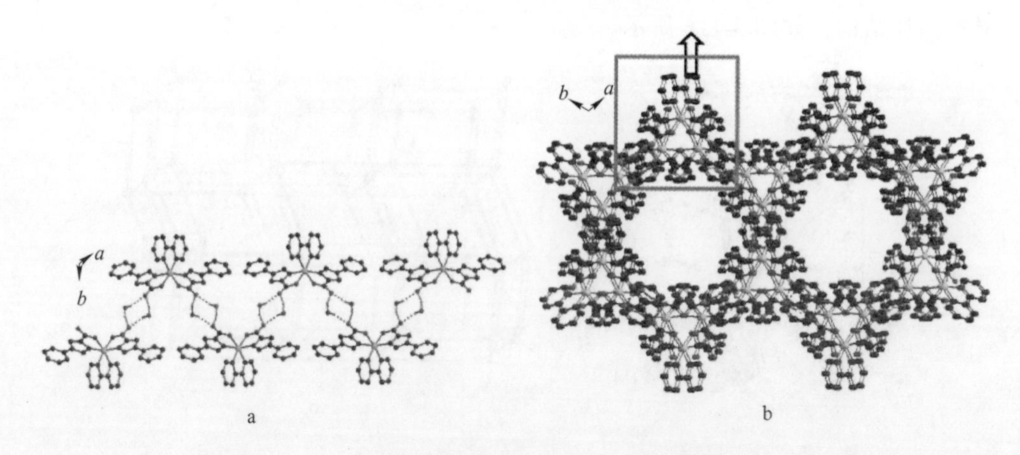

图 3-13　(a) 配合物 **9** 沿 *c* 轴方向的一维锯齿链的视图；
(b) 配合物 **9** 沿 *c* 轴方向的 3D 超分子结构（为清楚起见，省略了 HL^1配体的苯环）

3.1.2.9 [Ni(HL[1])$_2$(4,4′-bipy)](**10**) 的结构

如图 3-14 所示，配合物 **10** 中的每个 Ni(Ⅱ)离子与 6 个原子配位：来自 2 个 HL^1配体和 2 个 4,4′-联吡啶分子的 4 个氮原子，为 2 个 HL^1配体的 2 个羧基氧原子留下 2 个顺式位置。与配合物 **9** 类似，HL^1配体也采用 N,O-螯合模式与配合物 **10** 中的 Ni(Ⅱ)离子配位。然而，HL^1配体在配合物 **10** 中有两种取向，HL^1配体的苯环和吡唑环之间的二面角分别为 9.3°和 22.3°。此外，4,4′-联吡啶分子充当将 Ni(Ⅱ)离子连接成 1D 链的桥联配体（如图 3-15a 所示）。在配合物 **10** 中，吡唑环的 N-H 与羧基氧原子之间存在丰富的 N-H⋯O 氢键，并且吡啶环的 C-H 与羧基氧原子之间存在 C-H⋯O 氢键（见表 3-3），这些丰富的氢键沿 c 轴方向将 1D 链进一步连接形成含菱形孔道（约 1.119nm×1.119nm）的三维超分子结构（如图 3-15b 所示）。

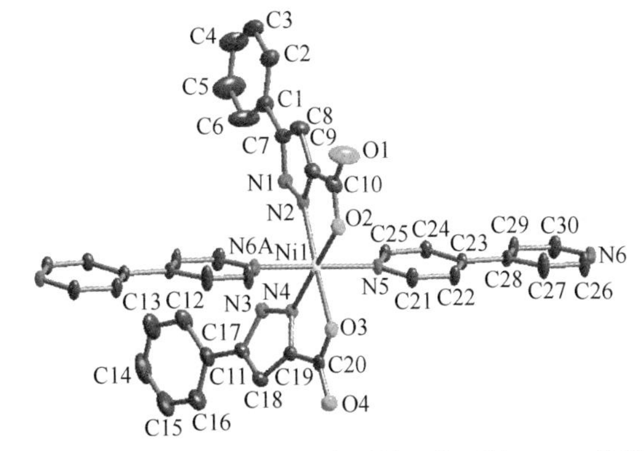

图 3-14 配合物 **10** 中 Ni(Ⅱ)离子的配位环境，30%热椭球体
(为清楚起见，省略了所有氢原子)

3.1.2.10 [Co(HL[1])$_2$(4,4′-bipy)]·5H_2O(**11**) 的结构

配合物 **11** 在手性空间群 $P4_322$ 结晶，作为螺旋配位聚合物的纯手性结晶的新实例。在配合物 **11** 中，Co(Ⅱ)离子由 2 个 HL^1配体和 2 个 4,4′-联吡啶分子的 4 个氮原子配位，不同于配合物 **10** 的，留下 2 个反式位置给 2 个 HL^1配体的 2 个羧基氧原子（如图 3-16 所示）。在配合物 **11** 中，HL^1配体仅具有 1 个取向，并且苯环和吡唑环几乎是共面的，二面角为 1.9°。在配合物 **11** 中，每个 HL^1配体采取图 3-2a 的配位模式，螯合一个 Co(Ⅱ)离子，并且每个 4,4′-联吡啶分子桥联 2 个 Co(Ⅱ)离子，从而形成 1D 链，此外，羧基氧与晶格水分子之间的 O-H⋯O 氢键以及吡唑环的 N-H 与晶格水分子之间的 N-H⋯O 氢键进一步将链连接成三维超分子结构，如图 3-17a 所示。配合物 **11** 的一个有趣特征是其双股同手性螺旋链结

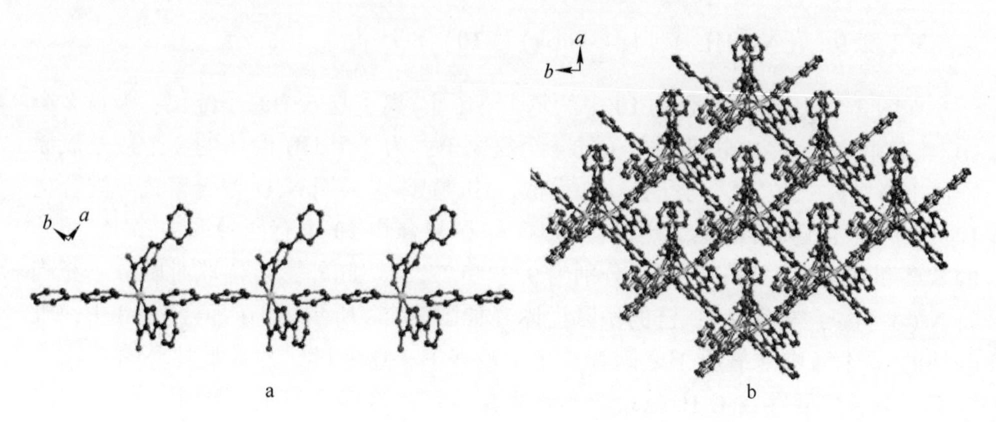

图 3-15　（a）配合物 **10** 沿 c 轴方向观察的一维链；
（b）沿 c 轴方向配合物 **10** 含菱形孔道的 3D 超分子网络

构，其重复单元可描述为-$(O_4\cdots HL')$-$_{4n}$，沿 c 轴方向延伸的螺旋的螺距（2.424nm）与晶胞 c 轴长度相同。如图 3-17b 所示，两个具有相同手性的反平行螺旋链交织在一起形成左旋双股螺旋链。

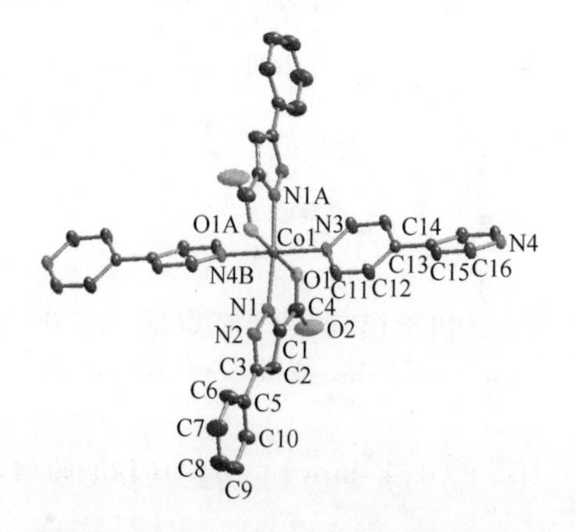

图 3-16　配合物 **11** 中 Co(Ⅱ)离子的配位环境，30%热椭球体
（为清楚起见，省略了所有氢原子）

3.1.2.11　$[Ni_2(HL^2)_4\cdot(4,4'\text{-bipy})\cdot(H_2O)_2]\cdot 4H_2O$(**12**) 的结构

单晶 X 射线衍射显示配合物 **12** 含有 2 个晶体学独立的 Ni(Ⅱ)中心。如图 3-18所示，Ni1 不是位于对称中心，与 6 个原子配位：来自 2 个 HL^2配体和 2 个水分子的 4 个氧原子，以及来自 2 个 4,4′-联吡啶分子的 2 个氮原子。然而，Ni2 位于对称中心，并被来自 6 个 HL^2配体的 2 个氧原子和 4 个氮原子包围。在配合物 **12** 中，HL^2配体采用双（单齿）桥联配位模式（如图 3-2b 所示），并且具有 2

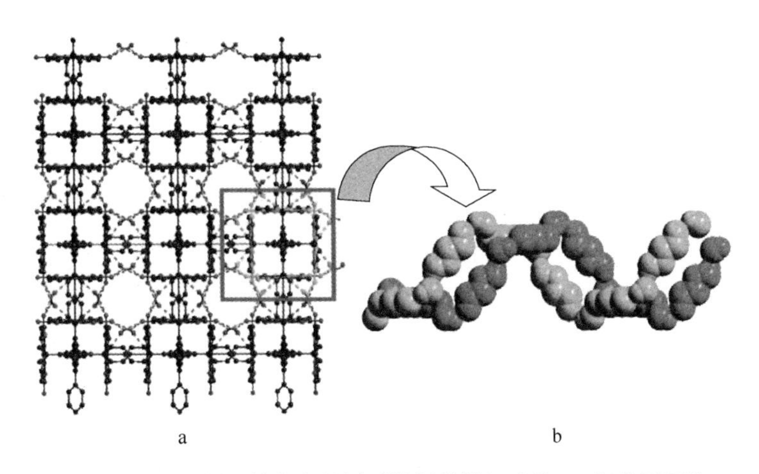

图 3-17 （a）沿 c 轴方向的同手性螺旋链组成的 3D 超分子网络（为清楚起见，省略了 HL^1 配体的苯环）；（b）由两条反平行螺旋链组成的左旋双股螺旋链

个取向，苯基和吡唑环之间的二面角分别为 11.4°和 49.3°。HL^2 和 4,4′-联吡啶配体沿着 a 轴方向将 Ni(Ⅱ)离子连接成含 1D 孔道（约 0.617nm×0.827nm）的 3D 金属-有机骨架（如图 3-19a 所示）。此外，晶格水分子通过羧基氧原子和水分子之间的 O-H…O 氢键被存在于孔道中（见表 3-3）。

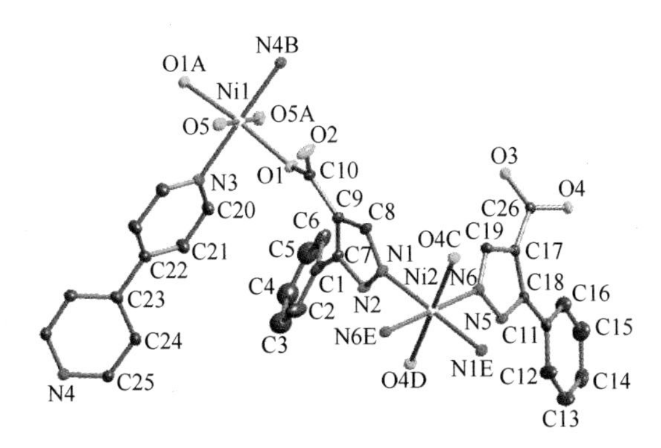

图 3-18 配合物 **12** 中 Ni(Ⅱ)离子的配位环境图，30%热椭球体（为清楚起见，省略了所有氢原子）

在配合物 **12** 中，通过应用拓扑方法可以更好地了解 3D 框架，每个 HL^2 配体和 4,4′-联吡啶分子都是 2 连接节点，每个 Ni1 连接 2 个 HL^2 配体和 2 个 4,4′-联吡啶分子，可以看作是 4 连接节点，每个 Ni2 连接 6 个 HL^2 配体，可以看作 6 连接节点，所以整体结构可以简化为一个不寻常的（4,6)-连接的拓扑网络，拓扑符号为 $(4^4·5^8·6^3)(5^4·6·8)$，如图 3-19b 所示。

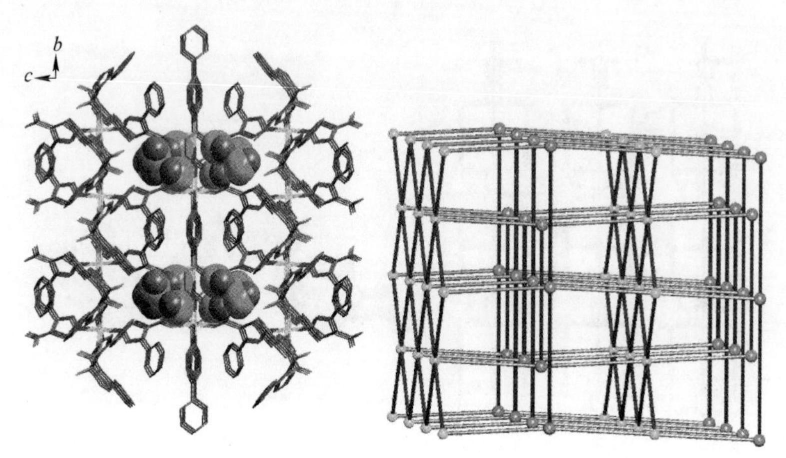

图 3-19　(a) 沿 *a* 轴方向配合物 **12** 含 1D 孔道的 3D 金属-有机骨架，晶格水分子通过空间填充模型显示；(b) 拓扑符号为 $(4^4·5^8·6^3)(5^4·6·8)$ 的新 (4,6)-连接拓扑网络

3.1.2.12　$[Co(HL^2)_2·(4,4'\text{-bipy})]$(**13**) 的结构

配合物 **13** 中的 Co(Ⅱ)离子位于反转中心，显示出扭曲的八面体构型，与来自 2 个 HL^2配体的 2 个羧基氧和 2 个氮原子配位，另外两个来自 2 个 4,4′-联吡啶分子的 2 个氮原子，如图 3-20 所示。在配合物 **13** 中，HL^2配体采用与配合物 **12** 中相同的配位模式，而 HL^2配体只有 1 个取向，苯基和吡唑环之间的二面角为 52.4°。在配合物 **13** 中，HL^2配体将 Co(Ⅱ)离子连接成 2D 层结构，4,4′-联吡啶分子进一步将这些 2D 层连接成含 1D 孔道的 3D 金属-有机骨架，沿 *b* 轴方向，孔的大小约为 1.143nm×0.871nm，以相邻 Co 原子之间的距离计算，如图 3-21a 所示。

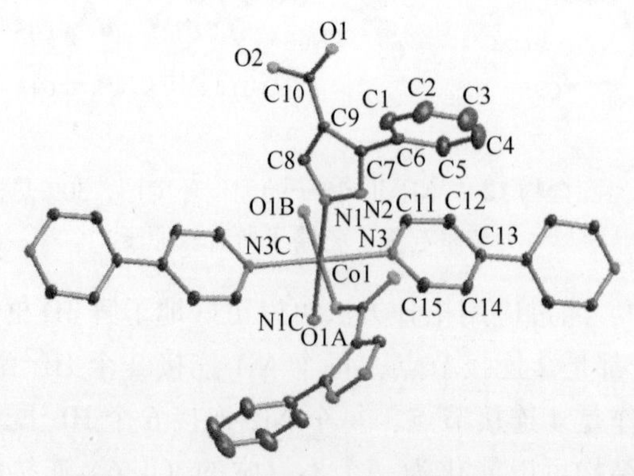

图 3-20　配合物 **13** 中 Co(Ⅱ)离子的配位环境图，30%热椭球体（为清楚起见，省略了所有氢原子）

拓扑学上，每个 Co(Ⅱ)离子连接 4 个 HL^2 配体和 2 个 4,4′-联吡啶分子，可以看作是 6 连接节点，因此整体结构可以简化为 6 连接的 NaCl 类型的（$4^{12}\cdot6^3$）拓扑结构（如图 3-21b 所示）。

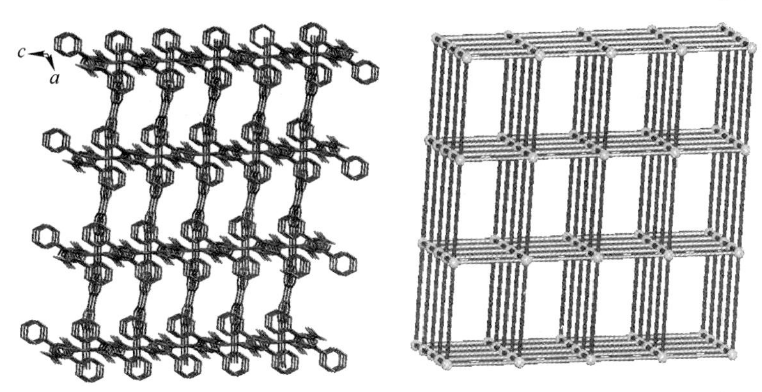

图 3-21 （a）配合物 **13** 沿 *b* 轴方向具有 1D 孔道的 3D 金属-有机骨架；（b）6 连接的 NaCl 类型的（$4^{12}\cdot6^3$）拓扑结构图

3.1.2.13 反应体系对结构多样性的影响

最近，已发现原位反应，例如配体水解、取代、氧化偶合和脱羧等，可在水热-溶剂热条件下发生。

值得注意的是，$NiCl_2\cdot6H_2O$ 与 H_2L^2 在水热条件下一锅反应产生两种不同结构的新型配位聚合物，配合物 **4** 和配合物 **5**。H_2L^2 在水热条件下发生部分脱羧，在配合物 **5** 中部分 H_2L^2 转化为 HL^3。此外，在配合物 **1~8** 的制备中，没有使用 HL^3 配体，并且在类似条件下，在 Cu、Zn 盐与 H_2L^2 配体或 Ni、Cu、Zn 盐与 H_2L^1 配体的反应中，均未发生脱羧反应，这意味着金属离子和吡唑环上羧基位置可能对脱羧反应具有重要影响。

此外，这些配合物的结构分析表明，羧基在吡唑环的取代位置、金属离子和 pH 值的不同对配合物 **1~8** 的多种不同的结构具有深远的影响。

A 羧基在吡唑环上的位置对结构的影响

配合物 **1~3** 显示由配位键形成的 0-D 和 1-D 结构，并且全部通过氢键连接成 2-D 超分子结构；配合物 **4~8** 表现出由配位键形成的 1-D、2-D 和 3-D 结构，并且均通过氢键，芳环 π-π 堆积相互作用和其他非共价键形成 3-D 超分子结构。如图 3-22a所示，对于相同的金属离子，与 H_2L^2 配体形成的配合物表现出比与 H_2L^1 配体形成的配合物更高的维度，因为 H_2L^2 中羧基和氮配位点之间的角度大于 H_2L^1 中的角度。H_2L^1 中的羧基氧原子和吡唑氮原子易于与相同的金属离子配位，这与高维配位聚合物的构筑相违背。在具有 H_2L^2 配体的 5 种配合物中，3 种配合物（配合物

5，配合物 **6** 和配合物 **8**）含有螺旋链，1 种配合物（**7**）含 1-D 孔道，这表明 H_2L^2 中 O-和 N-配位位点之间的角度有助于形成螺旋和/或微孔结构。

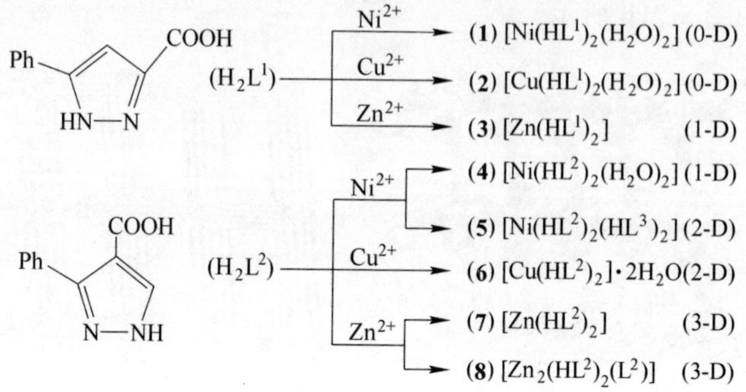

Ph　COOH　HN—N　(H_2L^1)
Ni^{2+} → **(1)** $[Ni(HL^1)_2(H_2O)_2]$ (0-D)
Cu^{2+} → **(2)** $[Cu(HL^1)_2(H_2O)_2]$ (0-D)
Zn^{2+} → **(3)** $[Zn(HL^1)_2]$ (1-D)

Ph　COOH　N—NH　(H_2L^2)
Ni^{2+} → **(4)** $[Ni(HL^2)_2(H_2O)_2]$ (1-D)
Ni^{2+} → **(5)** $[Ni(HL^2)_2(HL^3)_2]$ (2-D)
Cu^{2+} → **(6)** $[Cu(HL^2)_2]\cdot 2H_2O$ (2-D)
Zn^{2+} → **(7)** $[Zn(HL^2)_2]$ (3-D)
Zn^{2+} → **(8)** $[Zn_2(HL^2)_2(L^2)]$ (3-D)

a

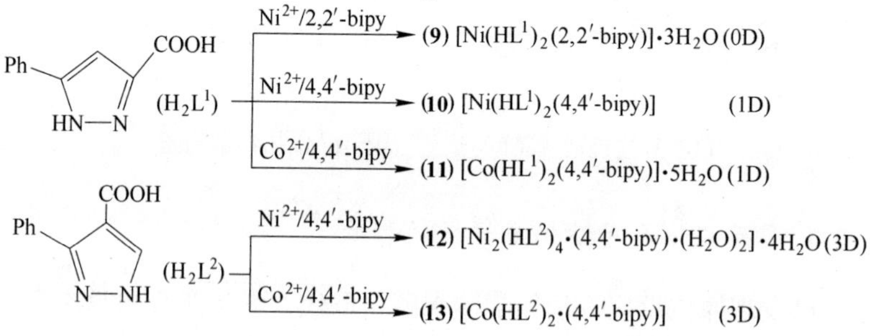

Ph　COOH　HN—N　(H_2L^1)
Ni^{2+}/2,2′-bipy → **(9)** $[Ni(HL^1)_2(2,2'\text{-bipy})]\cdot 3H_2O$ (0D)
Ni^{2+}/4,4′-bipy → **(10)** $[Ni(HL^1)_2(4,4'\text{-bipy})]$ (1D)
Co^{2+}/4,4′-bipy → **(11)** $[Co(HL^1)_2(4,4'\text{-bipy})]\cdot 5H_2O$ (1D)

Ph　COOH　N—NH　(H_2L^2)
Ni^{2+}/4,4′-bipy → **(12)** $[Ni_2(HL^2)_4\cdot(4,4'\text{-bipy})\cdot(H_2O)_2]\cdot 4H_2O$ (3D)
Co^{2+}/4,4′-bipy → **(13)** $[Co(HL^2)_2\cdot(4,4'\text{-bipy})]$ (3D)

b

图 3-22　金属离子和配体与配合物 **1~13** 的维数的关系图

在配合物 **9~11** 中，每个 H_2L^1 配体仅连接 1 个金属离子，而在配合物 **12~13** 中，每个 H_2L^2 配体连接 2 个金属离子；配合物 **9** 显示单核单元结构（0-D），配合物 **10** 和配合物 **11** 显示 1D 结构，而配合物 **12** 和配合物 **13** 显示 3D 金属-有机骨架，如图 3-22b 所示。对于相同的金属离子和辅助配体，由于 H_2L^2 中羧基和氮配位点之间的角度大于 H_2L^1 中的角度，因此配合物 **12** 和配合物 **13** 与 H_2L^2 配体的维数比具有 H_2L^1 配体的配合物 **10** 和配合物 **11** 的维数表现得更高。此外，配合物 **12** 和配合物 **13** 都含有 1D 孔道，这表明 H_2L^2 中 O-和 N-配位位点之间的角度有助于形成微孔结构。

B　金属离子

对于相同的配体分别比较配合物 **1~3** 和配合物 **4~8** 的结构，不同的金属离子半径和配位数导致不同的金属配位环境，从而产生不同的结构。配合物 **1~3** 中金属离子的配位数分别为 6、6 和 5，配合物 **4~8** 中的配位数分别为 6、6、6、4 和 4。3 种金属离子 Ni(Ⅱ)、Cu(Ⅱ)和 Zn(Ⅱ)的离子半径几乎相同，但配位数依次减少。此外，发现 Ni(Ⅱ)、Cu(Ⅱ)和 Zn(Ⅱ)配合物的维数随着 Ni(Ⅱ)、Cu(Ⅱ)和 Zn(Ⅱ)配合物的配位数的减少而增加。在配合物 **1** 和配合物 **2** 中，每

个 HL^1配体采用螯合配位模式，仅连接 1 个金属离子，形成单核单元结构；在配合物 **3** 中，每个 HL^1配体连接 2 个金属离子，形成链结构，表明金属离子可以影响 HL^1配体的配位模式，进一步导致配合物 **1~3** 的不同结构。在配合物 **4~8** 中，每个 HL^2配体连接 2 个金属离子，L^2配体连接 4 个金属离子；在配合物 **4** 中，羧基和吡唑环分布在两个平行的平面中，距离为 0.125nm，配合物 **4** 显示 1-D 链结构；在配合物 **5** 和配合物 **6** 中，吡唑环分布在两个几乎垂直的平面中，配合物 **5** 和配合物 **6** 具有 2-D 层结构；在配合物 **7** 和配合物 **8** 中，H_2L^2配体以 3 个和 4 个取向延伸并将金属离子连接形成三维金属-有机骨架结构。上述数据表明金属离子通过改变 H_2L^2配体的吡唑环的取向而影响配合物 **4~8** 的结构。

使用相同的配体 H_2L^1和复配体 4,4′-联吡啶，Ni 配合物（**10**）和 Co 配合物（**11**）表现出不同的结构。在配合物 **10** 中，吡唑氮原子和羧基氧原子都处于顺式位置，而在配合物 **11** 中，吡唑氮原子和羧基氧原子都处于反式位置。此外，配合物 **10** 表现出具有菱形孔道的 3-D 超分子结构，而配合物 **11** 是由相同手性的双股螺旋链组成的三维超分子结构。使用相同的配体 H_2L^2和复配体 4,4′-联吡啶，Ni 配合物（**12**）和 Co 配合物（**13**）也显示出不同的结构。配合物 **12** 由双核不对称单元组成，并呈现出一种新的拓扑符号（$4^4·5^8·6^3$）($5^4·6·8$）的（4,6)-连接的 3D 框架结构，而 **13** 由单核单元组成，并显示 1 个 6 连接具有（$4^{12}·6^3$）拓扑结构的 NaCl 类型的 3D 框架结构。此外，在 Ni 配合物（**10** 和 **12**）中分别存在 H_2L^1和 H_2L^2配体的 2 个取向，而在 Co 配合物（**11** 和 **13**）中仅分别具有 H_2L^1和 H_2L^2配体的 1 个取向。这些关于配合物 **10** 和配合物 **11** 以及配合物 **12** 和配合物 **13** 的结构差异表明离子半径的细微区别将导致相同配体的配合物结构完全不同。

C pH 值

H_2L^1和 H_2L^2配体都含有两个不同的可以去质子化的氢。羧基氢原子更容易去质子化，羧基氧易与邻近的氮原子形成螯合键与金属中心连接。吡唑环的氮原子上连接的另一个氢原子比羧基氢原子更难以去质子化。

观察到配合物 **7** 和配合物 **8** 分别在 pH 值为 5 和 8 条件下合成。该结果表明较低的 pH 值有利于 HL^2阴离子的形成并且可以防止 HL^2阴离子的进一步去质子化，而较高的 pH 值有利于 L^2阴离子的形成，导致配合物 **7** 和配合物 **8** 的不同组分，从而使配合物 **7** 和配合物 **8** 的结构不同。

D 辅助配体

对于相同的 H_2L^1配体和 Ni(Ⅱ)离子，配合物 **9** 和配合物 **1** 表现出单核单元结构，而配合物 **10** 显示 1D 结构。对于相同的 H_2L^2配体和 Ni(Ⅱ)离子，配合物 **12** 具有 3D 金属-有机骨架，但配合物 **4** 仅显示出 1D 结构。这些结果表明，辅助配体 4,4′-联吡啶由于其桥联能力有助于增强配合物的维数，而 2,2′-联吡啶仅与

1 个金属离子结合，不利于高维结构的形成。

在这 13 个配合物中，只有配合物 **11** 的空间群为手性，尽管 H_2L^1 和 H_2L^2 配体都是手性化合物。通常，如何从成对的对映体设计或制备手性特征依赖于对配体和晶体堆积的理解，尤其是后者。化学家通过自发对映体选择获得螺旋结构的纯手性结晶配位聚合物仍然是一个挑战。

3.1.2.14　热重分析和粉末 X 射线衍射

对配合物 **1~13** 进行热重（TG）测试以检查它们的热稳定性。配合物 **1~8** 的热重分析数据列于表 3-4 中，配合物 **9~13** 的热重分析图如图 3-23 所示。配合物 **1**、配合物 **2**、配合物 **4** 和配合物 **6** 中的所有水分子（包括未配位和配位的水分子）在第一次失重时就失去了，表明水分子与配合物 **1**、配合物 **2**、配合物 **4** 和配合物 **6** 的形成和超分子结构有关。以配合物 **6** 为例，TG 曲线表明，从 106~144℃的第一次重量损失为 8.6%（计算值为 8.2%）对应于 2 个晶格水分子的损失。进一步升高温度导致配合物 **6** 在 269℃下进一步分解。最终的热解在 756℃完成，重量损失为 73.4%，得到 CuO 粉末（计算值为 73.7%）。配合物 **3**、配合物 **5**、配合物 **7** 和配合物 **8** 中没有水分子，它们在 260℃以上开始失重，表明配合物 **3**、配合物 **5**、配合物 **7** 和配合物 **8** 的热稳定性远高于具有未配位和配位的水分子的配合物 **1**、配合物 **2**、配合物 **4** 和配合物 **6** 的热稳定性。以配合物 **7** 为例，该曲线表明配合物 **7** 从 288℃开始减重，最终的热解在 686℃完成，显著的重量损失为 81.1%，最终热解产物为 ZnO（计算值 81.5%）。

表 3-4　配合物 1~8 的热重分析数据

配合物	第一次失重温度/℃	失重比例实测值(计算值)/%	进一步热解温度/℃	残留物
1	49~176	7.3(7.7)	302~613	NiO
2	52~157	8.1(7.6)	240~600	CuO
3	/	/	263~700	ZnO
4	61~147	7.1(7.7)	235~609	NiO
5	/	/	272~710	NiO
6	106~144	8.6(8.2)	269~756	CuO
7	/	/	288~686	ZnO
8	/	/	279~706	ZnO

观察到的 TG 曲线显示配合物 **9** 在 81~124℃范围内第 1 次失重时失去的晶格水分子占总分子量的 8.1%（计算值为 8.4%）。TG 曲线显示从 124~239℃有一个相对稳定的平台，然后在 239℃开始进一步分解。配合物 **10** 中没有水分子，它在大约 334℃之前是稳定的，之后开始分解，连续重量损失到 800℃。配合物 **11**

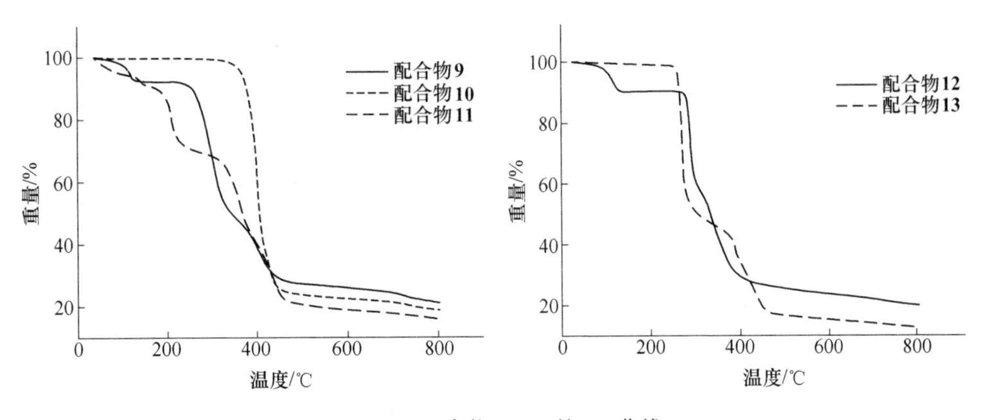

图 3-23 配合物 **9~13** 的 TG 曲线

的 TG 曲线显示从 45~196℃的重量损失为 12.9%，这相当于 5 个晶格水分子的损失（计算值为 13.3%）。随着温度升高，配合物 **11** 进一步分解，开始于 196℃。对于配合物 **12**，TG 曲线显示第一次重量损失为 9.9%，从 65℃到 133℃，相当于 2 个配位水分子和 4 个晶格水分子的损失（计算值为 9.6%）。残留物在 268℃以下保持稳定，随后在 268℃以上开始分解。与配合物 **10** 类似，在配合物 **13** 中没有水分子，它在约 252℃时稳定，然后开始分解，重量持续损失至 800℃以上。

根据 TG 分析，记录了配合物 **12** 和配合物 **13** 的变温 X 射线粉末衍射图谱（PXRD）。对于配合物 **12**，样品在 50℃和 150℃下的 PXRD 图案虽然非常相似，但并不相同，这表明在去除晶格和配位水分子后骨架有一些变化。在 290℃以上，PXRD 图案完全改变，表明框架崩溃（如图 3-24a 所示）。配合物 **13** 在 100℃和 240℃下的 PXRD 图谱相同，表明框架的结构完整性得以保持。进一步分解在 250℃开始，并且在 350℃以上，PXRD 图案完全改变，表明框架崩溃（如图 3-24b 所示）。

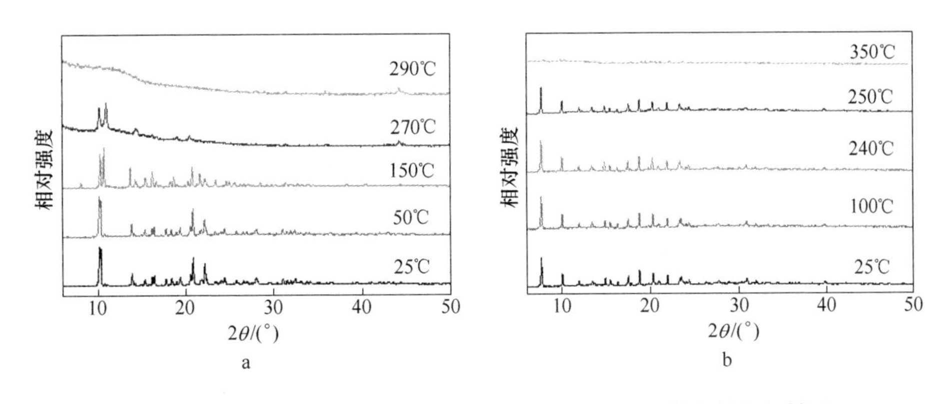

图 3-24 (a) 配合物 **12** 和 (b) 配合物 **13** 的变温 X 射线粉末衍射图

3.1.2.15　光物理性质

配合物**3**、配合物**7**和配合物**8**在紫外光下显示出固态发光性质，选择配合物**3**和配合物**7**作为实例以研究光物理性质。研究了在室温下固态的配合物**3**和配合物**7**以及相应的配体 H_2L^1 和 H_2L^2 的发射光谱，如图 3-25 所示。与 H_2L^1 配体相比，配合物**3**在 302nm 激发时显示出最大发射波长为 369nm，蓝移了 99nm；与 H_2L^2 配体相比，在 295nm 激发时，配合物**7**在 346nm 处表现出发射最大值，蓝移了 104nm。配合物**3**和配合物**7**的发射光谱与游离配体 H_2L^1 和 H_2L^2 的发射光谱之间的相似性分别表明配合物**3**和配合物**7**的发光分别归因于 H_2L^1 和 H_2L^2 配体的 $\pi^* \rightarrow \pi$ 电子跃迁。如图 3-25 所示，配合物**3**和配合物**7**的荧光强度大约是游离 H_2L^1 和 H_2L^2 配体的荧光强度的两倍或三倍，与游离 H_2L^1 和 H_2L^2 相比，发光增强和显著蓝移，可归因于 H_2L^1 配体与 Zn^{2+} 离子的螯合配位模式（对于配合物**3**）和高维致密结构（对于配合物**7**），这有效地增加了配体的刚性，并通过配体内发射激发态的无辐射跃迁减少了能量损失。

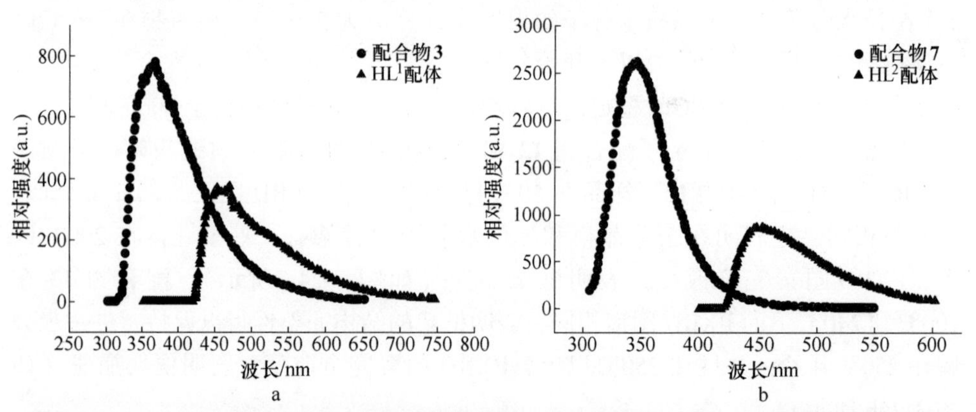

图 3-25　(a) 配合物**3**和 H_2L^1 配体的发射光谱；(b) 配合物**7**和 H_2L^2 配体的发射光谱

3.1.2.16　抗菌活性结果

采用圆盘扩散法测定了配体和相应的配合物对革兰氏阳性细菌的抗菌活性：金黄色葡萄球菌，白色念珠菌和枯草芽孢杆菌，以及革兰氏阴性菌——大肠杆菌和铜绿假单胞菌。从表 3-5 中给出的结果可以看出，所有选择的化合物都显示出对革兰氏阳性细菌的抗菌活性：金黄色葡萄球菌，白色念珠菌和枯草芽孢杆菌，以及革兰氏阴性菌——大肠杆菌和铜绿假单胞菌，最小抑制浓度 MIC 值介于 6.25μg/mL 和 50μg/mL 之间。该配合物比相应的游离配体对测试细菌具有更高的抑菌活性。这意味着螯合作用可以提高配合物穿过细胞膜的能力，可以用 Tweedy 的螯合理论来解释[31]。螯合显著降低了金属离子的极性，因为其正电荷与供体基团部分共享。这种螯合作用可以增强金属原子的亲脂性，随后有利于其通过细胞膜的脂质层渗透[32]。

表3-5 H_2L^1和H_2L^2配体及其配合物对测试细菌的最小抑制浓度（MIC）值（μg/mL）

化合物	金黄色葡萄球菌	白色念珠菌	枯草芽孢杆菌	大肠杆菌	铜绿假单胞菌
H_2L^1	25	25	50	50	25
H_2L^2	50	25	25	50	50
9	12.5	12.5	25	25	6.25
10	12.5	6.25	25	12.5	12.5
11	6.25	12.5	6.25	25	12.5
12	12.5	12.5	25	12.5	12.5
13	12.5	12.5	6.25	25	12.5

3.1.3 结论

基于苯基取代的吡唑羧酸和复配体N-供体共合成了13种新的过渡金属配合物。单晶X射线衍射结果表明，羧基在吡唑环上的不同取代位置、配体的配位方式、金属离子和pH值对形成从单核、一维链、二维层到三维金属-有机骨架的不同结构起着重要作用。这些配合物的结构分析还表明，通过改变吡唑羧酸的O-和N-配位位点之间的角度可以获得螺旋结构，然而配合物**5**、配合物**6**含有单股螺旋链，配合物**8**表现出双股螺旋结构，只有配合物**11**是由相同手性的双股螺旋链组成的三维超分子结构，且表现出手性，这表明螺旋和手性结晶的控制仍然是化学家面临的挑战。配合物**12**和配合物**13**具有一维孔道的三维金属-有机骨架这个结果还表明，通过改变吡唑羧酸的O-和N-配位的角度，可以得到微孔结构。配合物**3**、配合物**7**和配合物**8**在紫外光下显示出强荧光发射，因为它们具有高度热稳定性，可能是潜在光活性材料的良好候选物。此外，抗菌活性筛选表明，该配合物比相应的游离配体对被测细菌具有更高的活性。

3.2 外消旋配体5-氯-1-苯基-1H-吡唑-3,4-二羧酸构建具有螺旋结构的新型配位聚合物[33,34]

在过去的十年中，螺旋结构引起了特别的兴趣，不仅因为它们在自然界中无处不在，如蛋白质[35]、胶原蛋白[36]、石英[37]、单壁碳纳米管[38]，以及更多的天然或人工纤维类衍生物[39]、多肽[40]和DNA[41]，也因其在分子识别、不对称催化、生物制药等方面的潜在应用。配位化学中的这种螺旋结构可以通过不同的超分子合成子构建，如配位相互作用，氢键和π-π堆积相互作用等。到目前为止，许多通过配位相互作用形成的单[42]、双[43]或多链螺旋[44]是由自组装过程产生的，然而，通过氢键和其他超分子相互作用构建的螺旋结构仍然很少[45]。

这种螺旋结构可以通过使用内消旋体[46]，外消旋[47]或手性分子[48]为构建模块来构建，当使用外消旋分子或手性分子作为构建块时，左右手螺旋通常在一个晶体内等量而形成内消旋化合物。

在本节中，我们合成了一种新的5-氯-1-苯基-1H-吡唑-3,4-二羧酸(H_2L^4）的外消旋配体，以构建具有螺旋结构的新型配位聚合物，它具有以下特点：（1）它具有多个位于适当角度的O-和N-配位位点，这可以使其连接金属离子以产生螺旋链；（2）引入非配位基团-苯环，这不仅增加了C-H…O(N，π)氢键和π-π相互作用的可能性，而且由于几何约束，导致吡唑羧酸的不同桥联模式。此外，苯环和吡唑环在C-C单键上被严重扭曲，所有这些都有助于产生独特的螺旋结构；（3）它具有2个羧酸基团，允许各种酸度依赖性的配位模式，并且pH值的变化将形成不同结构，进一步提高形成不同的螺旋链的可能性。

此外，N-供体共配体如2,2′-联吡啶、4,4′-联吡啶和1,10-邻菲罗啉不仅具有柔性和有角度的双齿配体的特征[49]，而且还可以作为氢键的给体和受体，形成丰富的定向氢键，这进一步促进了氢键螺旋结构的形成。在这里，我们合成了**11**种新的配合物：$[Co_{1.5}(HL^4)_3(H_2O)_3]\cdot H_2O$(**14**)，$[Co(HL^4)_2$(2,2′-bipy)](**15**)，$[Co(HL^4)_2$(phen)](**16**)，$[Co(HL^4)_2(H_2O)_2]\cdot$(4,4′ bipy)(**17**)，$[Co(L^4)$(4,4′bipy)$(H_2O)]\cdot H_2O$(**18**)，$[Co(L^4)$(4,4′-bipy$)_{0.5}(H_2O)]\cdot 1.5H_2O$(**19**)，$[Cu(HL^4)_2(H_2O)_2]$(**20**)，$[Cu(HL^4)_2$(phen)](**21**)，$[Cu(HL^4)_2(H_2O)]_2$(4,4′-bipy)(**22**)，$[Zn(HL^4)_2(H_2O)_2]\cdot$(4,4′-bipy)(**23**)和$[Ag(HL^4)$(4,4′-bipy$)]_n$(**24**)。

3.2.1 实验部分

实验材料和设备同3.1.1节。

3.2.1.1 H_2L^4配体的合成与表征

根据文献［26，27］制备了H_2L^4配体，具体合成路径如图3-26所示。

H_2L^4配体：产率约为85%（239~240℃）。$C_{11}H_7N_2ClO_4$元素分析（%）：计算值：C 49.55，H 2.65，N 10.51；实测值：C 49.83，H 2.36，N 10.95。红外数据（KBr压片，v/cm^{-1}）：3451(m)，1698(vs)，1589(m)，1515(s)，1467(m)，1431(s)，1185($m\cdot cm^{-1}$)；^1H NMR(400MHz，DMSO-d_6) δ：7.40~7.74（m，5H)；12.60（d，J=8.0Hz，2H)。

3.2.1.2 $[Co_{1.5}(HL^4)_3(H_2O)_3]\cdot H_2O$（**14**）的合成

将$CoCl_2\cdot 6H_2O$（0.024g，0.1mmol)、H_2L^4（0.04g，0.15mmol)、H_2O

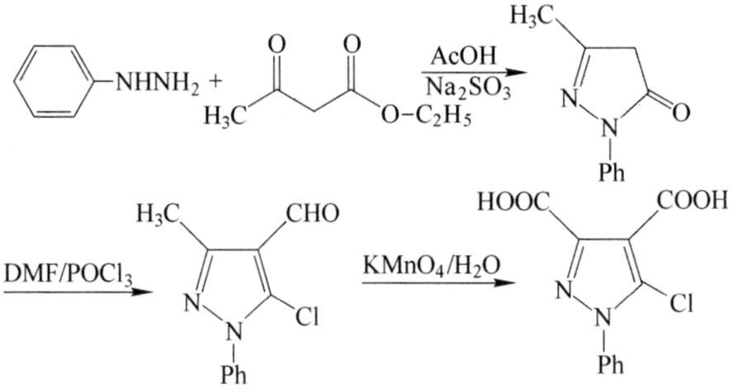

图 3-26 H_2L^4配体的合成路径

(8mL)、乙醇(2mL)和 NaOH(0.07mL, 0.65mol/L)混合溶液密封在23mL聚四氟乙烯内衬的不锈钢反应釜中，在170℃下加热96h。然后冷却至室温，过滤剩余溶液并在室温下缓慢蒸发。四天后获得红色块状晶体。产率为35.5%。$C_{33}H_{26}Cl_3Co_{1.5}N_6O$元素分析(%)：计算值：C 41.40，H 2.72，N 8.78；实测值：C 41.75，H 2.48，N 9.01。红外数据(KBr压片，v/cm^{-1})：3468(s)，1705(s)，1570(m)，1525(m)，1403(s)，1385(m)，1296(m)，1027(m)，884(w)，768(s)，675(m)。

3.2.1.3 $[Co(HL^4)_2(2,2'\text{-bipy})]$(**15**)的合成

将$CoCl_2·6H_2O$(0.024g, 0.1mmol)，H_2L^4(0.027g, 0.1mmol)，2,2'-联吡啶(0.016g, 0.1mmol)、H_2O(10mL)和NaOH(0.15mL, 0.65mol/L)混合溶液密封在23mL聚四氟乙烯内衬的不锈钢反应釜中，在150℃下加热72h。然后冷却至室温，得到红色块状晶体。产率为55.5%。$C_{32}H_{20}Cl_2CoN_6O_8$元素分析(%)：计算值：C 51.49，H 2.68，N 11.26；实测值：C 51.65，H 2.35，N 11.71。红外数据(KBr压片，v/cm^{-1})：3140(s)，1708(m)，1618(m)，1554(m)，1400(s)，1328(w)，1261(w)，1074(m)，968(w)，764(m)，697(w)。

3.2.1.4 $[Co(HL^4)_2(phen)]$(**16**)的合成

配合物**16**的合成与配合物**15**的合成类似，仅使用0.019g的1,10-邻菲罗啉代替0.016g的2,2'-联吡啶，获得紫色块状晶体。产率为43.5%。$C_{34}H_{20}Cl_2CoN_6O_8$元素分析(%)：计算值：C 53.00，H 2.60，N 10.91；实测值：C 53.35，H 2.32，N 11.25。红外数据(KBr压片，v/cm^{-1})：3117(s)，1704(m)，1605(m)，1547(s)，1403(s)，1336(s)，1247(m)，1065(m)，957(s)，768(m)，701(m)。

3.2.1.5 $[Co(HL^4)_2(H_2O)_2]\cdot(4,4'\text{-bipy})$(**17**)的合成

配合物**17**的合成与配合物**15**的合成类似，仅使用0.016g的4,4′-联吡啶代替0.016g的2,2′-联吡啶，获得红色块状晶体。产率为56.5%。$C_{32}H_{24}Cl_2CoN_6O_{10}$元素分析（%）：计算值：C 49.16，H 3.07，N 10.74；实测值：C 49.43，H 2.85，N 10.96。红外数据（KBr压片，v/cm^{-1}）：3168(m)，1708(m)，1557(m)，1514(m)，1400(s)，1328(w)，1258(w)，1012(m)，871(m)，778(s)，698(m)。

3.2.1.6 $[Co(L^4)(4,4'\text{-bipy})(H_2O)]\cdot H_2O$(**18**)的合成

配合物**18**的合成与配合物**17**的相似，只是反应温度降至90℃，加入0.025g $CuSO_4\cdot5H_2O$，NaOH升至0.30mL，获得紫色块状晶体。产率为18.5%。$C_{42}H_{34}Cl_2Co_2N_8O_{12}$元素分析（%）：计算值：C 48.90，H 3.30，N 10.87；实测值：C 49.25，H 3.16，N 11.02。红外数据（KBr压片，v/cm^{-1}）：3423(m)，1604(s)，1513(m)，1423(m)，1360(m)，1222(w)，1106(m)，810(m)，705(w)，629(w)。

3.2.1.7 $[Co(L^4)(4,4'\text{-bipy})_{0.5}(H_2O)]\cdot1.5H_2O$(**19**)的合成

除了将反应温度降至120℃，加入0.015g异烟酸并将NaOH增加至0.30mL之外，配合物**19**的合成与配合物**17**的合成相似，获得红色棒状晶体。产率为22.7%。$C_{16}H_{14}ClCoN_3O_{6.5}$元素分析（%）：计算值：C 43.02，H 3.13，N 9.41；实测值：C 43.45，H 2.83，N 9.87。红外数据（KBr压片，v/cm^{-1}）：3139(m)，1606(s)，1515(m)，1396(s)，1215(w)，1027(w)，975(w)，890(w)，817(m)，720(w)，630(w)。

3.2.1.8 $[Cu(HL^4)_2(H_2O)_2]$(**20**)的合成

将$CuSO_4\cdot5H_2O$（0.025g，0.1mmol）、H_2L^4（0.02g，0.1mmol），异烟酸（0.0123g，0.1mmol），4,4′-联吡啶（0.016g，0.1mmol），H_2O(10mL）和NaOH（0.1mmol，0.65mol/L）的混合溶液密封在25mL聚四氟乙烯内衬的不锈钢反应釜中，以120℃加热72h。然后冷却至室温，过滤剩余溶液并在室温下缓慢蒸发，得到蓝色块状晶体。产率为45.2%。$C_{22}H_{16}Cl_2CuN_4O_{10}$元素分析（%）：计算值：C 41.88，H 2.54，N 8.88；实测值：C 42.25，H 2.32，N 9.13。红外数据（KBr压片，v/cm^{-1}）：3444(m)，3137(s)，1702(w)，1612(w)，1541(w)，1398(s)，1249(w)，1058(m)，696(w)。

3.2.1.9 [Cu(HL^4)$_2$(phen)] (**21**) 的合成

配合物**21**的合成与配合物**20**的相似，仅使用0.1mmol 1,10-邻菲罗啉代替0.1mmol异烟酸和0.1mmol 4,4′-联吡啶，溶剂为7mL H_2O和3mL乙醇，获得蓝色块状晶体。产率为33.1%。$C_{34}H_{20}Cl_2CuN_6O_8$元素分析（%）：计算值：C 52.69，H 2.58，N 10.85；实测值：C 53.01，H 2.42，N 11.34。红外数据（KBr压片，v/cm^{-1}）：1721(m)，1616(m)，1555(w)，1501(w)，1411(s)，1340(w)，1273(w)，1062(w)，864(m)，614(s)。

3.2.1.10 [Cu(HL^4)$_2$(H_2O)]$_2$(4,4′-bipy) (**22**) 的合成

除了不添加异烟酸之外，配合物**22**的合成与配合物**20**的相似，并且配合物**22**中的H_2L^4的量是配合物**20**的2倍，获得蓝色块状晶体。产率为39.8%。$C_{27}H_{18}Cl_2CuN_5O_9$元素分析（%）：计算值：C 46.93，H 2.61，N 10.14；实测值：C 47.35，H 2.26，N 10.52。红外数据（KBr压片，v/cm^{-1}）：3457(m)，3139(s)，1703(w)，1613(m)，1538(m)，1401(s)，1327(m)，1222(w)，1113(w)，1066(w)，1004(w)，778(w)。

3.2.1.11 [Zn(HL^4)$_2$(H_2O)$_2$]·(4,4′-bipy)(**23**) 的合成

将$ZnSO_4 \cdot 7H_2O$（0.0284g，0.1mmol），H_2L^4（0.02g，0.1mmol），4,4′-联吡啶（0.016g，0.1mmol）、H_2O（10mL）和NaOH(0.2mmol，0.65mol/L）混合溶液密封在25mL聚四氟乙烯内衬的不锈钢反应釜中，以90℃加热72h。然后冷却至室温，得到无色块状晶体。产率为34.6%。$C_{32}H_{24}Cl_2ZnN_6O_{10}$元素分析（%）：计算值：C 48.72，H 3.04，N 10.66；实测值：C 49.21，H 2.95，N 10.87。红外数据（KBr压片，v/cm^{-1}）：3432(m)，3146(s)，1715(w)，1610(s)，1511(m)，1399(s)，1367(s)，1230(w)，1168(w)，808(w)。

3.2.1.12 [Ag(HL^4)(4,4′-bipy)]$_n$(**24**) 的合成

配合物**24**的合成与配合物**23**的相似，仅使用0.1mmol $AgNO_3$和0.1mmol $CoCl_2 \cdot 6H_2O$代替$ZnSO_4 \cdot 7H_2O$，配合物**24**中NaOH的量为配合物**23**的一半，得到无色块状晶体。产率为37.5%。$C_{21}H_{14}ClAgN_4O_4$元素分析（%）：计算值：C 47.62，H 2.66，N 10.58；实测值：C 47.95，H 2.33，N 10.84。红外数据（KBr压片，v/cm^{-1}）：1709(w)，1616(w)，1560(m)，1404(s)，1323(w)，1261(w)，1118(w)，1006(m)，789(s)。

3.2.1.13 X射线晶体的研究

X射线单晶衍射测试及解析见3.1.1.15节。配合物**14~24**的单晶X射线晶体学数据见表3-6，键长见表3-7，氢键见表3-8。配合物**14~24**的配位模式如图3-27所示。

表 3-6　配合物 14~24 的晶体学数据

配合物	14	15	16	17	18	19
分子式	$C_{33}H_{26}Cl_3Co_{1.5}N_6O_{16}$	$C_{32}H_{20}Cl_2CoN_6O_8$	$C_{34}H_{20}Cl_2CoN_6O_8$	$C_{32}H_{24}Cl_2CoN_6O_{10}$	$C_{21}H_{17}ClCoN_4O_6$	$C_{16}H_{14}ClCoN_3O_{6.5}$
分子量	957. 34	746. 37	770. 39	782. 40	515. 77	446. 68
T/K	296(2)	296(2)	296(2)	296(2)	296(2)	296(2)
晶系	Triclinic	Monoclinic	Monoclinic	Triclinic	Orthorhombic	Orthorhombic
空间群	$P\bar{1}$	C2/c	C2/c	$P\bar{1}$	Pccn	Iba2
a/nm	0. 9417(17)	1. 0131(10)	1. 0086(2)	0. 7838(5)	0. 9853(3)	1. 0009(8)
b/nm	1. 2558(2)	2. 0339(19)	2. 1345(5)	0. 9659(6)	2. 0303(6)	4. 7603(4)
c/nm	1. 6502(3)	1. 5127(14)	1. 4980(4)	1. 1719(7)	2. 2592(7)	0. 7488(6)
α/(°)	78. 612(2)	90	90	107. 538(10)	90	90
β/(°)	77. 473(2)	100. 596(10)	99. 331(2)	97. 404(10)	90	90
γ/(°)	82. 095(2)	90	90	93. 455(10)	90	90
V/nm^3	1. 8584(6)	3. 0638(5)	3. 1826(13)	0. 8343(9)	4. 5190(2)	3. 5675(5)
晶胞中分子数量 Z	2	4	4	1	8	8
θ/(°)	2. 23~25. 50	2. 28~27. 48	2. 26~25. 50	2. 22~25. 50	2. 30~24. 47	2. 41~25. 49
线性吸收系数 μ/mm^{-1}	0. 977	0. 800	0. 773	0. 742	0. 923	1. 155
单胞中电子的数目 F(000)	971	1516	1564	399	2104	1816
D_C/mg·m^{-3}	1. 711	1. 618	1. 608	1. 557	1. 516	1. 663
拟合优度 S 值	1011	997	1016	1020	1021	1051
收集的所有衍射点数目	14246	13600	9320	6451	18512	13353
精修的衍射点数目	6849	3524	2969	3096	3726	3311
等价衍射点在衍射强度上的差异值 R_{int}	0. 0273	0. 0313	0. 0425	0. 0171	0. 1729	0. 0346
可观测衍射点的 R_1, wR_2[$I > 2\sigma(I)$]	0. 0382, 0. 0764	0. 0385, 0. 0663	0. 0406, 0. 0812	0. 0273, 0. 0672	0. 0911, 0. 1820	0. 0300, 0. 0670
全部衍射点的 R_1, wR_2	0. 0649, 0. 0903	0. 0598, 0. 0731	0. 0748, 0. 0946	0. 0296, 0. 0689	0. 1756, 0. 2218	0. 0348, 0. 0691
最大衍射峰和谷/e·nm^{-3}	525, -281	260, -230	229, -258	187, -356	1453, -1695	661, -196

续表 3-6

配合物	**20**	**21**	**22**	**23**	**24**
分子式	$C_{22}H_{16}Cl_2CuN_4O_{10}$	$C_{34}H_{20}Cl_2CuN_6O_8$	$C_{27}H_{18}Cl_2CuN_5O_9$	$C_{32}H_{24}Cl_2ZnN_6O_{10}$	$C_{21}H_{14}ClAgN_4O_4$
分子量	630.83	775.00	690.90	788.84	529.68
T/K	296(2)	296(2)	296(2)	296(2)	296(2)
晶系	Monoclinic	Monoclinic	Monoclinic	Triclinic	Monoclinic
空间群	$P2_1/c$	C2/c	$P2_1/c$	P1	$P2_1/c$
a/nm	0.8790(2)	0.9956(10)	0.9216(11)	0.7836(6)	1.1372(16)
b/nm	1.9452(5)	2.0998(2)	1.6856(2)	0.9654(8)	2.0484(3)
c/nm	0.7352(18)	1.5244(15)	1.8253(2)	1.1713(10)	0.8899(13)
α/(°)	90	90	90	107.529(10)	90
β/(°)	106.397(3)	97.184(10)	95.937(2)	97.397(10)	110.999(2)
γ/(°)	90	90	90	93.471(10)	90
V/nm^3	1.2061(5)	3.1621(5)	2.8201(6)	0.83318(12)	1.9352(5)
晶胞中分子数量	2	4	4	1	4
晶体晶粒大小/mm	0.23×0.17×0.06	0.16×0.04×0.04	0.18×0.16×0.14	0.27×0.21×0.19	0.14×0.12×0.06
D_C/mg·m^{-3}	1.737	1.628	1.627	1.572	1.818
线性吸收系数μ/mm^{-1}	1.194	0.926	1.028	0.965	1.219
单胞中电子的数量F(000)	638	1572	1400	402	1056
θ/(°)	2.42~25.50	2.28~27.50	2.53~25.50	2.41~25.50	2.16~25.50
拟合优度S值	980	1009	1017	1095	1011
收集的所有衍射点数目	9212	14061	21523	6455	14840
精修的衍射点数目	2248	3616	5238	3087	3602
等价衍射点在衍射强度上的差异值R_{int}	0.032	0.066	0.054	0.014	0.032
可观测衍射点的R_1,wR_2[$I > 2\sigma(I)$]	0.033,0.071	0.048,0.089	0.040,0.079	0.047,0.137	0.033,0.067
全部衍射点的R_1,wR_2	0.047,0.079	0.095,0.105	0.078,0.093	0.053,0.142	0.048,0.074
最大衍射峰和谷/e·nm^{-3}	0.357,-0.255	0.358,-0.377	0.288,-0.326	0.430,-0.965	1.223,-0.563

表 3-7　配合物 14~24 的键长（nm）数据

14			
Co(1)-O(9)	0.2134(2)	Co(1)-O(13)	0.2074(2)
Co(1)-O(14)	0.2043(2)	Co(1)-O(15)	0.2052(2)
Co(1)-N(4)	0.2171(2)	Co(1)-N(6)	0.2166(3)
Co(2)-O(4)	0.2084(2)	Co(2)-O(5)	0.2051(2)
Co(2)-N(2)	0.2166(2)		
15			
Co(1)-O(4)	0.2038(2)	Co(1)-N(1)	0.2229(2)
Co(1)-N(3)	0.2097(2)		
16			
Co(1)-O(4)	0.2035(2)	Co(1)-N(1)	0.2098(2)
Co(1)-N(3)	0.2228(2)		
17			
Co(1)-O(4)	0.2080(1)	Co(1)-O(5)	0.2044(1)
Co(1)-N(2)	0.2212(1)		
18			
Co(1)-O(4)	0.2051(6)	Co(1)-O(5)	0.2086(7)
Co(1)-N(5)	0.2186(1)	Co(1)-N(6)#1	0.2108(1)
Co(2)-O(2)	0.2032(7)	Co(2)-O(3)	0.2056(6)
Co(2)-N(3)	0.2146(1)	Co(2)-N(4)#2	0.2196(1)
19			
Co(1)-O(2)#3	0.2033(2)	Co(1)-O(3)#3	0.2078(2)
Co(1)-O(4)	0.2050(2)	Co(1)-O(5)	0.2019(2)
Co(1)-N(3)	0.2106(2)		
20			
Cu(1)-O(4)	0.1958(18)	Cu(1)-O(4)#4	0.1958(18)
Cu(1)-O(5)	0.1948(2)	Cu(1)-O(5)#4	0.1948(2)
Cu(1)-N(2)	0.2486(2)	Cu(1)-N(2)#4	0.2486(2)
21			
Cu(1)-O(4)	0.1958(2)	Cu(1)-O(4)#5	0.1958(2)
Cu(1)-N(2)	0.2425(2)	Cu(1)-N(2)#5	0.2425(2)
Cu(1)-N(3)	0.1996(2)	Cu(1)-N(3)#5	0.1996(2)
22			
Cu(1)-O(1)	0.1974(2)	Cu(1)-N(2)	0.2121(3)

续表 3-7

22			
Cu(1)-O(5)	0.1989(2)	Cu(1)-N(3)	0.2435(3)
Cu(1)-O(9)	0.2184(3)	Cu(1)-N(5)	0.1983(2)
23			
Zn(1)-O(1)	0.2082(2)	Zn(1)-O(1)#6	0.2082(2)
Zn(1)-O(5)	0.2042(2)	Zn(1)-O(5)#6	0.2042(2)
Zn(1)-N(3)	0.2207(3)	Zn(1)-N(3)#6	0.2207(3)
24			
Ag(1)-O(1)	0.2568(3)	Ag(1)-N(2)#7	0.2144(3)
Ag(1)-N(1)	0.2147(3)		

注:对称操作:#1 x, $-y+1/2$, $z+1/2$; #2 x, $-y+1/2$, $z-1/2$; #3 $-x+1$, y, $z-1/2$;#4 $-x+1$, $-y+1$, $-z+2$;#5 $-x+2$, y, $-z+1/2$;#6 $-x+1$, $-y+1$, $-z+1$;#7 $x-1$, y, z。

表 3-8 配合物 14~24 的氢键(nm 和°)数据

D-H···A	d(D-H)	d(H···A)	d(D···A)	<(DHA)
15				
O(1)-H(1)···O(3)	0.082	0.169	0.2504(3)	176.0
C(5)-H(5)···O(1)#1	0.093	0.254	0.3311(3)	140.0
C(2)-H(2)···π#2	0.093	0.302	0.3641(3)	126.0
16				
O(2)-H(2A)···O(3)	0.082	0.169	0.2505(4)	173.0
C(17)-H(17)···O(3)#1	0.093	0.229	0.3162(5)	157.0
C(1)-H(1)···π#2	0.093	0.302	0.3688(3)	130.0
对称操作:#1 $-1/2+x$, $1/2+y$, z; #2 $-1/2-x$, $1/2-y$, $-z$。				
17				
O(2)-H(2)···O(3)	0.082	0.167	0.2485(2)	177.0
O(5)-H(2W)···O(1)#1	0.080	0.200	0.2795(2)	173.0
O(5)-H(1W)···N(1)#2	0.085	0.184	0.2683(2)	179.0
C(2)-H(2A)···O(3)#3	0.093	0.256	0.3462(2)	164.0
对称操作:#1 x, $-1+y$, z; #2 $1-x$, $-y$, $-z$; #3 $-x$, $-y$, $-z$。				
18				
O(5)-H(1W)···O(2)#1	0.083	0.190	0.2727(9)	175.6
O(5)-H(2W)···O(6)#1	0.083	0.189	0.2709(11)	168.2
O(6)-H(3W)···O(1)#2	0.083	0.191	0.2733(12)	170.4
O(6)-H(4W)···N(2)#3	0.083	0.232	0.3115(11)	160.9
对称操作:#1 $-1+x$, y, z; #2 $1-x$, $-y$, $1-z$; #3 $1+x$, y, z; #4 $1+x$, $1/2-y$, $1/2+z$。				

续表 3-8

D-H…A	d(D-H)	d(H…A)	d(D…A)	<(DHA)
19				
O(5)-H(1W)…O(1)#1	0.083	0.190	0.2724(3)	171.0
O(5)-H(2W)…O(1)#2	0.082	0.193	0.2741(3)	170.0
O(6)-H(3W)…O(7)#3	0.107	0.204	0.2847(7)	130.3
O(7)-H(5W)…O(6)#4	0.103	0.185	0.2848(7)	160.5
C(13)-H(13)…O(6)#5	0.093	0.247	0.3358(5)	160.0
C(4)-H(4)…π#6	0.093	0.368	0.4336(3)	130.2
对称操作：#1 1 − x, y, 1/2 + z; #2 − 1 + x, y, z; #3 x, − y, − 1/2 + z; #4 x, y, 1 + z; #5 x, − y, 1/2 + z; #6 − 1 − x, y, − 1/2 + z。				
20				
O(2)-H(2A)…O(3)	0.082	0.162	0.2433(3)	174.9
O(5)-H(1W)…O(1)#1	0.082	0.182	0.2640(3)	173.2
O(5)-H(2W)…O(2)#2	0.082	0.195	0.2764(3)	172.3
对称操作：#1 x + 1, y, z + 1; #2 − x, − y + 1, − z + 2。				
21				
O(2)-H(2A)…O(3)	0.082	0.169	0.2505(4)	178.0
C(17)-H(17)…O(3)#1	0.093	0.230	0.3175(5)	156.0
C(2)-H(2)…π#2	0.093	0.302	0.3688(3)	130.0
对称操作：#1 x − 1/2, y + 1/2, z; #2 − x + 3/2, − y + 3/2, − z。				
22				
O(9)-H(1W)…O(8)#1	0.083	0.194	0.2760(4)	175.0
O(9)-H(2W)…O(4)#2	0.081	0.199	0.2780(4)	166.0
O(3)-H(3)…O(2)	0.082	0.169	0.2510(4)	173.0
O(7)-H(7)…O(6)	0.082	0.165	0.2470(4)	178
C(3)-H(3A)…O(9)#3	0.093	0.241	0.3176(5)	139
C(26)-H(26)…O(5)#4	0.093	0.251	0.3307(4)	144
对称操作：#1 x, − y + 1/2, z + 1/2; #2 − x + 2, y + 1/2, − z + 1/2; #3 x − 1, y, z; #4 − x + 2, − y + 1, − z。				
23				
O(5)-H(1W)…O(4)#1	0.082	0.197	0.2791(4)	174
O(5)-H(2W)…N(1)#2	0.082	0.186	0.2687(4)	174
O(3)-H(3)…O(2)	0.082	0.168	0.2490(5)	170
C(2)-H(2)…O(2)#3	0.093	0.255	0.3459(5)	165
对称操作：#1 x, y + 1, z; #2 − x + 1, − y + 1, − z + 1; #3 − x + 2, − y + 1, − z + 1。				

续表 3-8

D-H···A	d(D-H)	d(H···A)	d(D···A)	<(DHA)
24				
O(3)-H(3A)···O(2)	0.082	0.165	0.2465(5)	179
C(3)-H(3)···O(4)#1	0.093	0.245	0.3220(6)	140
C(12)-H(12)···O(2)	0.093	0.242	0.3348(5)	172
C(17)-H(17)···O(1)#2	0.093	0.239	0.3115(5)	135
C(15)-H(15)···π #3	0.093	0.283	0.3570(5)	137
对称操作：#1 $x-1, -y+3/2, z-1/2$；#2 $x+1, y, z$；#3 $-x+1, -y+1, -z+1$。				

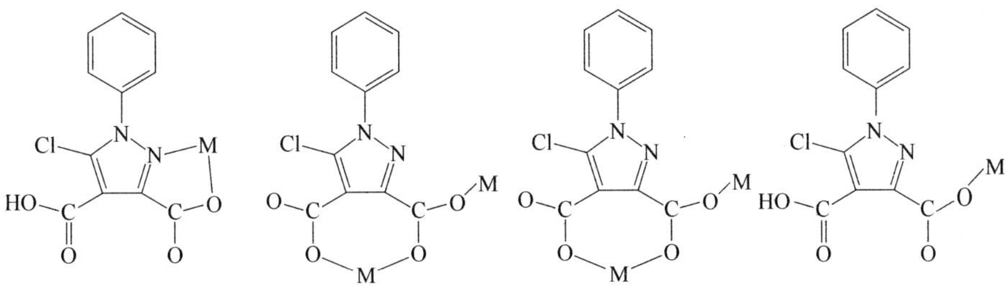

a　　b　　c　　d

图 3-27　HL^4和L^4配体的配位模式

3.2.1.14　抗菌测试

通过最小抑菌浓度（MIC）法测定H_2L^4配体和配合物**14**~**24**对革兰氏阳性菌：金黄色葡萄球菌，白色念珠菌和枯草芽孢杆菌，以及革兰氏阴性菌——大肠杆菌和铜绿假单胞菌的体外抗菌活性。将化合物溶解在DMF中，用2倍连续稀释浓度从200~6.25μg/mL。用连续2倍稀释的化合物填充1mL无菌微量管。每次都包括生长管（肉汤加接种物）和无菌对照管（仅肉汤）。将微量管在37℃下孵育24h。MIC被定义为抑制微生物生长的化合物的最低浓度，DMF在应用条件下是无活性的。

3.2.2　结果与讨论

3.2.2.1　$[Co_{1.5}(HL^4)_3(H_2O)_3]\cdot H_2O$(**14**)的结构

单晶X射线衍射分析表明，配合物**14**具有2个结晶学上独立的Co(Ⅱ)离子，在不对称单元中以0.9652nm的距离分开，如图3-28所示。每个Co(Ⅱ)离子显示出扭曲的N_2O_4八面体几何构型，并且与来自2个HL^4配体的2个氮和2个氧原子以及2个水氧原子配位。Co1周围的配位水分子处于顺式位置，而Co2周围的水分子处于反式位置，Co2位于对称中心而Co1不在对称中心，因此与Co1配位的2个HL^4配体的吡唑环角度为67.1°，而N2-Co2-N2角为180°。Co1-O和Co2-O，Co1-N和Co2-N的键长分别略有不同（见表3-7），Co1-O键长在0.2043(2)～0.2134(2)nm之间，Co1-N键长为0.2166(3)nm和0.2171(2)nm，而Co2-O距离为0.2051(2)nm和0.2084(2)nm，Co2-N键长为0.2165(2)nm。在配合物**14**中，每个H_2L^4配体失去1个质子，并以N,O-螯合模式与1个Co(Ⅱ)离子配位（如图3-27a所示），然而，HL^4配体在晶体中呈现三个取向，为方便起见，HL^4阴离子具有标记为N2、N4和N6的氮原子（如图3-28所示）分别命名为HL^4a、HL^4b和HL^4c。

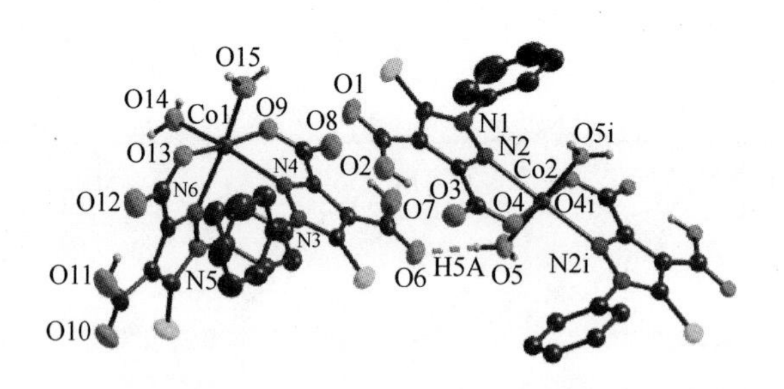

图3-28　在配合物**14**中Co(Ⅱ)离子的配位环境图，30%热椭球体
（为清晰起见，省略了所有氢原子）

在配合物**14**中，$[Co_2(HL^4)_2(H_2O)_2]$单体通过O5-H5B…O1氢键连接成一条锯齿形链（如图3-29a所示）；另一方面，$[Co1(HL^4)_2(H_2O)_2]$单体通过O14-H14A…O10和O14-H14B…O9氢键连接，产生双股螺旋链，左-右手螺旋由Co1和O14原子结合在一起（如图3-29b所示），沿b轴方向运行的螺旋的螺距与晶胞b轴长度（1.256nm）相同；螺旋链通过O15-H15A…O7氢键进一步连接到一个层结构，其中可以观察到另一种双股螺旋链，重复单元可以描述为$(\text{-Co1-HLb}\cdots\text{O15-Co1-O14-H14B}\cdots\text{O9-Co1-HLc}\cdots\text{O14}\cdots\text{HLb}\cdots\text{O15-Co1-O14}\cdots\text{HLc-Co1})_n$，沿$b$轴方向运行的螺旋螺距是$b$轴长度的2倍，2个具有相反手性的螺旋链通过O14-H14B…O9氢键连接，如图3-29c所示。如图3-29d所示，沿b轴方向，这些锯齿形链和层结构通过O5-H5A…O6氢键连接成三维超分子结构。

3.2.2.2　$[Co(HL^4)_2(2,2'\text{-bipy})]$(**15**)和$[Co(HL^4)_2(\text{phen})]$(**16**)的结构

如图3-30a和图3-30b所示，配合物**15**和配合物**16**中Co(Ⅱ)离子的配位环境是相似的。配合物**15**和配合物**16**中的每个Co(Ⅱ)离子位于反转中心，并与6

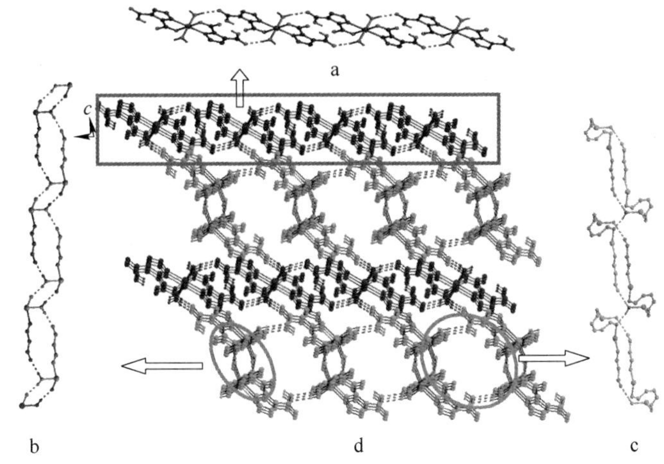

图 3-29 (a) 沿 b 轴方向由 [$Co_2(HL^4)_2$] 单元形成的配合物 **14** 的一维锯齿形链；(b、c) 通过配合物 **14** 的氢键由 [$Co1(HL^4)_2$] 单元构成的二维层结构中，沿 b 轴方向，两种双股螺旋链视图；(d) 沿 b 轴方向的配合物 **14** 的三维超分子结构（为清楚起见，省略了苯环、氯原子和晶格水分子）

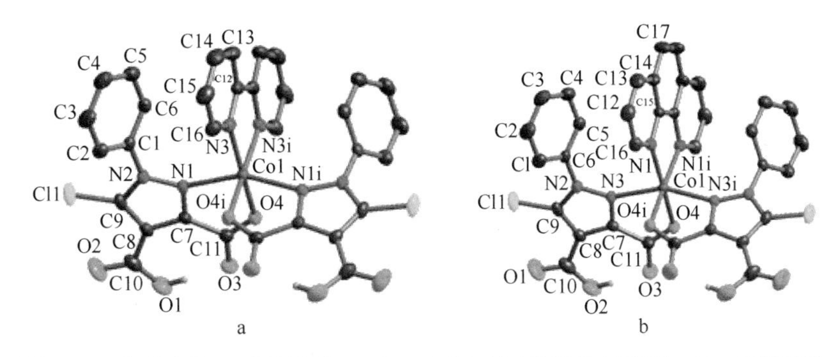

图 3-30 在配合物 **15** 和配合物 **16** 中 Co(Ⅱ)离子的配位环境图，30%热椭球体（为清晰起见，省略了所有氢原子）

个原子配位：来自 2 个 HL^4 配体的 2 个羧基氧和 2 个氮原子，来自 1 个 2,2′-联吡啶或 1 个邻菲罗啉分子的另 2 个氮原子。在配合物 **15** 和配合物 **16** 中，每个 H_2L^4 配体失去 1 个质子，并采用与配合物 **14** 中相同的配位模式（如图 3-27a 所示）。在配合物 15 中，[$Co(HL^4)_2$(2,2′-bipy)] 单体通过 HL^4 的苯环的 C-H 基团与未配位羧基之间的 C-H…O 氢键连接，形成左、右手螺旋链（如图 3-31a 和图 3-31b 所示），沿 a 轴方向运行的螺旋的螺距与晶胞 a 轴长度相同（1.013nm）。如图 3-32a 所示，螺旋链通过 HL^4 苯环上的 CH 基团与吡唑环之间的 C-H…π 相互作用进一步连接为三维超分子结构（H…π 键长为 0.302nm 和 C-H…π 角度为 126°）。与配合物 **15** 类似，配合物 **16** 中的 [$Co(HL^4)_2$(phen)] 单体通过在邻菲罗啉的C-H基团和配位羧酸基团之间的C-H…O氢键连接，产生左旋和右旋螺旋链（如图3-31c所示），沿着 *a* 轴方向运行的螺旋的螺距与晶胞 *a* 轴长度（1.009nm）相同。如图3-32b所示，通过在HL^4的苯环C-H基团和吡唑环之间的C-H…π相互作用（H…π键长为0.302nm和C-H…π角度为130°），螺旋链进一步堆积成三维超分子结构。

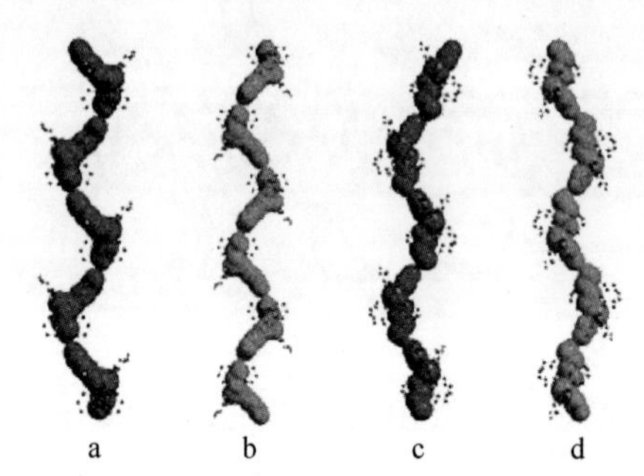

图3-31　配合物**15**的（a）左旋和（b）右旋螺旋以及配合物**16**的（c）左旋和（d）右旋螺旋的螺旋链视图

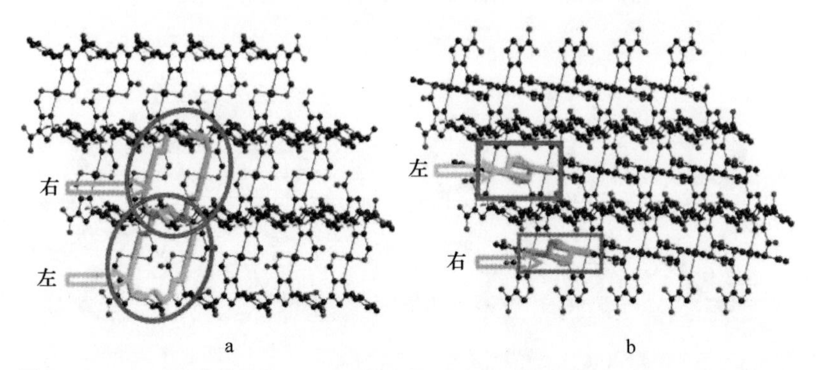

图3-32　（a）配合物**15**和（b）配合物**16**沿 *b* 轴的三维超分子结构的视图（省略了配合物**15**的2,2′-联吡啶和Cl原子以及配合物**16**中的Cl原子）

3.2.2.3　$[Co(HL^4)_2(H_2O)_2]\cdot(4,4'\text{-bipy})$(**17**)的结构

单晶X射线衍射分析表明，配合物**17**的不对称单元由1个Co(Ⅱ)离子，2个HL^4配体，2个配位水和1个游离的4,4′-联吡啶分子组成。如图3-33所示，Co(Ⅱ)离子位于反转中心，与2个HL^4配体的2个羧基氧以及2个氮原子以及2个水氧原子进行6配位；4,4′-联吡啶分子也位于反转中心。在配合物**17**中，1个HL^4配体桥接1个Co(Ⅱ)离子，采用与配合物**14**~**16**中相同的配位模式。配合物**17**存在丰富的氢键：（1）配位水分子与未配位羧基氧原子之间的O-H…O氢键；（2）配位水分子与4,4′-联吡啶的氮原子之间的O-H…N氢键；

(3) 4,4′-联吡啶的C-H基团和未配位的羧基氧原子之间的C-H…O氢键。值得注意的是，$[Co(HL^4)_2(H_2O)_2]\cdot(4,4'\text{-bipy})$单体通过O-H…O（O…O键长范围为0.249~0.280nm），O-H…N（O…N键长为0.268nm）和C-H…O（C…O键长为0.346nm）氢键产生由2个左旋和2个右旋螺旋构成的四股螺旋链（如图3-34a所示）。左手和右手螺旋链在C3原子处结合，沿a轴方向运行的螺旋的螺距是晶胞a轴长度的2倍（1.568nm）（如图3-34b所示）。众所周知，单股和双股螺旋链的形成是常见的，然而，三股，四股以及圆形和圆柱形螺旋结构相当罕见，配合物**17**是四股螺旋链结构的新例子[50,51]。

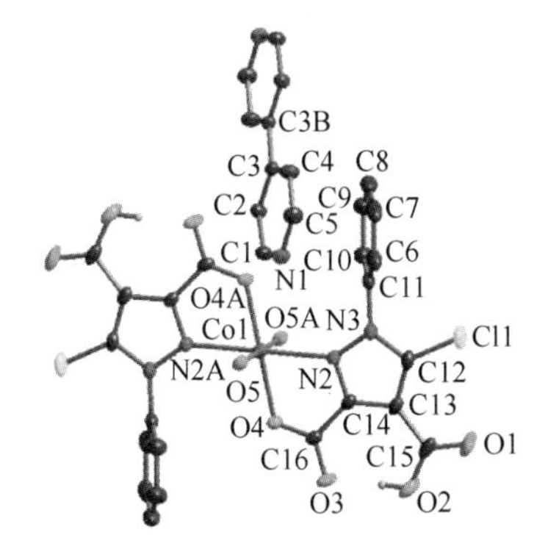

图3-33 在配合物**17**中Co(Ⅱ)离子的配位环境图，30%热椭球体（为清晰起见，省略了所有氢原子）

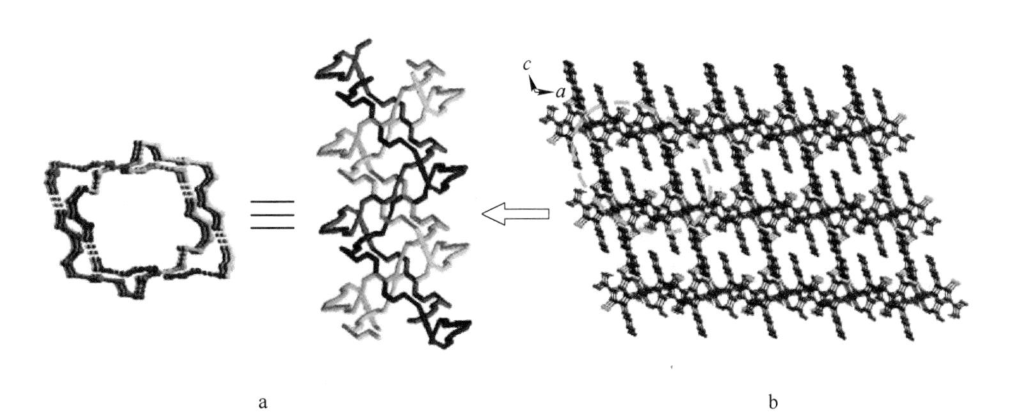

a b

图3-34 (a) 配合物**17**中两个左手和两个右手螺旋形成的四股氢键螺旋链的视图；(b) 配合物**17**沿a轴方向的三维超分子结构

3.2.2.4 $[Co(L^4)(4,4'\text{-bipy})(H_2O)]\cdot H_2O$(**18**)的结构

与配合物**14**~**17**不同，在配合物**18**中H_2L^4配体的2个羧基均失去质子，1

个羧基采用 μ_1-η^1:η^0桥联，另 1 个羧基采用 μ_2-η^1:η^1桥联模式，每个 L^4配体采用三齿配位模式并连接 2 个 Co^{2+}离子，如图 3-27b 所示。如图 3-35 所示，配合物 **18** 的不对称单元含有 2 个不同的 Co(Ⅱ)中心，其距离为 0.502nm，2 个 L^4配体，2 个 4,4′-联吡啶分子，2 个配位的和 2 个自由的水分子。Co1 由来自 2 个 L^{4-}配体，2 个水分子和 2 个 4,4′-联吡啶分子的 4 个氧和 2 个氮原子进行 6 配位的；而 Co2 由来自 2 个 L^{4-}配体和 2 个 4,4′-联吡啶分子的 4 个氧和 2 个氮原子进行 6 配位的。在配合物 **18** 中，可以观察到两种单股螺旋链，1 个是通过 μ_2-η^1: η^1桥联羧基以顺-反构象连接 Co(Ⅱ)离子形成的，重复单元是(-Co1-O4-C10-O3-Co2-O3-C10-O4-）组成；另一种是通过 L^4配体的 2 个羧基连接 Co(Ⅱ)离子形成的，重复单元可以描述为（-Co1-O4-C10-C9-C8-C11-O2-Co2-O2-C11-C8-C9-C10-O4-$)_n$，如图 3-36a 所示。

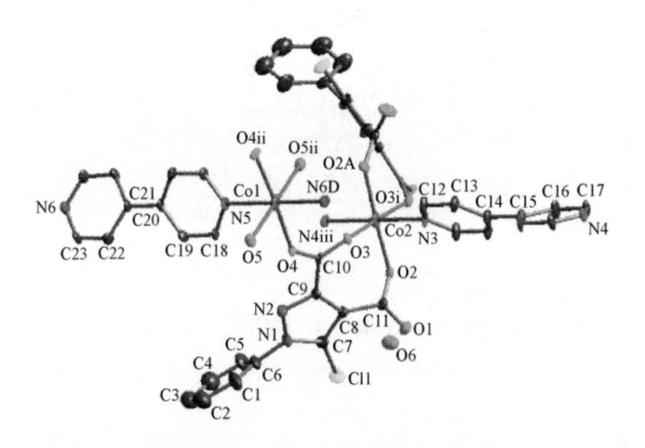

图 3-35　在配合物 **18** 中 Co(Ⅱ)离子的配位环境图，30%热椭球体
（为清晰起见，省略了所有氢原子）

沿 a 轴方向运行的两种螺旋的螺距相同，等于相应的晶胞 a 轴长度(0.985nm)。此外，4,4′-联吡啶分子将一维链连接成沿 b 轴方向的一个层结构(如图 3-36a 所示)。在拓扑上，配合物 **18** 的结构可以简化为具有 2 种 4 连接节点（Co1 和 Co2 原子）的双连接节点的结构，并且整体结构可以简化为（4,4)-连接的（$4^4 \cdot 6^2$）拓扑结构（如图 3-36b 所示）。最后，通过水分子与羧基氧 O-H⋯O 氢键（O⋯O 键长范围为 0.271～0.273nm）和水分子与吡唑氮原子之间的 O-H⋯N（O⋯N 键长为 0.311nm）氢键将相邻层连接成三维超分子结构。

3.2.2.5　[$Co(L^4)(4,4'\text{-bipy})_{0.5}(H_2O)$]·$1.5H_2O$(**19**) 的结构

单晶 X 射线衍射分析显示在配合物 **19** 中仅存在 1 个结晶学上独立的 Co(Ⅱ)离子，如图 3-37 所示。Co(Ⅱ)离子由来自 2 个 L^{4-}配体的 3 个羧基氧原子，来自 1 个 4,4′-联吡啶分子的 1 个氮原子和 1 个水氧原子 5 配位。

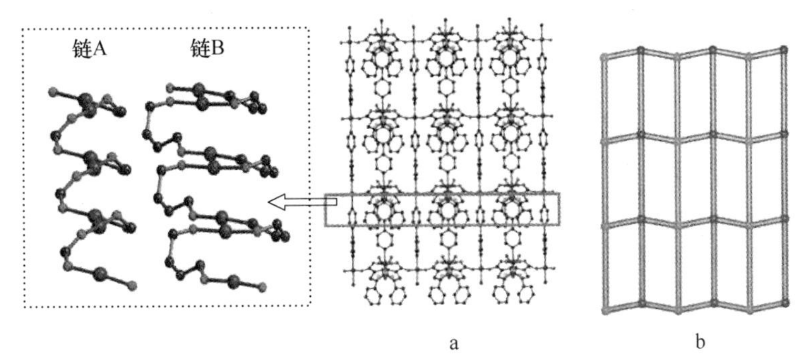

图 3-36 (a) 配合物 **18** 中, 沿 b 轴方向, 含两种类型的螺旋链 (A 和 B) 的二维层结构的视图 (为清楚起见, 省略了配位的水分子); (b) 具有 ($4^4 \cdot 6^2$) 拓扑结构的 (4,4) 连接的网络结构示意图

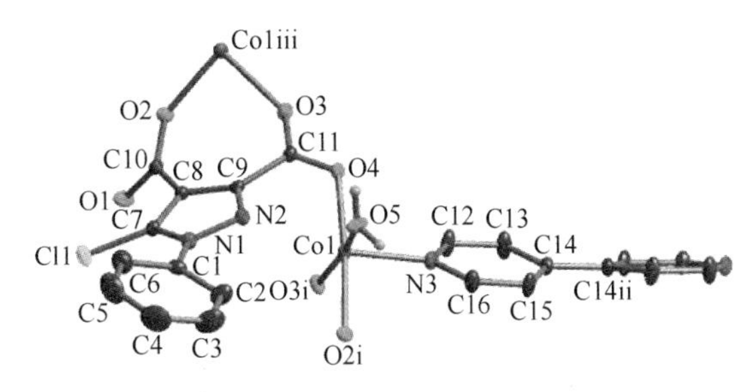

图 3-37 在配合物 **19** 中 Co(Ⅱ)离子的配位环境图, 30%热椭球体 (为清晰起见, 省略了所有氢原子)

与配合物 **18** 相似, H_2L^4配体的 2 个羧基在配合物 **19** 中均去质子, 1 个羧基采用 μ_1-η^1: η^0桥联模式, 不同于配合物 **18**, 另 1 个采取 μ_2-η^1: η^1桥连模式以反-反构型连接相邻的 Co(Ⅱ)离子, 如图 3-27c 所示, 产生锯齿形链结构 (链 A)。

L^{4-}配体的 2 个羧基连接 Co(Ⅱ)离子形成内消旋螺旋链 (链 B), 重复单元可描述为 $(\text{-Co1-O4-C11-C9-C8-C10-O2-Co1-O4-C11-C9-C8-C10-O2-})_n$ (如图 3-34a 所示), 沿 c 轴方向延伸的螺旋的螺距与其长度 (0.749nm) 相同。此外, 一维链相互连接以通过沿 b 轴的 4,4′-联吡啶分子产生一个层结构 (如图 3-38a 所示)。此外, 具有抗反构象的 μ_2-η^1: η^1桥联模式的羧基和 4,4′-联吡啶连接 Co(Ⅱ)离子, 形成左右手双链螺旋链 (如图 3-38b 所示), 沿 a 轴方向运行的螺旋螺距是 a 轴长度的 2 倍。据我们所知, 在一种化合物中观察到的内螺旋和双螺旋链很少被报道。

配合物 **19** 的另一个有趣特征是两个相同的层以平行模式相互穿透, 通过水分子和羧基氧原子之间的 O-H⋯O 氢键形成 2 倍互穿的二维网络 (O⋯O 距离范围为0.272~0.306nm)。通过应用拓扑方法可以更好地了解2倍互穿二维网络，每个Co(Ⅱ)离子连接2个L^4配体和1个4,4′-联吡啶分子，可以看作是3连接节点，整体结构可以简化为3连接的2重互穿网络（6^3）拓扑结构（如图3-38c所示）。

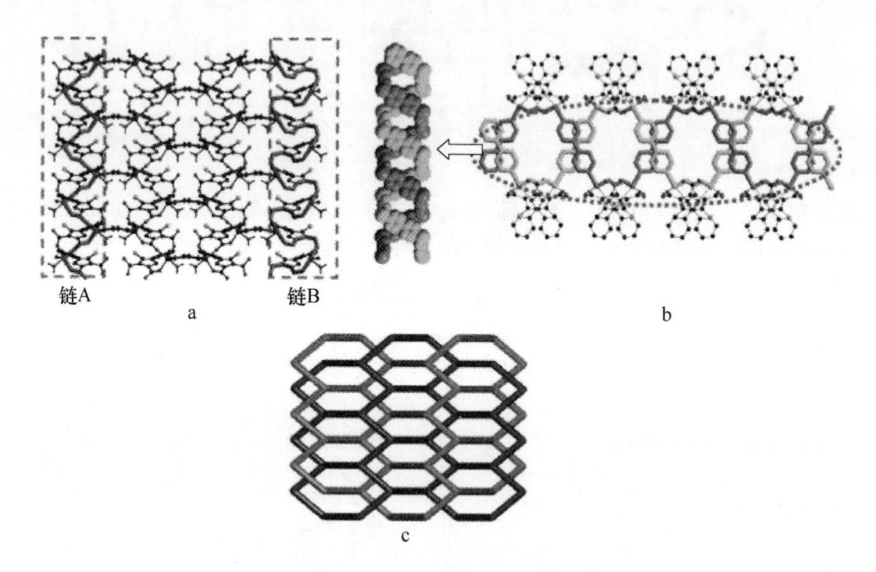

图3-38 （a）具有锯齿形（链A）和沿b轴方向的中螺旋（链B）链的配合物**19**中的二维层结构的视图；（b）沿c轴方向具有双链螺旋的配合物**19**中的二维层结构的视图；（c）具有（6^3）拓扑结构的3连接双重互穿网的示意图

3.2.2.6 [$Cu(HL^4)_2(H_2O)_2$](**20**) 的结构

单晶X射线衍射分析表明，配合物**20**的不对称单元由1个Cu(Ⅱ)离子，1个HL^4配体和1个配位水分子组成，如图3-39所示。Cu(Ⅱ)离子位于反转中心并与6个原子配位：来自2个HL^4配体的2个氧原子和2个氮原子，另外两个氧原子来自水分子，Jahn-Teller效应使Cu(Ⅱ)离子处在一个拉长了的八面体环境中。在配合物**20**中，HL^4配体显示N,O-螯合配位模式，每个HL^4配体仅连接1个Cu(Ⅱ)离子(如图3-27a所示)，HL配体的苯基和吡唑环的扭曲角度为41.9°。

在配合物**20**中，$Cu(HL^4)_2(H_2O)$单核单元通过配位水分子和未配位的羧基之间的O2-H2W⋯O5氢键连接，形成左手和右手螺旋链，手性不同的螺旋链在Cu原子处结合（如图3-40a所示），沿a轴方向运行的螺旋的螺距与晶胞a轴长度0.879nm相同。此外，沿着b轴方向，螺旋链通过配位水分子和羧基氧原子之间的O5-H1W⋯O1氢键相互连接起来形成一个层结构。此外，面对面的π-π堆积存在于两个相邻层的平行苯环平面之间，中心距离约为0.374nm，这将二维

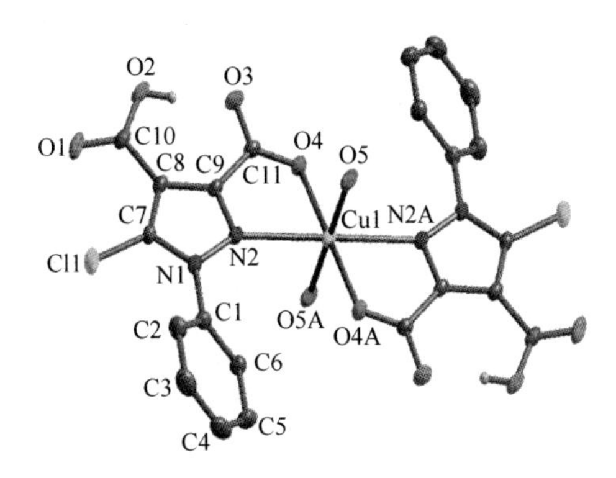

图 3-39 在配合物 **20** 中 Cu(Ⅱ)离子的配位环境图，30%热椭球体（为清晰起见，省略了所有氢原子）

层进一步连接为三维超分子结构，如图 3-40b 所示。

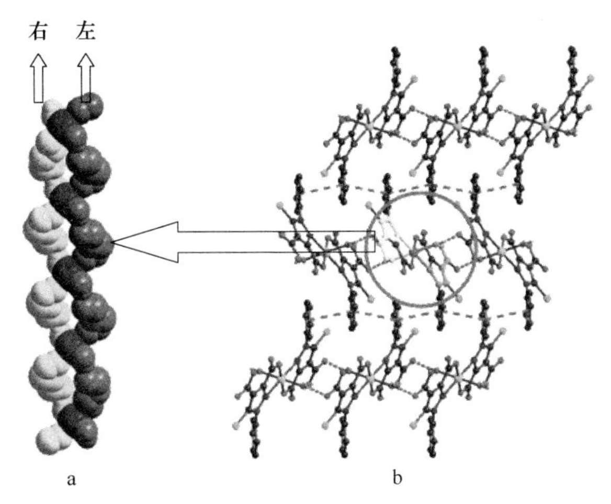

图 3-40 （a）沿 *b* 轴方向，配合物 **20** 的左手和右手螺旋链的视图；（b）沿 *a* 轴方向，配合物 **20** 的三维超分子结构

3.2.2.7 [Cu(HL^4)$_2$(phen)](**21**) 的结构

如图 3-41 所示，配合物 **21** 中的 Cu(Ⅱ)离子与来自 2 个 HL^{4}配体的 2 个氧原子和 2 个氮原子，另外 2 个氮原子来自 1 个邻菲罗啉分子配位。由于 Jahn-Teller 效应，Cu(Ⅱ)离子处于一个变形的拉长的八面体构型中。在配合物 **21** 中，HL^{4}和邻菲罗啉配体分别显示 N,O-螯合和 N,N-螯合配位模式。配合物 **21** 中的 [Cu(HL^4)$_2$(phen)] 单核单元通过邻菲罗啉的 C-H 基团和羧基氧原子之间的 C-H…O 氢键连接，产生左旋和右旋螺旋链（如图 3-42a 所示），沿 *a* 轴方向运行的螺旋链的螺距与晶胞 *a* 轴长度（0.996nm）相同。如图 3-42b 所示，沿着 *a* 轴方向，螺

旋链进一步通过 HL^4 苯环的 C-H 基团和吡唑环之间的 C-H…π 相互作用连接起来形成三维超分子结构（H…π 键长为 0.300nm 和 C-H…π 角度为 125.88°）。

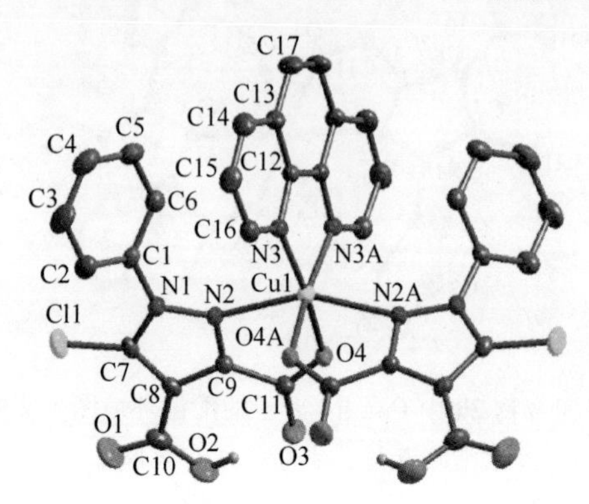

图 3-41　在配合物 **21** 中 Cu(Ⅱ)离子的配位环境图，30%热椭球体（为清晰起见，省略了所有氢原子）

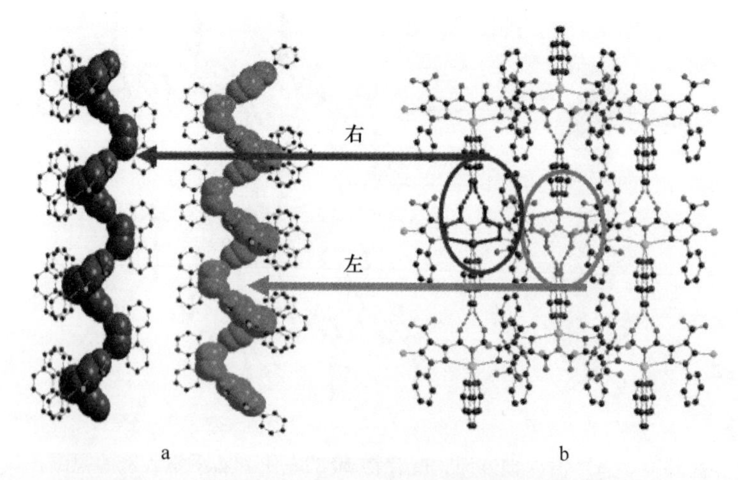

图 3-42　(a) 配合物 **21** 的左手和右手螺旋链的视图；(b) 沿 *a* 轴方向配合物 **21** 的三维超分子结构

3.2.2.8　$[Cu(HL^4)_2(H_2O)]_2(4,4'\text{-bipy})$ (**22**) 的结构

如图 3-43 所示，由于 Jahn-Teller 效应，配合物 **22** 中的 Cu(Ⅱ)离子也处在一个拉长的八面体构型中。并且 Cu(Ⅱ)离子也是 6 个配位，2 个 HL^4 配体的 2 个氧原子和 2 个氮原子，另一个氧原子来自一个水和另一个氮原子来自 1 个 4,4′-联吡啶分子。在配合物 **22** 中，HL^4 配体的配位模式与配合物 **20** 中的配位模式相同，4,4′-联吡啶分子采用桥接配位模式将 Cu(Ⅱ)离子连接成双核单元，Cu…Cu 距离为 1.104nm。在配合物 **22** 中，$Cu(HL^4)_2(4,4'\text{-bipy})(H_2O)$ 单元通过配位水分子

和未配位的羧基之间的 O9-H1W…O8 氢键连接，产生左手和右手螺旋链（如图 3-44a 所示），沿 *b* 轴方向运行的螺旋的螺距与晶胞 *b* 轴长度（1.685nm）相同。此外，螺旋链通过苯环的 C-H 基团和配位水分子之间的 C3-H3A…O9 氢键，进一步扩展到二维结构，通过配位水分子和羧基氧原子之间的 O-H…O 氢键进一步形成了三维超分子结构，如图 3-44b 所示。

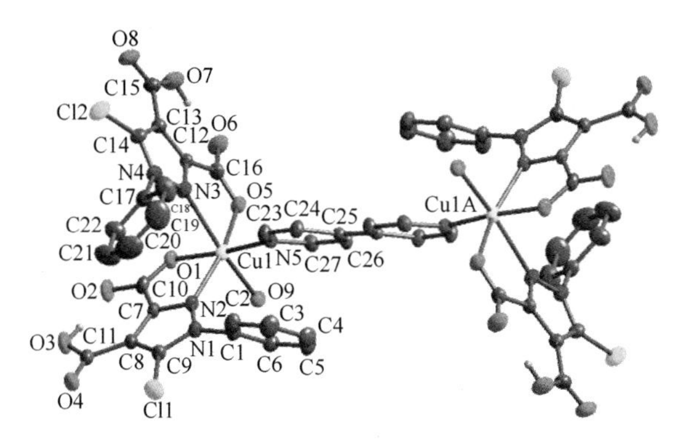

图 3-43　在配合物 **22** 中 Cu(Ⅱ)离子的配位环境图，30%热椭球体（为清晰起见，省略了所有氢原子）

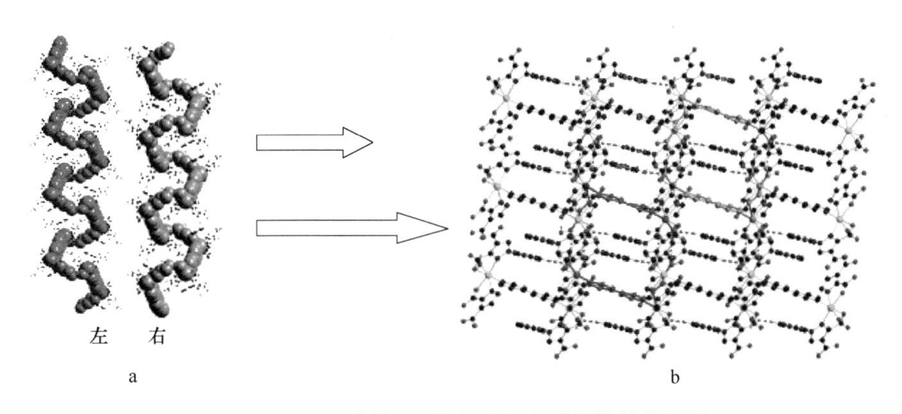

图 3-44　(a) 配合物 **22** 的左手和右手螺旋链的视图；(b) 沿 *b* 轴方向配合物 **22** 的三维超分子结构

3.2.2.9　$[Zn(HL^4)_2(H_2O)_2]\cdot(4,4'\text{-bipy})$(**23**) 的结构

在配合物 **23** 的不对称单元中，存在 1 个结晶学独立的 Zn(Ⅱ)离子，2 个 HL^4配体和 2 个配位水分子以及 1 个游离的 4,4′-联吡啶分子。Zn(Ⅱ)离子位于反转中心，与 6 个原子配位：来自 2 个 HL^4配体的 2 个羧基氧原子和 2 个氮原子，以及来自 2 个水分子的 2 个氧原子，如图 3-45 所示。在配合物 **23** 中，HL^4配体采用与配合物 **20**~**22** 中相同的配位模式；每个 HL^4配体连接 1 个 Zn(Ⅱ)离子。

在配合物 **23** 中，存在丰富的氢键：（1）在配位水分子和羧基氧原子之间的 O-H…O 氢键；（2）配位水分子与 4,4′-联吡啶的氮原子之间的 O-H…N 氢键；（3）4,4′-联吡啶和羧基氧原子的 C-H 基团之间的 C-H…O 氢键（见表 3-8）。值得注意的是，$[Zn(HL^4)_2(H_2O)_2]\cdot$(4,4′-bipy) 单元通过 O-H…O，O-H…N 和 C-H…O 氢键形成具有 2 个左旋和 2 个右旋螺旋的四股螺旋链（如图 3-46a 所示）。左手和右手螺旋链通过 C3 原子连接，沿 *a* 轴方向运行的螺旋链的螺距是晶胞 *a* 轴长度的 2 倍（1.567nm）。此外，四股螺旋链通过 O-H…O 氢键进一步连接形成三维超分子结构，如图 3-46b 所示。众所周知，到目前为止，关于单股和双股螺旋链的报道并不罕见，然而三股、四股以及圆形和圆柱形螺旋结构相当罕见，配合物 **23** 是四股螺旋链结构的新例子。

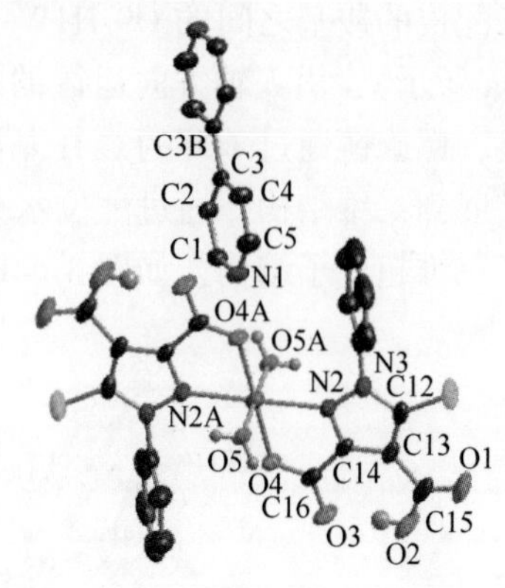

图 3-45　在配合物 **23** 中 Zn(Ⅱ)离子的配位环境图，30%热椭球体（为清晰起见，省略了所有氢原子）

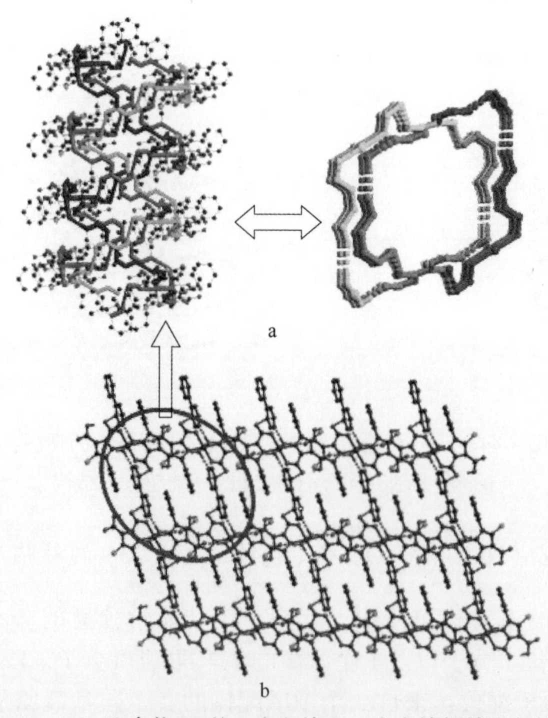

图 3-46　(a) 配合物 **23** 的 2 个左旋和 2 个右旋螺旋链的视图；(b) 沿 *a* 轴方向配合物 **23** 的三维超分子结构

3.2.2.10 [Ag(HL[4])(4,4′-bipy)]$_n$(**24**)的结构

如图3-47所示，配合物**24**中的Ag(Ⅰ)离子与来自1个HL[4]配体的1个氧原子和来自2个4,4′-联吡啶分子的2个氮原子配位。与配合物**20～23**不同，配合物24中的HL[4]充当单齿配体（如图3-27d所示），4,4′-联吡啶分子充当双（单齿）桥联配体，将Ag(Ⅰ)离子连接成一维链结构。此外，如图3-48a所示，1D链进一步通过4,4′-联吡啶的C-H基团和羧基氧原子之间的C-H…O氢键连接成二维层，如图3-48a所示。对于相邻层，螺旋链的手性是相反的。此外，在配合物**24**中，4,4′-联吡啶的C-H基团与相邻层的HL[4]配体的苯环之间存在C-H…π相互作用（H…π键长为0.283nm，C-H…π角为137°），相邻层的吡啶环平面之间的π…π相互作用，最近的中心距离为0.373nm，沿着a轴方向将层连接成三维超分子结构（如图3-48b所示）。

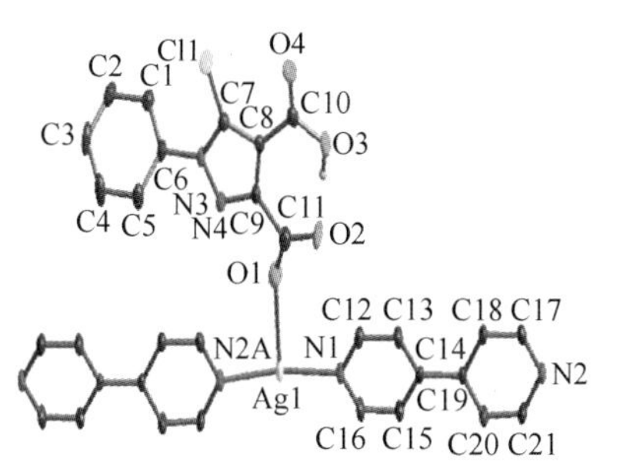

图3-47 在配合物**24**中Ag(Ⅰ)离子的配位环境图，30%热椭球体
（为清晰起见，省略了所有氢原子）

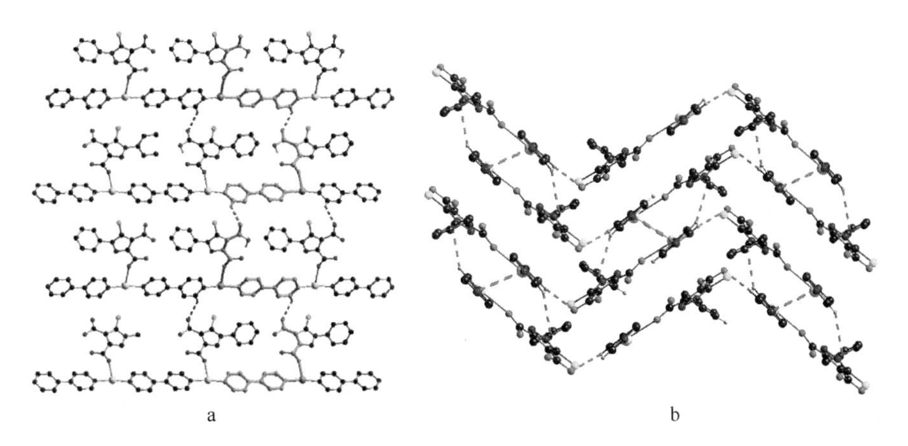

图3-48 (a)配合物**24**沿c轴方向具有左手螺旋链的二维层结构的视图；
(b) 沿a轴方向配合物**24**的三维超分子结构

3.2.2.11　结构比较

众所周知，氮杂环多羧基配体是构建具有特定结构和拓扑结构的配位聚合物的理想选择，因为它们具有不同的配位模式。

在配合物**18**和配合物**19**的合成中，NaOH的量是配合物**14~17**的2倍。在配合物**14~17**中，H_2L^4配体部分去质子并采用单齿模式，1个H_2L^4配体连接1个Co^{2+}离子；而在配合物**18**和配合物**19**中，H_2L^4配体完全去质子并显示μ_3-桥联模式，一个H_2L^4配体连接2个Co^{2+}离子。配合物**18**和配合物**19**中H_2L^4配体的羧基完全去质子，这通过红外光谱数据证实，因为没有观察到1760~1680cm^{-1}范围内的羧基峰，以及与结晶学分析结果吻合。此外，2,2′-联吡啶和邻菲罗啉均在配合物**15**和配合物**16**中充当螯合终端配体，并且4,4′-联吡啶分子在配合物**17**中与Co(Ⅱ)离子不配位，因此，配合物**14~17**表现出单核单元结构。然而，4,4′-联吡啶在配合物**18**和配合物**19**中起到桥接配体的作用，且配合物**18**和配合物**19**显示出二维结构。

与配合物**17**的合成条件相比，配合物**18**和配合物**19**的pH值高于配合物**17**的pH值，配合物**18**和配合物**19**的反应温度低于配合物**17**的反应温度，表明较低的温度和较高的pH值可能有助于4,4′-联吡啶与金属离子的配位。

在配位键和氢键相互作用的帮助下，配合物**15**和配合物**16**包含单股氢键螺旋链，而配合物**14**和配合物**17**分别含有双股和四股螺旋链。在配合物**14**和配合物**17**中，水分子与Co^{2+}离子配位，而在配合物**15**中邻菲罗啉与Co^{2+}离子配位和配合物**16**中2,2′-联吡啶分子与Co^{2+}离子配位，并且水分子与H_2L^4配体之间的氢键和水分子与4,4′-联吡啶之间丰富的氢键，有助于形成配合物**14**和配合物**17**的双股和四股螺旋链结构。

配合物**18**和配合物**19**具有相似的二维结构，而Co(Ⅱ)离子在配合物**18**中由顺-反羧基桥联模式产生螺旋链和在配合物**19**中由反-反羧基桥联模式产生锯齿形链。此外，L^4配体使用其2个羧基连接Co(Ⅱ)离子，产生配合物**18**的另一种单股螺旋链和配合物**19**的内消旋-螺旋链结构。可以解释的是，L^4配体的柔性羧基可以形成不同类型的桥连构型从而导致配合物**18**和配合物**19**的不同螺旋结构。

配合物**17**和配合物**19**显示有4,4′-联吡啶参与的四股和双股螺旋链，而配合物**18**在没有4,4′-联吡啶参与的情况下仅显示两种单股螺旋链，而配合物**15**和配合物**16**显示有2,2′-联吡啶和邻菲罗啉参与形成的单股螺旋链结构，其显示4,4′-联吡啶作为共配体有助于形成多股螺旋链结构。

配合物**20~24**中的H_2L^4配体表现出两种配位模式，在配合物**20~23**中呈现相同的N,O-螯合配位模式，而在配合物**24**中作为单齿配位模式。因此，在配合

物 **20~24** 中1个 HL^4 配体仅连接1个金属离子。虽然相同的配体与相同的金属离子（Cu^{2+}）配位，但配合物 **20~22** 的晶体结构是不同的。邻菲罗啉作为配合物 **21** 中的螯合终端配体，4,4′-联吡啶作为配合物 **22** 中的桥联配体，而在配合物 **20** 中，没有任何辅助配体。配合物 **20~21** 显示出单核结构，配合物 **22** 显示出双核结构。与配合物 **20** 和配合物 **22** 的合成条件相比，我们发现配合物 **22** 的合成路线与配合物 **20** 的合成路线相同，除了在配合物 **22** 中没有添加异烟酸，在配合物 **22** 中，4,4′-联吡啶配体在桥接配位模式下与 Cu^{2+} 配位，而在配合物 **20** 中，不存在4,4′-联吡啶分子，这表明较高的pH值可能有助于4,4′-联吡啶与金属离子的配位。

对于相同的配体，比较配合物 **22~24** 的结构，不同的金属离子半径和配位数导致不同的金属配位环境，从而产生不同的结构。配合物 **22~24** 中金属离子的配位数分别为6、6、3。Cu(Ⅱ)、Zn(Ⅱ)和Ag(Ⅰ)的离子半径几乎相同，但配位数依次减少。此外，发现Cu(Ⅱ)、Zn(Ⅱ)和Ag(Ⅰ)配合物的维数随着Cu(Ⅱ)、Zn(Ⅱ)和Ag(Ⅰ)配合物的配位数减少而增加。在配合物 **22~24** 中，每个 HL^4 配体仅连接1个金属离子；在配合物 **22** 和配合物 **24** 中，4,4′-联吡啶分子以桥联配位模式与 Cu^{2+} 配位，而在配合物 **23** 中与 Zn^{2+} 保持不配位，分别产生配合物 **22~24** 的双核，单体和一维链结构。配合物 **20**、配合物 **21**、配合物 **22**、配合物 **24** 包含单股螺旋链，而配合物 **23** 中，尽管4,4′-联吡啶与 Zn^{2+} 不配位，借助于4,4′-联吡啶与水分子或羧基氧原子之间丰富的氢键，形成来了一种四股螺旋。总之，配合物 **20~24** 在配位键和弱分子相互作用下均呈现螺旋结构。此外，在配合物 **20**、配合物 **22** 和配合物 **24** 中存在丰富的C-H…π相互作用和π-π堆积相互作用，并且在形成配合物 **20**、配合物 **22** 和配合物 **24** 的三维超分子结构中起重要作用。

3.2.2.12 热重分析

对配合物 **14~19** 进行热重分析（TGA）以检查它们的热稳定性。配合物 **14** 的TGA数据表明，从110~195℃，重量损失为7.1%，相当于1个游离水分子和3个配位水分子的损失（计算值为7.5%）。进一步加热后，残留物在235℃开始分解。配合物 **15** 和配合物 **16** 中没有水分子，它们分别稳定到256℃和245℃，然后开始分解，连续的失重一直到800℃以上。对于配合物 **17**，在108~185℃的温度范围内观察到4.3%的重量损失，这对应于2个配位水分子的失去（计算值为4.6%），并且在185℃观察到进一步的重量损失。TGA数据显示，从83~176℃，重量损失为7.3%，相当于1个游离水和1个配位水分子的损失（计算值为7.0%），残留物的分解在246℃左右。配合物 **19** 在78~195℃的温度范围内表现出重量损失，总损失为10.5%，这相当于1个半自由水分子和1个配位水分子（计算值为10.1%）的失去，残留物的稳定性高达233℃。

在配合物**15**和配合物**16**中没有水分子，并且它们开始在245℃以上失重，它表明配合物**15**和配合物**16**的热稳定性远高于具有未配位和配位水分子的配合物**14**、配合物**17**、配合物**18**和配合物**19**的热稳定性。

3.2.2.13　抗菌活性结果

已经针对所选择的微生物进行了H_2L^4配体、4,4′-联吡啶、邻菲罗啉配体和配合物**14~24**的抗菌活性研究。如表3-9所示，主要配体、辅助配体和配合物23显示出对革兰氏阳性菌——金黄色葡萄球菌，白色念珠菌和枯草芽孢杆菌，以及革兰氏阴性菌：大肠杆菌和铜绿假单胞菌的最低抑菌浓度在6.25μg/mL和100μg/mL之间。配合物**14~24**的最低抑菌浓度远低于H_2L^4配体的，表明金属配合物的抗菌活性比相应的游离配体对抗测试细菌的抗菌活性要好得多。这意味着螯合可以提高配合物穿过细胞膜的能力，并且可以通过Tweedy的螯合理论来解释。螯合显著降低了金属离子的极性，因为其正电荷与供体基团共享。这种螯合作用可以增强金属原子的亲脂性，随后有利于其通过细胞膜的脂质层渗透。对于不同的金属配合物，锌配合物对测试的细菌的抑制作用比铜和银配合物弱。对于具有相同金属离子和相同主要配体的二元和三元配合物，二元配合物（**20**）显示出比三元配合物（**21**和**22**）更弱的抑制作用。

表3-9　配体和配合物针对测试细菌的最小抑菌浓度（MIC）值（μg/mL）

化合物	金黄色葡萄球菌	白色念珠菌	枯草芽孢杆菌	大肠杆菌	铜绿假单胞菌
H_2L^4	50	100	100	100	50
2,2′-联吡啶	100	50	100	100	50
4,4′-联吡啶	50	50	50	100	50
邻菲罗啉	100	100	100	50	50
14	12.5	12.5	12.5	12.5	6.25
15	12.5	12.5	12.5	12.5	12.5
16	6.25	12.5	12.5	12.5	12.5
17	12.5	12.5	6.25	6.25	6.25
18	6.25	12.5	12.5	12.5	12.5
19	12.5	12.5	12.5	12.5	12.5
20	25	50	25	50	25
21	12.5	25	12.5	25	25
22	12.5	6.25	12.5	25	6.25
23	50	100	50	100	50
24	25	25	12.5	25	25

3.2.3 结论

总之，在水热条件下成功合成和表征出 11 种新的配合物。配合物 **14~17** 显示三维超分子结构，其分别包含通过氢键相互作用构建的双股、单股、单股和四股螺旋链。然而，配合物 **18** 和配合物 **19** 显示三维和两倍互穿的二维超分子网络，其分别包含通过配位键构建的两种单股螺旋链和双股以及内消旋螺旋链。配合物 **20**、配合物 **21**、配合物 **22**、配合物 **24** 包含单螺旋链，而配合物 **23** 产生四股螺旋链，并且全部通过丰富氢键进一步连接成三维超分子结构。抗菌实验显示大多数配合物的抑制作用强于相应的游离配体。结果表明，N–供体作为共配体，氢键，金属离子的半径和羧基的桥联模式及其构象对配合物 **14 ~24** 不同的螺旋结构具有显著影响。

3.3 两种苯取代吡唑羧酸构筑的螺旋配位聚合物[52,53]

配合物的结构取决于几个因素的组合，包括金属离子、有机配体、pH 值和反应温度等[54~56]，其中配体是最重要的影响，因此，合理选择配体是获得螺旋结构的关键因素。具有不同配位模式的羧酸官能团已被广泛用于构建多种螺旋配合物，特别是吡唑羧酸配体由于一些有趣的特征而备受关注：它们具有多个 O-和 N-配位点以及氢键受体和氢键供体，用于组装各种高维 $3d$、$4f$ 或 $3d$-$4f$ 超分子网络；O-和 N-配位位点之间的适当角度将提供形成螺旋和/或微孔结构的可能性。众所周知，一个苯基被引入吡唑羧酸，这扩大了配体的大小，增加了 π-π 和 C-H…π 相互作用的可能性[57,58]，并可能由于几何约束而诱导吡唑羧酸不同的配位模式和构象，使配合物的结构多样化。此外，吡唑环上羧基的位置不同可能导致不同的超分子结构。在本书中，我们合成了两种在吡唑环上羧基位置不同的苯基取代的吡唑羧酸：3-甲基-1-苯基-1H-吡唑-5-羧酸（HL^5）和 5-氯-3-甲基-1-苯基-1H-吡唑-4-羧酸（HL^6）。另一方面，金属离子由于其不同的半径和配位几何结构的不同，以及由于其尺寸和配位模式的不同而产生辅助配体，通常对配合物的形成和结构具有显著影响[59~61]。特别是，4,4′-联吡啶作为线性桥联辅助配体在配位聚合物的发展中起着至关重要的作用[62,63]。在这里，我们报告 7 种以两种苯基取代的吡唑羧酸及 4,4′-联吡啶构筑的过渡金属配合物：$[Co(L^5)_2(4,4'\text{-bipy})(H_2O)_2]_n$(**25**)、$[Ni(L^5)_2(4,4'\text{-bipy})(H_2O)_2]_n$(**26**)、$[Cu(L^5)_2(4,4'\text{-bipy})(H_2O)_2]_n$(**27**)、$[Co(L^6)_2(4,4'\text{-bipy})(H_2O)]_n$(**28**)、$[Ni(L^6)_2(4,4'\text{-bipy})(H_2O)]_n$(**29**)、$[Cu(L^6)_2(4,4'\text{-bipy})]_n$(**30**)和$[Cu(L^6)_2(H_2O)]$(**31**)。

3.3.1 实验材料

实验材料和设备同 3.1.1 节。

3.3.1.1　配体的合成与表征

根据文献[26,27]制备了 HL^5和 HL^6配体，具体合成路线如图 3-49 所示。

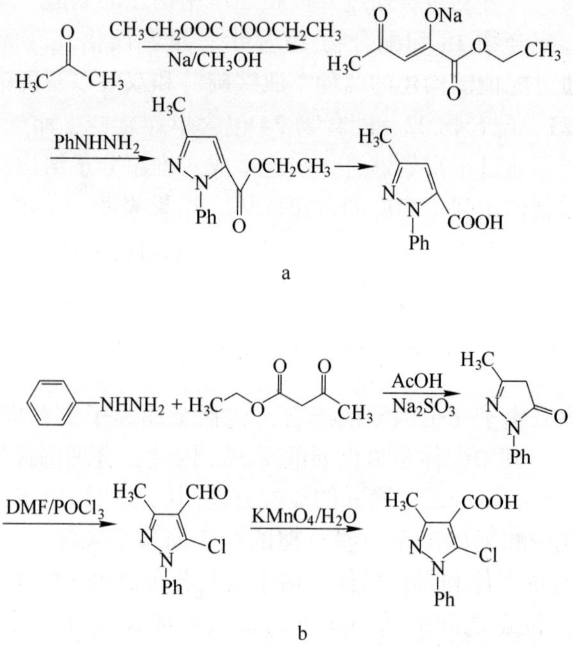

a

b

图 3-49　(a) HL^5和 (b) HL^6配体的合成路径

(1) HL^5配体：产率约为 77.8%（176～179℃）。^1H NMR（DMSO-d_6，400 MHz）δ：3.39（s，3H），6.55（m，1H），7.45～7.53（m，5H），12.44（s，1H）。$C_{11}H_{10}N_2O_2$ 元素分析（%）：计算值：C 65.35，H 4.95，N 13.86；实测值：C 65.10，H 4.87，N 13.98。红外数据（KBr 压片，v/cm^{-1}）：3267（m），2987（m），1802（m），1666（s），1578（m），1522（s），1480（s），1331（m），1281（m）。

(2) HL^6配体：产率约为 82.1%（248～250℃）。^1H NMR（DMSO-d_6，400 MHz）δ：3.32（s，3H）；7.40～7.74（m，5H）；12.87（s，1H）。$C_{11}H_9ClN_2O_2$ 元素分析（%）：计算值：C 55.83，H 3.83，N 11.84；实测值：C 55.50，H 3.74，N 12.04。红外数据（KBr 压片，v/cm^{-1}）：3077（m），2984（m），1706（s），1541（s），1509（s），1491（m），1395（m），1292（m），1126（s），1000（s）。

3.3.1.2　$[Co(L^5)_2(4,4'\text{-bipy})(H_2O)_2]_n$(**25**)的合成

$CoCl_2 \cdot 6H_2O$（0.0238g，0.1mmol）、HL^5（0.0202g，0.1mmol）、4,4′-联吡啶（0.0156g，0.1mmol）、NaOH（0.45mL，0.65mol/L）和蒸馏水（10mL）的混合溶液将其密封在未玷污的试管（20mL）中，并在80℃下加热5h，得到红色块状晶体。产率为28.5%。$C_{32}H_{30}CoN_6O_6$元素分析（%）：计算值：C 58.81，H 4.63，N 12.86；实测值：C 59.03，H 4.23，N 12.98。红外数据（KBr压片，v/cm^{-1}）：3156（s），1609（vs），1500（m），1403（s），1357（s），1216（w），1073（w），1027（w），840（m），787（m），766（m），696（m）。

3.3.1.3　$[Ni(L^5)_2(4,4'\text{-bipy})(H_2O)_2]_n$(**26**)的合成

除了使用$Ni(NO_3)_2 \cdot 6H_2O$代替$CoCl_2 \cdot 6H_2O$之外，配合物**26**的合成与配合物**25**的合成相同，得到紫色红色块状晶体。产率为55.5%。$C_{32}H_{30}N_6NiO_6$元素分析（%）：计算值：C 58.83，H 4.63，N 12.86；实测值：C 58.94，H 4.43，N 13.12。红外数据（KBr压片，v/cm^{-1}）：3114（s），1604（vs），1502（m），1451（m），1401（s），1352（s），1212（w），1118（w），1071（w），1032（w），838（m），797（m），769（m），696（m）。

3.3.1.4　$[Cu(L^5)_2(4,4'\text{-bipy})(H_2O)_2]_n$(**27**)的合成

配合物**27**的合成类似于配合物**25**的合成，除了使用$CuCl_2 \cdot 5H_2O$代替$CoCl_2 \cdot 6H_2O$，并且反应温度为90℃，得到蓝色块状晶体。产率为34.5%。$C_{32}H_{30}CuN_6O_6$元素分析（%）：计算值：C 58.40，H 4.60，N 12.77；实测值：C 57.93，H 4.83，N 12.58。红外数据（KBr压片，v/cm^{-1}）：3442（s），3120（s），1614（vs），1501（m），1400（vs），1339（s），1221（w），1074（w），1022（w），986（w），817（m），764（m），694（m）。

3.3.1.5　$[Co(L^6)_2(4,4'\text{-bipy})(H_2O)]_n$(**28**)的合成

$CoCl_2 \cdot 6H_2O$（0.0238g，0.1mmol）、HL^6（0.0473g，0.2mmol）、4,4′-联吡啶（0.0156g，0.1mmol）、NaOH（0.3mL，0.65mol/L）和蒸馏水（10mL）的混合溶液置于25mL聚四氟乙烯内衬的不锈钢反应釜中，在90℃下加热72h。然后冷却至室温，过滤，滤液在室温下缓慢蒸发，得到红色块状晶体。产率为35.5%。$C_{32}H_{26}Cl_2CoN_6O_5$元素分析（%）：计算值：C 54.56，H 3.69，N 11.93；实测值：C 54.85，H 3.36，N 12.35。红外数据（KBr压片，v/cm^{-1}）：3357（w），3118（w），1603（m），1528（s），1469（m），1383（s），1222（m），

1141（m），1006（m），809（m），764（m）。

3.3.1.6　$[Ni(L^6)_2(4,4'\text{-bipy})(H_2O)]_n$(**29**)的合成

除了使用0.1mmol $NiCl_2 \cdot 6H_2O$ 代替 0.1mmol $CoCl_2 \cdot 6H_2O$ 并且温度升高至120℃之外，配合物**29**的合成与配合物**28**的合成相同，得到绿色块状晶体。产率为 31.5%。$C_{32}H_{26}Cl_2NiN_6O_5$ 元素分析（%）：计算值：C 54.58，H 3.69，N 11.96；实测值：C 54.92，H 3.32，N 12.25。红外数据（KBr 压片，v/cm^{-1}）：3371（w），3129（w），1601（m），1536（s），1468（m），1386（s），1231（m），1141（m），1006（m），764（m）。

3.3.1.7　$[Cu(L^6)_2(4,4'\text{-bipy})]_n$(**30**)的合成

除了使用 $CuSO_4 \cdot 5H_2O$（0.1mmol，0.027g）代替 0.1mmol $NiCl_2 \cdot 6H_2O$ 之外，配合物**30**的合成与配合物**29**的合成相同，得到蓝色柱状晶体。产率为37.5%。$C_{32}H_{24}Cl_2CuN_6O_4$ 元素分析（%）：计算值：C 55.62，H 3.47，N 12.16；实测值：C 55.95，H 3.25，N 12.42。红外数据（KBr 压片，v/cm^{-1}）：3434（m），2926（w），1610（vs），1523（m），1470（s），1376（s），1348（m），1218（m），1134（m），1004（w），771（m）。

3.3.1.8　$[Cu(L^6)_2(H_2O)]$(**31**)的合成

$CuSO_4 \cdot 5H_2O$(0.1mmol，0.027g)、HL^6（0.2mmol，0.0473g）、NaOH（0.2mmol，0.65mol/L）和蒸馏水（10mL）混合溶液置于25mL聚四氟乙烯内衬的不锈钢反应釜中，在90℃下加热72h，然后冷却至室温，过滤，滤液在室温下缓慢蒸发，得到蓝色块状晶体。产率为37.5%。$C_{22}H_{18}Cl_2CuN_4O_5$元素分析（%）：计算值：C 47.79，H 3.26，N 10.14；实测值：C 48.05，H 3.12，N 10.54。红外数据（KBr 压片，v/cm^{-1}）：3465（m，-OH），3130（m），2995（w），1585（s，-C = O），1530（m），1477（s），1388（vs），1243（w），1141（m），1072（w），1003（w），772（m），695（m）。

3.3.1.9　X射线单晶衍射的研究

X射线单晶衍射测试及解析见3.1.1.15节。配合物**25~31**的晶体结构数据和相关实验参数见表3-10，键长见表3-11，氢键数据见表3-12。配位模式如图3-50所示。

3.3.1.10　抗菌测试

抗菌测试内容同3.2.1.14节。

表 3-10 配合物 25~31 的晶体学数据

配合物	**25**	**26**	**27**	**28**	**29**	**30**	**31**
分子式	$C_{32}H_{30}CoN_6O_6$	$C_{32}H_{30}N_6NiO_6$	$C_{32}H_{30}CuN_6O_6$	$C_{32}H_{26}Cl_2CoN_6O_5$	$C_{32}H_{26}Cl_2NiN_6O_5$	$C_{32}H_{24}Cl_2CuN_6O_4$	$C_{22}H_{18}Cl_2CuN_4O_5$
分子量	653. 55	653. 33	658. 16	704. 42	704. 20	691. 01	552. 84
T/K	296（2）	273（2）	296（2）	296（2）	296（2）	296（2）	
晶系	Monoclinic	Monoclinic	Monoclinic	Triclinic	Triclinic	Orthorhombic	Monoclinic
空间群	C2/c	C2/c	C2/c	$P\bar{1}$	$P\bar{1}$	Fdd2	$P2_1/c$
a/nm	1. 7851（17）	1. 7824（17）	1. 8716（14）	0. 7863（4）	0. 7857（8）	2. 1415（11）	0. 7293（6）
b/nm	1. 1452（11）	1. 1296（11）	1. 1151（8）	1. 4799（8）	1. 4738（15）	2. 5177（13）	2. 4548（2）
c/nm	1. 6780（16）	1. 6653（16）	1. 5296（11）	1. 5581（8）	1. 5477（15）	1. 1123（6）	1. 3273（11）
α/(°)	90	90	90	61. 650（10）	61. 869（10）	90	
β/(°)	115. 132（10）	115. 129（13）	110. 939（10）	79. 297（10）	86. 275（10）	90	99. 404（10）
γ/(°)	90	90	90	74. 744（10）	75. 029（10）	90	
V/nm^3	3. 1054（5）	3. 0360（5）	2. 9814（4）	1. 5353（14）	1. 5235（3）	5. 9973（5）	2. 3442（3）
晶胞中分子数量 Z	4	4	4	2	2	8	4
晶体大于/mm	0. 37×0. 35×0. 21	0. 43×0. 27×0. 10	0. 48×0. 35×0. 12	0. 47×0. 44×0. 18	0. 21×0. 17×0. 15	0. 22×0. 11×0. 09	

续表 3-10

配合物	**25**	**26**	**27**	**28**	**29**	**30**	**31**
Dc/mg·m^{-3}	1. 398	1. 430	1. 466	1. 524	1. 535	1. 531	1. 566
线性吸收系数μ/mm^{-1}	0. 607	0. 694	0. 789	0. 786	0. 865	0. 956	1. 201
单胞中 F（000）	1356	1360	1364	722	724	2824	1124
θ 电子的数目/(°)	2. 52~25. 50	2. 70~25. 50	2. 35~25. 49	2. 67~25. 50	2. 65~25. 50	2. 22~27. 50	
拟合优度 S 值	1078	1020	1048	1027	986	1031	1050
收集的所有衍射数目	11250	11443	11204	11892	11992	13236	
精修的衍射数目	2889	2830	2772	5689	5650	3429	
等价衍射点在衍射强度上的差异值	0. 0188	0. 0174	0. 0170	0. 0136	0. 0158	0. 0232	
可观测衍射点的 R_1，wR_2 [$I>2\sigma(I)$]	0. 0309，0. 0846	0. 0268，0. 0709	0. 0267，0. 0709	0. 0319，0. 0803	0. 0334，0. 0685	0. 0229，0. 0575	0. 0376，0. 1000
全部衍射点的 R_1，wR_2	0. 0353，0. 0902	0. 0310，0. 0745	0. 0295，0. 0729	0. 0368，0. 0847	0. 0422，0. 0727	0. 0257，0. 0587	
最大衍射峰和谷/e·nm^{-3}	414，-599	270，-192	268，-295	467，-585	438，-498	239，-188	

表 3-11 配合物 25~31 的键长（nm）数据

25			
Co(1)-O(3)	0.2083(13)	Co(1)-O(3)#1	0.2083(13)
Co(1)-O(2)	0.2092(12)	Co(1)-O(2)#1	0.2092(12)
Co(1)-N(3)	0.2170(2)	Co(1)-N(4)#2	0.2200(2)
26			
Ni(1)-O(3)	0.2049(2)	Ni(1)-O(3)#1	0.2049(2)
Ni(1)-O(2)	0.2052(2)	Ni(1)-O(2)#1	0.2052(2)
Ni(1)-N(3)	0.2133(3)	Ni(1)-N(4)#2	0.2107(3)
27			
Cu(1)-O(2)#1	0.1955(12)	Cu(1)-O(3)	0.2418(14)
Cu(1)-O(2)	0.1955(12)	Cu(1)-O(3)#1	0.2418(14)
Cu(1)-N(3)	0.2035(18)	Cu(1)-N(4)#2	0.2049(18)
28			
Co(1)-O(1)	0.2079(14)	Co(1)-O(5)	0.2103(16)
Co(1)-O(3)	0.2187(15)	Co(1)-N(5)	0.2163(16)
Co(1)-O(4)	0.2128(15)	Co(1)-N(6)	0.2155(17)
29			
Ni(1)-O(1)	0.2065(15)	Ni(1)-O(5)	0.2069(17)
Ni(1)-O(3)	0.2116(16)	Ni(1)-N(5)	0.2114(19)
Ni(1)-O(4)	0.2125(15)	Ni(1)-N(6)	0.2092(18)
30			
Cu(1)-O(1)	0.2769(15)	Cu(1)-O(1)#3	0.2769(15)
Cu(1)-O(2)	0.1925(11)	Cu(1)-O(2)#3	0.1925(11)
Cu(1)-N(3)	0.2018(2)	Cu(1)-N(4)#4	0.2029(2)
31			
Cu(1)-O(1)	0.1984(2)	Cu(1)-O(2)#1	0.1958(2)
Cu(1)-O(3)	0.1983(2)	Cu(1)-O(4)#1	0.1963(2)
Cu(1)-O(5)	0.2174(2)		

注:对称操作:#1 $-x+2,y,-z+1/2$;#2 $x,y+1,z$;#3 $-x,-y,z$;#4 $x,y,-1+z$;#5 $-x+1,-y+1,-z+1$。

表 3-12 配合物 25~31 的氢键和键角(nm 和°)数据

D-H…A	d(D-H)	d(H…A)	d(D…A)	<(DHA)
25				
O(3)-H(1W)…O(1)	0.082	0.201	0.2750(19)	149
O(3)-H(2W)…N(2)#1	0.079	0.201	0.2794(2)	173
C(3)-H(3)…O(1)#2	0.093	0.259	0.3445(2)	154
C(7)-H(7)…O(2)#3	0.093	0.250	0.3416(3)	170
C(10)-H(10)…O(1)#4	0.093	0.250	0.3339(3)	150
C(12)-H(12)…O(2)	0.093	0.244	0.3052(2)	124
C(17)-H(17)…O(1)#5	0.093	0.258	0.3401(2)	147
26				
O(3)-H(2W)…O(1)	0.082	0.199	0.2728(3)	149
O(3)-H(1W)…N(2)#1	0.083	0.197	0.2795(3)	174
C(3)-H(3)…O(1)#2	0.093	0.256	0.3423(4)	154
C(7)-H(7)…O(2)#3	0.093	0.244	0.3362(4)	170
C(10)-H(10)…O(1)#4	0.093	0.245	0.3294(4)	150
C(12)-H(12)…O(1)	0.093	0.256	0.3368(4)	146
C(17)-H(17)…O(2)#5	0.093	0.238	0.2992(4)	123
27				
O3-H2W…N2#1	0.085	0.212	0.2942(2)	164
C3-H3…O1#2	0.093	0.258	0.3450(3)	155
C12-H12…O3#3	0.093	0.245	0.3140(2)	131
O3-H1W…O1	0.082	0.210	0.2751(2)	136
28				
O(5)-H(1W)…N(4)#1	0.083	0.207	0.2880(3)	166
O(5)-H(2W)…O(2)	0.083	0.172	0.2504(3)	157
C(17)-H(17)…O(5)#1	0.093	0.255	0.3217(4)	129
C(21)-H(21B)…O(3)	0.096	0.260	0.3117(3)	114
C(23)-H(23)…Cl(1)	0.093	0.261	0.3436(3)	149
C(23)-H(23)…O(1)	0.093	0.235	0.2992(3)	126
C(15)-H(15)…π#2	0.093	0.285	0.3575(5)	136
29				
O(5)-H(1W)…N(4)#1	0.083	0.210	0.2903(3)	163
O(5)-H(2W)…O(2)	0.083	0.170	0.2502(4)	161
C(17)-H(17)…O(5)#1	0.093	0.252	0.3188(4)	129

续表 3-12

D-H···A	d(D-H)	d(H···A)	d(D···A)	<(DHA)
		29		
C(21)-H(21B)···O(4)	0.096	0.258	0.3113(4)	115
C(23)-H(23)···Cl(1)	0.093	0.260	0.3417(3)	146
C(23)-H(23)···O(1)	0.093	0.230	0.2937(3)	125
C(15)-H(15)···π#2	0.093	0.284	0.3574(5)	136
		30		
C(12)-H(12)···O(2)	0.093	0.235	0.2900(2)	117
C(16)-H(16)···π#1	0.093	0.271	0.3536(2)	149
		31		
O(5)-H(2W)···O(1)#1	0.084	0.222	0.2961(3)	148
O(5)-H(1W)···O(3)#1	0.082	0.232	0.2961(3)	135
O(5)-H(2W)···Cl(1)#1	0.084	0.268	0.3335(2)	136
C(7)-H(7)···Cl(1)	0.093	0.274	0.3183(4)	110
C(19)-H(19)···π#2	0.093	0.300	0.3546(7)	119

注：对称操作：配合物**25**：#1 $x+1/2$，$-y+1/2$，$z+1/2$；#2 $-x+2$，$-y+1$，$-z$；#3 $-x+3/2$，$-y+1/2$，$-z$；#4 $-x+2$，$-y$，$-z$；#5 x，$y-1$，z。配合物**26**：#1 $x+1/2$，$-y+3/2$，$z+1/2$；#2 $-x+2$，$-y+1$，$-z$；#3 $-x+3/2$，$-y+3/2$，$-z$；#4 $-x+2$，$-y+2$，$-z$；#5 x，$y-1$，z。配合物**27**：#1 $x+1/2$，$-y+1/2$，$z+1/2$；#2 $-x+2$，$-y+1$，$-z$；#3 $-x+2$，y，$-z+1/2$。配合物**28**：#1 $-x+1$，$-y$，$-z+1$；#2 x，$y-1$，$z+1$。配合物**29**：#1 $-x+1$，$-y+1$，$-z$；#2 x，y，$z-1$。配合物**30**：#1 $x-1/4$，$-y+1/4$，$z+3/4$。配合物**31**：#1 $-x$，$y+1$，$z+1$；#2 x，$y+3/2$，$z+1/2$。

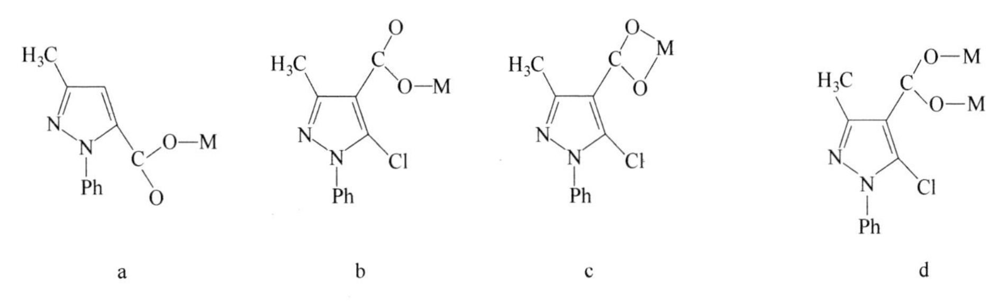

图 3-50 HL^5和 HL^6配体的配位模式

3.3.2 结果与讨论

3.3.2.1 $[Co(L^5)_2(4,4'\text{-bipy})(H_2O)_2]_n$(**25**)的结构

晶体学分析显示配合物**25**和配合物**26**是同构的，因此这里仅详细描述配合物**25**的晶体结构。配合物**25**的不对称单元含有1个Co(Ⅱ)离子，2个HL^5配体，2个水分子和1个4,4′-联吡啶分子。配合物**25**中的Co(Ⅱ)离子与2个HL^5配体

的 2 个羧基氧原子，2 个 4,4′-联吡啶分子的 2 个氮原子以及 2 个水分子的另外两个氧原子配位，如图 3-51a 所示，显示扭曲的八面体几何构型。在配合物 **25** 中，HL^5配体充当单齿配体（参见图 3-50a），在配合物 **25** 中 HL^5配体具有 2 个取向，吡唑环之间的二面角为 21.90°。羧基在吡唑环的平面外，二面角为 63.29°，并且配合物 **25** 中 HL^5配体的苯环和吡唑环以 46.25°的角度扭曲。虽然 4,4′-联吡啶分子充当双（单齿）桥联配体，将 Co(Ⅱ)离子连接成 1D 链结构（如图 3-51b 所示），并且 2 个吡啶环之间的二面角为 50.17°。在配合物 25 中，存在丰富的氢键：(1) 在配位水分子和羧基氧原子之间；(2) 吡唑环的氮原子与配位水分子之间；(3) 在苯环或吡啶环的 C-H 基团与羧基氧原子之间（见表 3-11），这些丰富的氢键将 1D 链连接成由左旋和右旋螺旋链（如图 3-52 所示）组成的 3D 超分子结构，螺旋的螺距与晶胞 b 轴的长度（1.130nm）相同。

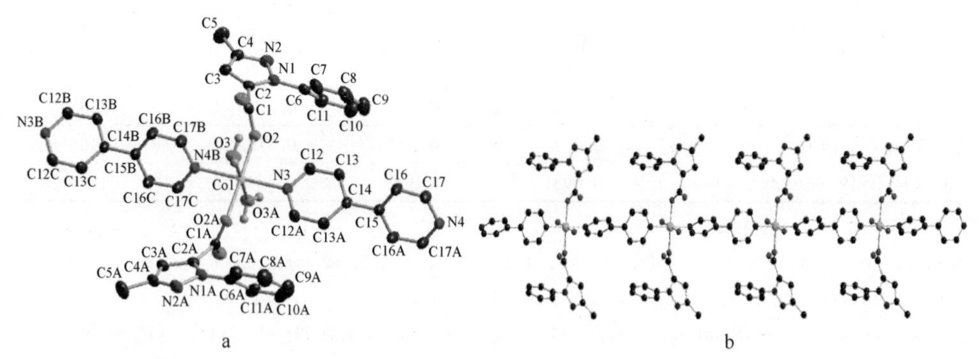

图 3-51　(a) 配合物 **25** 中 Co(Ⅱ)离子的配位环境图,30%热椭球体（为清晰起见，省略了所有氢原子）；(b) 配合物 **25** 的 1D 链结构，30%的热椭圆体

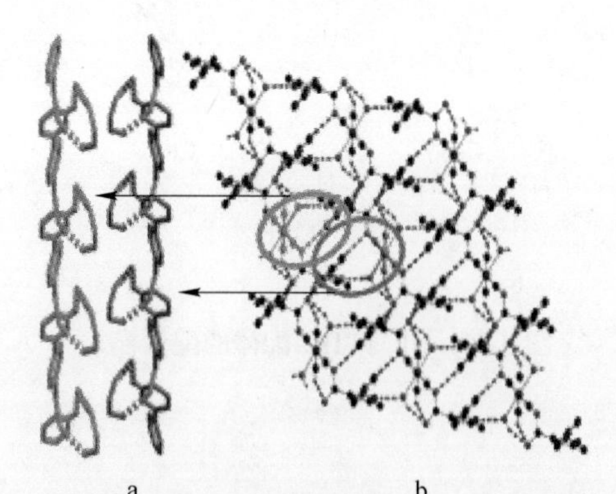

图 3-52　(a) 沿着 c 轴方向配合物 **25** 的左手和右手螺旋链的视图；(b) 沿 b 轴方向配合物 **25** 的 3D 超分子网络

3.3.2.2　$[Cu(L^5)_2(4,4'\text{-bipy})(H_2O)_2]_n$(**27**)的结构

在配合物 **27** 的不对称单元中存在 1 个 Cu(Ⅱ)离子，2 个 HL^5配体，1 个

4,4′-联吡啶和 2 个水分子。八面体几何中的 Cu(Ⅱ)离子由来自 2 个 HL^5 配体的羧基氧原子。2 个 4,4′-联吡啶分子的 2 个氮原子，另外两个来自 2 个水分子的氧原子，如图 3-53a 所示。Cu 周围的轴向方向的 Cu1-O3 和 Cu1-O3A 的键长为 0.2418nm，明显长于四个赤道方向 Cu1-O2、Cu1-O2A、Cu1-N3 和 Cu1-N4B 的键长，轴向键角为 173.37（6）°，表明由于 Jahn-Teller 效应，八面体几何形状有一些变形。HL^5 配体采取与配合物 **25** 中相同的配位模式，但在配合物 **27** 中 HL^5 配体具有两个不同的取向，吡唑环的二面角为 56.57°。羧基位于吡唑环平面之外，二面角为 37.86°，配合物 **27** 中 HL^5 配体的苯基和吡唑环以 51.75°的角度扭曲。每个 Cu(Ⅱ)离子由 4,4′-联吡啶分子桥联，吡啶环之间的二面角为 52.66°，产生一维链结构（如图 3-53b 所示），一维链通过 O-H⋯N，O-H⋯O 和 C-H⋯O 氢键，进一步连接成为 3D 超分子结构，其中 O3-H2⋯N2 和 C3-H3⋯O1 连接 Cu(Ⅱ)离子形成左-右旋螺旋链，螺旋的螺距与晶胞 *b* 轴的长度（1.115nm）相同，如图 3-54所示。

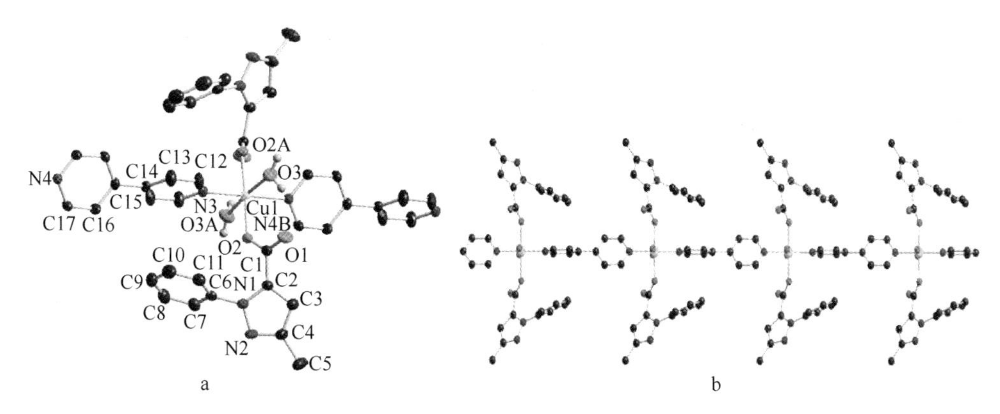

图 3-53　（a）在配合物 **27** 中 Cu(Ⅱ)离子的配位环境图，30%热椭球体（为清晰起见，省略了所有氢原子）；（b）配合物 **27** 的 1D 链结构，30%的热椭圆体

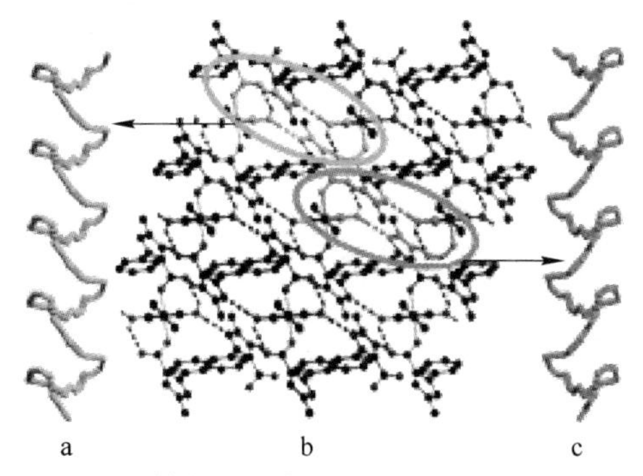

图 3-54　（a）沿 *b* 轴方向配合物 **27** 的超分子结构，沿 *c* 轴方向，配合物 **27** 的（b）左旋螺旋链和（c）右旋螺旋链

3.3.2.3　$[Co(L^6)_2(4,4'\text{-bipy})(H_2O)]_n$(**28**)的结构

晶体学分析显示配合物 **28** 和配合物 **29** 是同构的，因此这里仅详细描述配合物 **28** 的晶体结构。配合物 **28** 的不对称单元含有 1 个 Co(Ⅱ)离子，2 个 HL^6配体，1 个 4,4′-联吡啶和 1 个水分子。如图 3-55 所示，在配合物 **28** 中，Co(Ⅱ)离子与来自 2 个 HL^6配体的 3 个羧酸氧和来自 1 个水分子的氧原子，来自 2 个 4,4′-联吡啶分子的 2 个氮原子配位，显示扭曲的八面体几何构型。HL^6配体在配合物 **28** 中采用两种配位模式，一种是单齿配位模式，另一种是螯合双齿配位模式（如图 3-50b 和图 3-50c 所示）。为方便起见，单齿配体命名为 HL^6a，螯合二齿配体命名为 HL^6b。HL^6a 和 HL^6b 配体中苯基和吡唑环之间的二面角分别为 60.10°和 50.82°，HL^6a 和 HL^6b 配体的吡唑环之间的二面角为 84.36°。在配合物 **28** 中，4,4′-联吡啶分子充当双（单齿）桥联配体，吡啶环之间的二面角为 87.99°，将 Co(Ⅱ)离子连接成一维 Z 字形链（如图 3-55 所示）。1D 链结构通过氢键和 C-H…π 相互作用进一步连接成 3D 超分子网络（如图 3-56 所示）（H…π 键长为 0.357nm，C-H…π 角为 136°），可以观察到左手和右手的螺旋链，螺旋的节距与晶胞 a 轴的长度（0.786nm）相同。

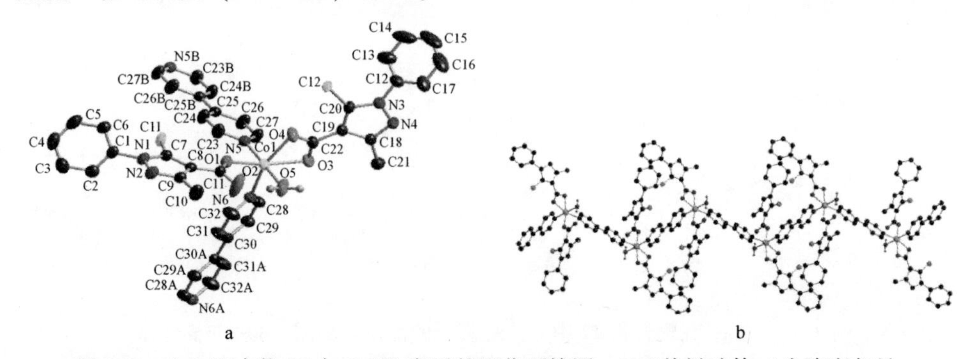

图 3-55　(a) 配合物 **28** 中 Co(Ⅱ)离子的配位环境图，30%热椭球体（为清晰起见，省略了所有氢原子）；(b) 配合物 **28** 中由 4,4′-联吡啶分子连接 Co(Ⅱ)形成的 1D 锯齿链结构

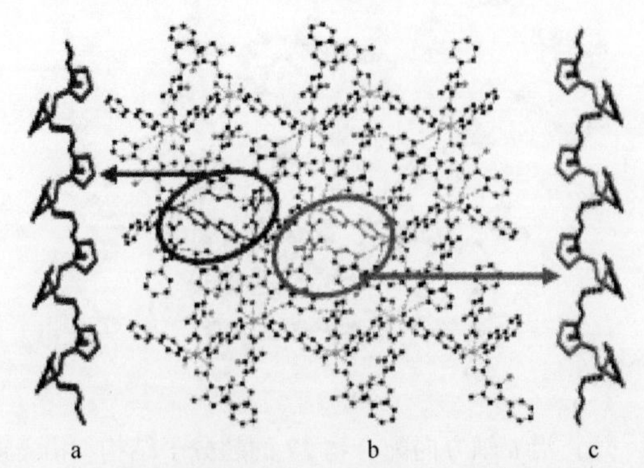

图 3-56　(a)沿 a 轴方向配合物 **28** 的三维超分子网络；配合物 **28** 沿 c 轴方向 (b) 左手螺旋链的视图和 (c) 右手螺旋链的视图

3.3.2.4 $[Cu(L^6)_2(4,4'\text{-bipy})]_n$(**30**)的结构

配合物**30**中的不对称单元由1个Cu(Ⅱ)离子，2个HL^6和1个4,4′-联吡啶组成。如图3-57所示，配合物**30**中的Cu^{2+}离子与来自2个HL^6配体的4个氧原子和来自2个4,4′-联吡啶分子的2个氮原子配位。Cu(Ⅱ)离子与2个氮原子N4、N3B和2个氧原子O1、O1A共面。N3、N4B、O2、O2A在赤道平面上与Cu^{2+}配位，键长在0.1925~0.2029nm的范围内变化；轴向位置由O1和O1A占据，轴向Cu-O键长均为0.2769nm，轴向键角为156.47(44)°，因为Jahn-Teller效应，Cu^{2+}离子位于拉长的八面体环境中。与配合物**28**不同，在配合物**30**中，HL^6配体仅显示一种配位模式：螯合-双齿模式，HL^6配体的苯基和吡唑环以58.47°的角度扭曲。其中，吡啶环是共平面的4,4′-联吡啶分子充当双（单齿）桥联配体，将Cu(Ⅱ)离子连接成一维链结构（如图3-57所示），沿c轴方向通过4,4′-联吡啶的C-H基团和L^6的苯环之间的C-H…π相互作用（H…π键长为0.271nm和C-H…π角为149°），这些1D链进一步堆积一个三维超分子网络（如图3-58所示）。$[Cu(L^6)_2(4,4'\text{-bipy})]$单体通过C16-H16…π相互作用连接成Z字形链，如图3-58所示。

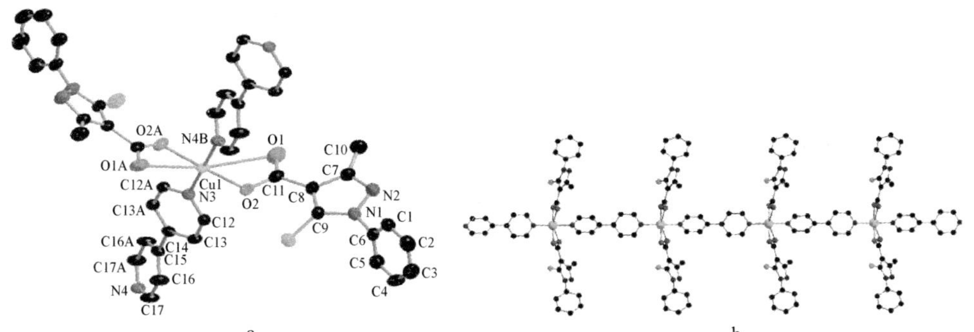

图3-57 （a）配合物**30**中Cu(Ⅱ)离子的配位环境图，30%热椭球体（为清晰起见，省略了所有氢原子）；（b）配合物**30**1D链结构，30%的热椭圆体

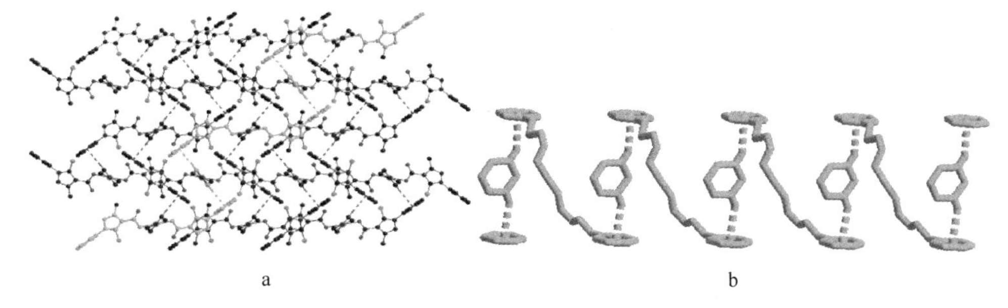

图3-58 （a）沿c轴方向配合物**30**的三维超分子网络；（b）沿c轴方向通过C-H…π相互作用配合物**30**的Z字形链

3.3.2.5 $[Cu(L^6)_2(H_2O)]$(**31**)的结构

配合物**31**在单斜晶系$P2_1/c$空间群中结晶。配合物**31**的不对称单元由1个Cu(Ⅱ)离子，2个L^{6-}配体和1个配位水分子组成。如图3-59所示，配合物**31**中的每个Cu(Ⅱ)离子与5个氧原子配位，其中4个来自4个L^{6-}配体的羧基，最后1个来自水分子，显示出矩形金字塔形几何构型。在配合物**31**中，L^6配体仅采用一种桥联双齿配位模式，如图3-50d所示，但具有两个不同的取向，配体的苯基和吡唑环之间的二面角分别为63.73°和39.05°，并且羧基在吡唑环的平面外，二面角为10.66°和11.61°。4个L^{6-}配体以桥联双齿模式与2个Cu(Ⅱ)配位，形成双金属单元（如图3-60a所示）。双金属单元通过水分子与羧基氧原子之间的O5-H2W…O1和O5-H1W…O3氢键连接成一维结构（如图3-60b所示），其中可以观察到四条螺旋链。这些螺旋由金属离子、L^{6-}配体的羧基和水分子组成。重复单位分别是Ⅰ:$(\text{-Cu1-O1-C1-O2-Cu1-O5-H1W}\cdots\text{O3-Cu1-})_n$和Ⅱ:$(\text{-Cu1-O3-C12-O4-Cu1-O5-H2W}\cdots\text{O1-Cu1-})_n$，并且所有螺旋链的螺距与晶胞$a$轴的长度（0.7293nm）相同。这些螺旋链直接在金属节点处结合，如图3-60c所示。通过L^{6-}配体苯环的C-H基团和吡唑环之间C(19)-H(19)…π氢键（H…π键长为0.300nm，C-H…π角为119°），将链进一步连接成3D超分子结构见表3-11和图3-60c。

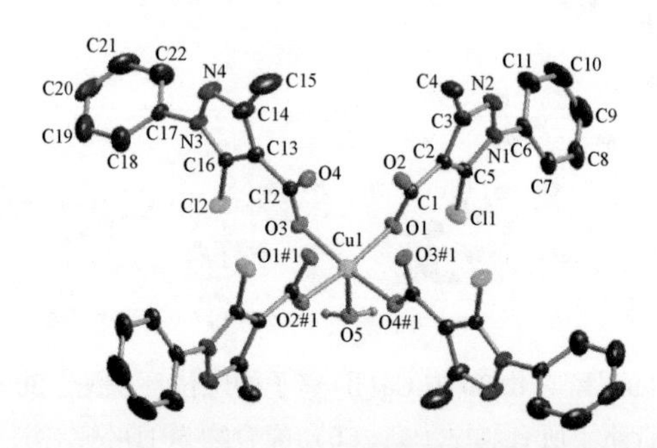

图3-59 配合物**31**中Cu(Ⅱ)离子的配位环境图，30%热椭球体
（为清晰起见，省略了所有氢原子）

3.3.2.6 结构比较

HL^5、HL^6配体的羧基在吡唑环上的位置不同，HL^6配体还含有1个氯取代基，HL^5、HL^6配体在标题配合物中显示出不同的配位模式（如图3-50所示），而与HL^5、HL^6配体相应的配合物的结构非常相似。配合物**25**~**30**的配位数均为6，HL^5配体形成配合物**25**~**27**，HL^6配体形成配合物**28**~**30**，均显示4,4′-联吡啶连接形成的1D结构，所有这些1D结构都通过氢键相互作用扩展到3D超分子网络。此外，所有HL^5配体形成的配合物**25**~**30**都含有螺旋链，而在H_2L^6配体形

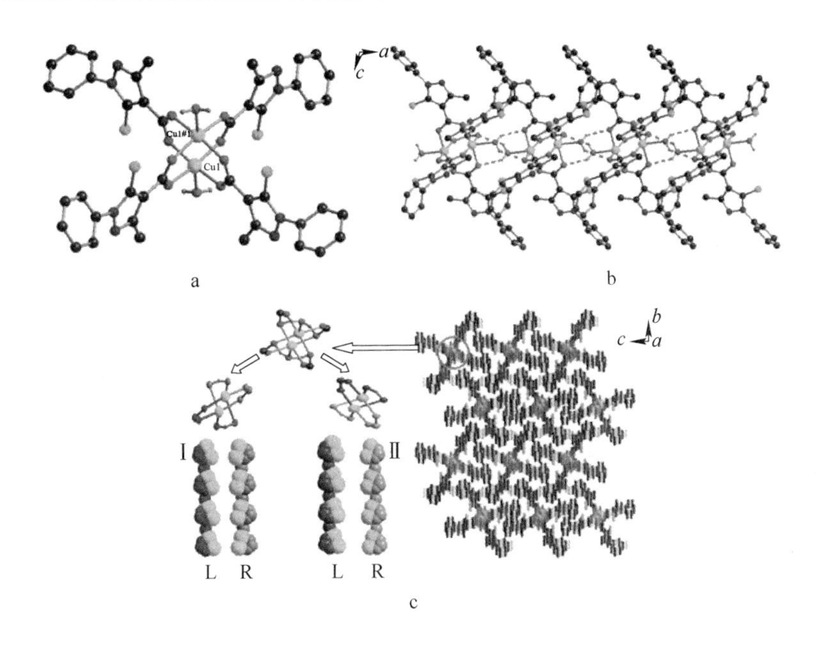

图 3-60 (a) 配合物 **31** 的双金属单元；(b) 沿 b 轴方向配合物 **31** 的一维链结构的视图；(c) 沿 a 轴方向配合物 **31** 的四股螺旋链和 3D 超分子结构的视图

成的配合物 **30** 中不能观察到螺旋链，这表明羧基的位置对螺旋的形成有影响。

分别比较配合物 **25**～**27** 和配合物 **28**～**30** 的结构。对于相同的配体，配合物 **25** 和配合物 **26**，配合物 **28** 和配合物 **29** 是同构的，因为 Co(Ⅱ)离子半径和 Ni(Ⅱ)离子半径非常接近。在配合物 **25**～**27** 中，HL^5配体均显示具有 2 个取向的单齿配位模式。配合物 **25**～**27** 中吡唑环平面之间的二面角分别为 21.90°、22.50°、56.57°；在配合物 **25**～**27** 中 HL^5 配体的苯基和吡唑环分别以 46.25°、46.06°、51.75°的角度扭曲，吡唑环和羧基之间的二面角分别为 63.30°、64.73°、37.86°。HL^6配体在配合物 **28**～**29** 中采用两种配位模式：单齿和螯合-双齿配位模式，但在配合物 **30** 中仅显示螯合-双齿配位模式。HL^6在配合物 **28**～**30** 中具有不同的取向。配合物 **28**～**30** 中吡唑环平面之间的二面角分别为 84.36°、85.92°、64.92°；螯合二齿配体的苯基和吡唑环分别在配合物 **28**～**30** 中以 50.82°、51.36°、58.47°的角度扭曲，而单齿配体的配位在配合物 **28**～**29** 中分别以 60.10°、60.76°的角度扭曲；在配合物 **28**～**30** 中螯合二齿配体的吡唑环和羧基之间的二面角分别为 17.25°、17.18°、13.86°，在配合物 **28**～**29** 中，单齿配体的吡唑环与羧基的夹角为 9.35°、8.65°。在配合物 **25**～**30**，4,4′-联吡啶中作为辅助配体具有不同的取向，在配合物 **25**～**29** 中，吡啶环之间的二面角为 50.17°、51.64°、52.66°、87.99°、89.55°，并且在配合物 **30** 中，2 个吡啶环是共平面的。此外，在配合物 **28**～**29** 中，水分子参与配位，然而，配合物 **30** 中没有水分子，这表明配位水分子和苯环的 C-H 基团之间的氢键对配合物 **28~29** 的结构具有显著影响；同时金属离子可以影响 HL^6 配体的配位模式，从而产生配合物 **28** 和配合物 **29** 的螺旋链以及配合物 **30** 的 Z 字形链结构。而配合物 **31** 与配合物 **30** 对比，只是没有复配体 4,4′-联吡啶，配合物 **31** 中配体表现出双齿桥联模式，4 个配体连接 2 个 Cu(Ⅱ)离子形成了 1 个双金属单元，这个双金属单元通过水分子与羧基氧原子之间的 O5-H2W…O1和 O5-H1W…O3氢键连接成含四条螺旋链的一维结构。

3.3.2.7 抗菌活性结果

已经针对选择的微生物测试了 HL^5、HL^6配体和配合物 **25~31** 的抗菌活性。从表 3-13 中给出的结果可以看出，主要配体和辅助配体显示出对抗革兰氏阳性菌：金黄色葡萄球菌，白色念珠菌和枯草芽孢杆菌以及革兰氏阴性菌——大肠杆菌和铜绿假单胞菌的抗菌活性。配体的最低抑菌浓度 MIC 值在 25μg/mL 和 100μg/mL 之间，而配合物的 MIC 值在 6.25μg/mL 和 25μg/mL 之间。配合物 **25~31**的 MIC 值远低于 HL^5、HL^6配体的 MIC 值，表明金属配合物的抗菌活性比相应的游离配体对抗测试细菌的抗菌活性要好得多。对于金黄色葡萄球菌和铜绿假单胞菌，HL^6配体形成的配合物 **28~31** 显示出比 HL^5配体形成的配合物 **25~27** 更好的抗菌活性，而对于其他细菌，配合物 **28~31** 中一部分显示出与配合物 **25~27**相同的抗菌活性，并且配合物 **28~31** 中一部分显示出比配合物 **25~27** 更好的抗菌活性。

表 3-13 HL^5、HL^6配体和配合物 25~31 对测试细菌的最小抑制浓度（MIC）值（μg/mL）

化合物	金黄色葡萄球菌	白色念珠菌	枯草芽孢杆菌	大肠杆菌	铜绿假单胞菌
HL^5	50	50	100	100	50
HL^6	25	25	50	25	25
4,4′-联吡啶	25	50	50	100	50
25	25	12.5	25	25	25
26	25	12.5	12.5	25	25
27	25	25	12.5	25	25
28	12.5	12.5	25	25	12.5
29	12.5	6.25	6.25	25	12.5
30	12.5	25	6.25	12.5	6.25
31	12.5	12.5	12.5	6.25	6.25

3.3.3 结论

总之，以两种苯基取代的吡唑羧酸为配体合成并表征了 7 种新型过渡金属配位聚合物。配合物**25~30**均显示具有4,4′-联吡啶连接的1D结构，并且所有这些都通过氢键相互作用和其他弱分子间相互作用延伸至3D超分子网络。配合物**25~29**包含单股螺旋链，而配合物**30**包含Z字形链。配合物**31**是HL^6配体的铜配合物，其双核单元通过氢键获得四条螺旋链。单晶X射线衍射结果表明：配体羧基位置的变化导致配合物的不同结构。除了金属离子，氢键，羧基的桥联模式和共配体N-供体也对配合物的螺旋结构具有显著影响。

缩略词：

H_2L^1 = 5-苯基-1H-吡唑-3-羧酸；

H_2L^2 = 3-苯基-1H-吡唑-4-羧酸；

HL^3 = 3-苯基-1H-吡唑；

H_2L^4 = 5-氯-1-苯基-1H-吡唑-3,4-二羧酸；

HL^5 = 3-甲基-1-苯基-1H-吡唑-5-羧酸；

HL^6 = 5-氯-3-甲基-1-苯基-1H-吡唑-4-羧酸；

2,2′-bipy = 2,2′-联吡啶；

4,4′-bipy = 4,4′-联吡啶；

phen = 1,10-邻菲罗啉。

参 考 文 献

[1] Min K S, Dipasquale A, Rheingold A L. Room-temperature spin crossover observed for [(TPyA) FeII(DBQ(2-))Fe(II)(TPyA)](2+) [TPyA = Tris(2-pyridylmethyl)amine; DBQ(2-) = 2,5-Di-tert-butyl-3, 6-dihydroxy-1, 4-benzoquinonate] [J]. Inorganic Chemistry, 2007, 46 (4): 1048~1050.

[2] Consiglio G, Failla S, Finocchiaro P. Supramolecular Aggregation/Deaggregation in Amphiphilic Dipolar Schiff-Base Zinc(Ⅱ) Complexes[J]. Inorganic Chemistry, 2010, 49 (11): 5134~5142.

[3] Colak A T, Colak F, Yesilel O Z. Supramolecular cobalt (Ⅱ)-pyridine-2, 5-dicarboxylate complexes with isonicotinamide, 2-amino-3-methylpyridine and 2-amino-6-methylpyridine: Syntheses, crystal structures, spectroscopic, thermal and antimicrobial activity studies[J]. Inorganica Chimica Acta, 2010, 363 (10): 2149~2162.

[4] Ma L F, Wang L Y, Du M. Unprecedented 4- and 6-connected 2D coordination networks based on 4 (4) -subnet tectons, showing unusual supramolecular motifs of rotaxane and helix[J]. Inorganic Chemistry, 2010, 49 (2): 365~367.

[5] Li Z, Li M, Zhou X P. Metal-Directed Supramolecular Architectures: From Mononuclear to 3D Frameworks Based on In Situ Tetrazole Ligand Synthesis[J]. Crystal Growth & Design, 2007, 7

(10): 1992~1998.

[6] Li X P, Zhang J Y, Pan M. Zero to three dimensional increase of silver (I) coordination assemblies controlled by deprotonation of 1,3,5-tri(2-benzimidazolyl)benzene and aggregation of multinuclear building units[J]. Inorganic Chemistry,2007, 46 (11): 4617.

[7] Gao Q, Jiang F L, Wu M Y, et al. Mn (Ⅱ)-Binaphthalenyl Dicarboxylate Complexes: Helical Rectangular Tubes, (4, 4) Grid Chiral Layer and Three-Dimensional Cubic Diamond Frameworks [J]. Crystal Growth & Design,2010, 10 (1): 184~190.

[8] Ikeda M, Tanaka Y, Hasegawa T. Construction of double-stranded metallosupramolecular polymers with a controlled helicity by combination of salt bridges and metal coordination[J]. Journal of the American Chemical Society,2006, 128 (21): 6806~6807.

[9] Dhara K, Ratha J, Manassero M. Synthesis, crystal structure, magnetic property and oxidative DNA cleavage activity of an octanuclear copper(Ⅱ) complex showing water - perchlorate helical network[J]. Journal of Inorganic Biochemistry,2007, 101 (1): 95~103.

[10] Filippova I G. Gherco, Synthesis, structures and biological properties of nickel(Ⅱ)phthalates with imidazole and its derivatives[J]. Polyhedron,2010, 29 (3): 1102~1108.

[11] Bai H Y, Ma J F, Yang J, et al, Eight Two-Dimensional and Three-Dimensional Metal-Organic Frameworks Based on a Flexible Tetrakis (imidazole) Ligand: Synthesis, Topological Structures, and Photoluminescent Properties[J]. Crystal Growth & Design,2010, 10 (4): 1946~1959.

[12] Zhuang W J, Zheng X, Li L. Structural diversity and properties of M (Ⅱ) 4-carboxyl phenoxyacetate complexes with 0D-, 1D-, 2D- and 3D M-cpoa framework [J]. Crystengcomm, 2007, 9 (8): 653~667.

[13] Chang Z, Zhang A S, Hu T L. ZnII Coordination Poylmers Based on 2, 3, 6, 7-Anthracenetetracarboxylic Acid: Synthesis, Structures, and Luminescence Properties[J]. Crystal Growth & Design,2009, 9 (11): 4840~4846.

[14] Frisch M, Cahill C L. Syntheses, structures and fluorescent properties of two novel coordination polymers in the U-Cu-H_3pdc system[J]. Dalton Transactions,2005 (8): 1518.

[15] Lu W G, Gu J Z, Jiang L. Achiral and Chiral Coordination Polymers Containing Helical Chains: The Chirality Transfer Between Helical Chains [J]. Crystal Growth & Design, 2008, 8 (1): 192~199.

[16] Rodríguez-Argüelles M C, Cao R, García-Deibe A M. Antibacterial and antifungal activity of metal(Ⅱ)complexes of acylhydrazones of 3-isatin and 3-(-methyl)isatin[J]. Polyhedron,2009, 28 (11): 2187~2195.

[17] Murugesu M, King P, Clérac R. A novel nonanuclear CuII carboxylate-bridged cluster aggregate with an S= 7/2 ground spin state[J]. Chemical Communications,2004, 6 (6): 740.

[18] Beatty A M, Schneider C M, Simpson A E. Pillared clay mimics from dicarboxylic acids and flexible diamines[J]. Crystengcomm,2002, 4 (51): 282~287.

[19] Pan L, Ching N, Huang X. A reversible structural interconversion involving [$M(H_2pdc)_2(H_2O)_2$] · $2H_2O$ (M=Mn, Fe, Co, Ni, Zn, H_3pdc=3,5-pyrazoledicarboxylic acid) and the role of a reactive intermediate [$Co(H_2pdc)_2$] [J]. Chemistry-a European Journal,2001, 7 (20): 4431~4437.

[20] Pan L, Huang X Y, Li J, et al. Novel Single- and Double-Layer and Three-Dimensional Structures of Rare-Earth Metal Coordination Polymers: The Effect of Lanthanide Contraction and Acidity Control in Crystal Structure Formation [J]. Angewandte Chemie International Edition in English, 2010, 39 (3): 527~530.

[21] Kong X J, Ren Y P, Long L S. Dual Shell-like Magnetic Clusters Containing NiII and LnIII (Ln=La, Pr, and Nd) Ions[J]. Inorganic Chemistry, 2008, 47 (7): 2728.

[22] Crane J D, Fox O D, Sinn E. Synthesis and structural characterisation of the isotypic complexes $M^{II}L_2(py)_2 \cdot 2H_2O(M=Cu,Zn)$; the interplay of lattice imposed ligand disposition and Jahn-Teller distortions [HL = 5-(4-methoxyphenyl) pyrazole-3-carboxylic acid] [J]. Journal of the Chemical Society, Dalton Transactions, 1999: 1461~1466.

[23] Gong Y N, Liu C B, Wen H L, et al. Structural diversity and properties of M(Ⅱ)phenyl substituted pyrazole carboxylate complexes with 0D-, 1D-, 2D- and 3D frameworks [J]. New Journal of Chemistry, 2011, 35: 865~875.

[24] Liu C B, Gong Y N, Chen Y, et al. Self-assembly and structures of new transition metal complexes with phenyl substituted pyrazole carboxylic acid and N-donor co-ligands[J]. Inorganica Chimica Acta, 2012, 383: 277~286.

[25] Zhou J, Sun C, Jin L. Metal-dependent assembly and structure of metal 1,4-phenylenediacetate complexes with 1,10-phenanthroline[J]. Journal of Molecular Structure, 2007, 832 (1~3): 55~62.

[26] 龚云南. 新型吡唑羧酸配合物的合成、结构及其性能研究 [D]. 南昌: 南昌航空大学, 2011.

[27] 丁靓. 吡唑羧酸衍生物及其金属配合物的合成及结构表征 [D]. 南昌: 南昌大学, 2007.

[28] Sheldrick G M, SADABS. Program for Empirical Absorption Correction of the Area detector Data [D]. University of Göttingen, Germany, 1997.

[29] Sheldrick G M, SHELXS 97. Program for Crystal Structure Solution [D]. University of Göttingen, Germany, 1997.

[30] Sheldrick G M, SHELXL 97. Program for Crystal Structure Refinement [D]. University of Göttingen, Germany, 1997.

[31] Tweedy B G. Plant extracts with metal ions as potential antimicrobial agents[J]. Phytopathology, 1964, 55: 910~914.

[32] Tumer M, Ekinci D, Tumer F, et al. Synthesis, characterization and properties of some divalent metal(Ⅱ)complexes: Their electrochemical, catalytic, thermal and antimicrobial activity studies[J]. Spectrochimica Acta Part A: Molecular and Biomolecular Spectroscopy, 2007, 63 (3~4): 916~929.

[33] Chen Y, Liu C B, Gong Y N, et al. Syntheses, crystal structures and antibacterial activities of six cobalt(Ⅱ)pyrazole carboxylate complexes with helical character[J]. Polyhedron, 2012, 36: 6~14.

[34] Liu H, Liu C B, Gong Y N, et al. Syntheses, Supramolecular Structures and Antibacterial Activities of Five Helical Transition Complexes with 5-Chloro-1-phenyl-1H-pyrazole-3,4-

dicarboxylic Acid[J]. Chinese Journal of Chemistry, 2013, 31: 407~414.

[35] Tipmanee V, Oberhofer H, Park M. Prediction of reorganization free energies for biological electron transfer: a comparative study of Ru-modified cytochromes and a 4-helix bundle protein [J]. Journal of the American Chemical Society, 2010, 132 (47): 17032.

[36] Horng J C, Hawk A J, Zhao Q, et al, Macrocyclic Scaffold for the Collagen Triple Helix [J]. Organic Letters, 2006, 8 (21): 4735~4738.

[37] Tan C Z. Particle nature of light waves in dielectric media[J]. Physica B Physics of Condensed Matter, 2009, 404 (21): 3880~3885.

[38] Wijeratne S S, Harris N C, Kiang C H. Helicity Distributions of Single-Walled Carbon Nanotubes and Its Implication on the Growth Mechanism[J]. Materials, 2010, 3 (4): 2725.

[39] Albrecht M. Artificial Molecular Double-Stranded Helices[J]. Angewandte Chemie International Edition, 2005, 44: 6448~6451.

[40] Pauling L, Corey R B, Branson H R. The structure of proteins; two hydrogen-bonded helical configurations of the polypeptide chain[J]. Proceedings of the National Academy of Sciences of the United States of America, 1951, 37 (4): 205~211.

[41] Watson J D, Crick F H C. A Structure for Deoxyribose Nucleic Acid[J]. Nature, 1953, 171: 737~728.

[42] Kim H J, Zin W C, Lee M. Anion-directed self-assembly of coordination polymer into tunable secondary structure[J]. Journal of the American Chemical Society, 2004, 126 (22): 7009~7014.

[43] Neogi S, Sharma M K, Das M C. Helicity-induced two-layered Cd(Ⅱ) coordination polymers built with different kinked dicarboxylates and an organodiimidazole[J]. Polyhedron, 2009, 28 (18): 3923~3928.

[44] Zhang J P, Lin Y Y, Huang X C. Molecular chairs, zippers, zigzag and helical chains: chemical enumeration of supramolecular isomerism based on a predesigned metal-organic building-block [J]. Chemical Communications, 2005, 10 (10): 1258~1260.

[45] Zhan C H, Feng Y L. Two 3D supramolecules with helices constructed by hydrogen bonds based on p -thioacetatebenzoic acid ligand[J]. Structural Chemistry, 2010, 21 (4): 893~899.

[46] Lama M, Mamula O, Kottas G S, et al. Stoeckli-Evans H (2007) Lanthanide class of a trinuclear enantiopure helical architecture containing chiral ligands [J]. Chemistry-a European Journal, 2007, 13: 7358~7373.

[47] Wen H R, Wang C F, Li Y Z. Chiral molecule-based ferrimagnets with helical structures [J]. Inorganic Chemistry, 2006, 45 (18): 7032~7034.

[48] Ellis W W, Schmitz M, Arif A A. Preparation, characterization, and X-ray crystal structures of helical and syndiotactic zinc-based coordination polymers[J]. Inorganic Chemistry, 2000, 39 (12): 2547~2557.

[49] Yao J C, Huang W, Li B. A novel one-dimensional single helix derived from 2,2′-bipyridine based Zn(Ⅱ) species directed self-assembly with 1,2-benzenedicarboxylate [J]. Inorganic Chemistry Communications, 2002, 5 (9): 711~714.

[50] Zang S, Su Y, Li Y. Interweaving of triple-helical and extended metal-O-metal single-helical chains with the same helix axis in a 3D metal-organic framework[J]. Inorganic Chemistry, 2006,

45 (10): 3855~3857.

[51] Surin M, Samori P, Jouaiti A. Molecular Tectonics on Surfaces: Bottom-Up Fabrication of 1D Coordination Networks that Form 1D and 2D Arrays on Graphite[J]. Angewandte Chemie, 2010, 46 (1~2): 245~249.

[52] Liu H, Yang G S, Liu C B, et al. Syntheses, crystal structures, and antibacterial activities of helical M(Ⅱ) phenyl substituted pyrazole carboxylate complexes[J]. Journal of Coordination Chemistry, 2014, 67: 572~587.

[53] Wen H L, Kang J J, Dai B, et al. Syntheses, Crystal Structures and Antibacterial Activities of 5-Chloro-3-methyl-1-phenyl-1H-pyrazole-4-carboxylic Acid and Its Copper(Ⅱ) Compound[J]. Chinese Journal of Structural Chemistry, 2015, 34: 33~40.

[54] Su Z, Chen S S, Fan J. Highly Connected Three-Dimensional Metal-Organic Frameworks Based on Polynuclear Secondary Building Units[J]. Crystal Growth & Design, 2010, 10 (8): 3675~3684.

[55] Fang Q R, Zhu G S, Xue M, et al. Amine-Templated Assembly of Metal-Organic Frameworks with Attractive Topologies[J]. Crystal Growth & Design, 2008, 8 (1): 319~329.

[56] Zhuang W, Zheng X, Li L. Structural diversity and properties of M(Ⅱ)4-carboxyl phenoxyacetate complexes with 0D-, 1D-, 2D- and 3D M-cpoa framework[J]. Crystengcomm, 2007, 9 (8): 653~667.

[57] Wan S Y, Huang Y T, Li Y Z, et al. Synthesis, structure and anion-exchange property of the first example of self-penetrated three-dimensional metal-organic framework with flexible three-connecting ligand and nickel(Ⅱ) perchlorate[J]. Micropor Mesopor Mat, 2004, 73 (1): 101~108.

[58] Shi Q, Sun Y, Sheng L. Structures and magnetic property studies of four copper(Ⅱ) and nickel (Ⅱ) supramolecular complexes derived from diphenic acid constructed by C-H-π and π-π interactions[J]. Inorganica Chimica Acta, 2009, 362 (11): 4167~4173.

[59] Chu Q, Liu G X, Huang Y Q. Syntheses, structures, and optical properties of novel zinc(ii) complexes with multicarboxylate and N-donor ligands[J]. Dalton Transactions, 2007, 90 (38): 4302~4311.

[60] Zhang J P, Kitagawa S. Supramolecular Isomerism, Framework Flexibility, Unsaturated Metal Center, and Porous Property of Ag(Ⅰ)/Cu(Ⅰ) 3,3′,5,5′-Tetrametyl-4,4′-Bipyrazolate[J]. Journal of the American Chemical Society, 2008, 130 (3): 907~917.

[61] Kanoo P, Maji T K. Construction of a 2D Rectangular Grid and 3D Diamondoid Interpenetrated Frameworks and Their Functionalities by Changing the Second Spacers[J]. European Journal of Inorganic Chemistry, 2010 (24): 3762~3769.

[62] Reger D L, Horger J J, Smith M D. Homochiral, helical supramolecular metal-organic frameworks organized by strong π⋯π stacking interactions: single-crystal to single-crystal transformations in closely packed solids[J]. Inorganic Chemistry, 2011, 50 (2): 686~704.

[63] Costantino F, Ienco A, Midollini S. Copper(Ⅱ) Complexes with Bridging Diphosphinates-The Effect of the Elongation of the Aliphatic Chain on the Structural Arrangements Around the Metal Centres[J]. European Journal of Inorganic Chemistry, 2010, 2008 (19): 3046~3055.

4 氧乙酸类配合物为配体构筑的螺旋配合物

近年来，由于配位聚合物具有新颖丰富的拓扑结构，并且在磁性功能材料、光催化光电转化、离子的吸附和气体吸附等众多的领域具有潜在的应用价值。在构筑配位聚合物的过程中，配位聚合物的生长往往受到金属离子配位能力、溶剂、pH 值、温度和有机配体的刚柔性等多种因素的影响，从而构筑出结构新颖的配位聚合物。氧乙酸类配合物在构筑新颖的配位聚合物上是极好的有机配体，不仅具备柔性，可塑性强和空间构型复杂多变的特性，同时其刚性苯环结构也可以使配合物分子间形成 π-π 堆积作用，有助于形成稳定复杂骨架结构。在新型配位聚合物的合成中，氧乙酸类配合物具有很强的配位能力，可采用多种桥接方式，连接金属离子，构建稳定的金属-甲酸盐二级结构单元，同时多个有夹角的氧乙酸根从多个方向连接金属离子，加上氧乙酸根的柔性有助于高维结构和新颖的螺旋结构的形成[1~8]。

4.1 3,4,5-三(羧基甲氧基)苯甲酸构筑的螺旋配合物聚合物

有机与无机骨架共存的有机-无机杂化材料的研究在过去的十年中取得了长足的发展。根据 Cheetham、Rao 和 Feller 的分类，绝大多数的有机-无机杂化框架包括两部分：金属-有机网络和金属-无机网络[9]。有机骨架的维数由“金属对有机配体对金属”(M-L-M)连通定义，无机骨架的维数由 M-X-M（X = O，N，Cl，S）连接。因此，混合框架的结构维数可以用简单的 $I^n O^m$ 表示，其中 I^n（n=0-3）是无机结构的维数（M-X-M），O^m（m=0-3）是基于有机配体的维数(M-L-M)。到目前为止，已经构建了 $I^0O^{0\text{-}3}$、$I^1O^{0\text{-}3}$、$I^2O^{0\text{-}2}$ 和 $I^3O^{0\text{-}1}$ 杂化框架的各种有机-无机杂化体系[10,11]。然而，同时具有无机和有机结构的有机-无机框架同时具有二维或更高维度的情况非常少见。

高维配位聚合物的设计与合成也受到了广泛的关注，因为高维配位聚合物具有丰富的结构拓扑和作为功能材料的潜在应用前景[12]。迄今为止，通过合理设计的金属簇定向自组装方法，已经获得了大量物理或化学性质丰富的团簇配位聚合物，如磁性、发光、选择性客体包体、催化、储气分离等。值得注意的是，利用多核团簇作为 SBUs 可以降低相互渗透，增加配位聚合物的实际孔径和尺寸[13]。多核金属团簇不仅可以增大孔隙尺寸，还可以作为高连通节点，这将有

助于构筑新型的高连通拓扑网络。在这种情况下，多核金属簇已经被证明是一个有效的和强大的合成策略构建新的微孔配位聚合物和高连接点拓扑结构的有效方法，在中性锌羟基簇是最常用的[14]，比如五、六、七、八面体和更高的锌基簇近年来被报道。为了获得这种高连接配位聚合物，另一种有效的合成策略是使用具有多配位点的多羧基配体[15,16]。然而，8-、9-和10-连接配位聚合物的例子相对较少，这可能是由于金属中心的配位数有限和有机配体的空间位阻造成的。

多核金属簇也是获得有机-无机杂化材料的有效方法，多核金属簇的复杂MOFs需要采用网络拓扑方法进行分析和简化[17]。该方法将复杂的多核团簇简化为简单的节点和连接网络，用于分析、比较和设计复杂结构的MOFs材料。到目前为止，一个金属中心连接数超过8个的节点很少被观察到。大量研究表明，利用多核金属簇作为节点，由于金属簇配位数的增加和空间位阻的减小，可能是生成节点数更高的拓扑网络的有效途径。羟基配体的参与应能增强骨架的拓扑连通性[18]，因此含有多核羟基的SBUs是形成稳定MOFs的良好选择[19]。

由于蛋白质、胶原、石英和单壁碳纳米管中螺旋结构的频繁出现，螺旋配位聚合物的构建也引起了人们的广泛关注[20]。通过使用特殊设计的桥接配体，如柔性和角型双配体、刚性和铰链型双配体以及一些刚性吡啶或羧基配体，已经投入了大量的工作来制备螺旋配位聚合物[21]。例如，多羧基配体已被用于构建螺旋配位聚合物。这类配体通常用作琥珀酸和戊二酸等柔性羧酸配体[22]，或用作苯二甲酸等刚性羧酸配体，用于在骨架内构建螺旋结构[23]。

我们认为多羧基配体3,4,5-三（羧基甲氧基）苯甲酸（H_4TCBA）是一个很好的选择。H_4TCBA配体具有一个刚性羧基和三个柔性氧乙酸基团。四个羧基以三个不同的角度向外延伸60°、120°和180°，这应该有助于将多个方向的金属离子连接起来促进多股螺旋链形成，4,4′-联吡啶是一种线性共配体，具有良好的间隔，广泛用于制备开放式金属有机骨架，进而构建微孔结构[24]；羟基具有较小的离子半径，加上多齿配体，常被用来促进多核团簇的生成，从而获得高连通性[25]。

本节通过H_4TCBA，羟基，4,4′-联吡啶的协同作用，构建了7种具有多核团簇和高连通性的无机-有机杂化骨架：$[Cd_3(OH)_2(TCBA)(H_2O)]$(**1**)、$[Zn_{2.5}(OH)(TCBA)(H_2O)_4]\cdot H_2O$(**2**)、$[Zn_{2.5}(OH)(TCBA)(H_2O)]$(**3**)、$[Co_3(OH)_2(TCBA)(H_2O)_4]\cdot 2H_2O$(**4**)、$[Zn_3(OH)_2(TCBA)(4,4'\text{-bpy})]\cdot 5.5H_2O$(**5**)、$[Zn_3(OH)_2(TCBA)(4,4'\text{-bpy})_{1.5}]\cdot 5H_2O$(**6**)、$[Zn_4(TCBA)_2(4,4'\text{-bpy})_2(H_2O)_8]\cdot 11H_2O$(**7**)，并描述了它们的合成及螺旋结构。

4.1.1　实验部分

所有的化学试剂均直接购买使用。用Elementar Vario EL分析仪进行元素分析，在 Nicolet Avatar 5700 FT-IR 光谱仪上 4000~400cm^{-1} 区域以 KBr 片的形式测量红外光谱。用 Bruker WH400 DS 光谱仪在 400MHz 下记录了 1 个 H-NMR 谱。在安捷伦液体上测定了质谱色谱-质谱联用（LC-MS）1100 系列仪器，电喷雾电离［负电喷雾电离（ESI）］模式。荧光测量是用日立 F-7000 光度计在室温下制造的。用 Perkin-Elmer Diamond TG/DTA 热分析仪记录热重曲线，用铂容器在 N_2 气氛下加热样品，升温速率为 10C/min。粉末 X 射线衍射（PXRD）测量是在带有铜 K_α 辐射的 Bruker D8-ADVANCE X 射线衍射仪上进行的。在超导量子干涉装置（SQUID）磁力仪（量子设计 MPMS-5S）上进行了与温度有关的磁化测量。

4.1.1.1　[$Cd_3(OH)_2(TCBA)(H_2O)$](**1**)的合成

$CdCl_2 \cdot 2.5H_2O$（0.023g，0.1mmol）、H_4TCBA（0.034g，0.1mmol）、NaOH（0.1mmol）和蒸馏水（10mL）的混合溶液置于 23mL 聚四氟乙烯内衬的不锈钢反应釜中在 120℃ 加热 72h，再自然冷却至室温，得到块状无色晶体。产率为 32.5%（基于 Cd 计算）。$C_{13}H_{12}Cd_3O_{14}$ 元素分析（%）：计算值：C 21.40，H 1.66；实测值：C 21.56，H 1.86。红外数据（KBr 压片，v/cm^{-1}）：3433(s)，1609(vs)，1403(vs)，1331(m)，1220(w)，1141(m)，1027(w)，789(w)，598(w)。

4.1.1.2　[$Zn_{2.5}(OH)(TCBA)(H_2O)_4$]·$H_2O$(**2**)的合成

$ZnCl_2 \cdot H_2O$（0.021g，0.1mmol）、H_4TCBA（0.034g，0.1mmol）、NaOH（0.3mmol）、蒸馏水（7mL）和异丙醇（3mL）的混合溶液置于 23mL 聚四氟乙烯内衬的不锈钢反应釜中在 120℃ 加热 72h，再自然冷却至室温，得到块状无色晶体。产率为 16%（基于 Zn 计算）。$C_{13}H_{19}Zn_{2.5}O_{17}$ 元素分析（%）：计算值：C 25.56，H 3.14；实测值：C 25.72，H 3.26。红外数据（KBr 压片，v/cm^{-1}）：3421(s)，1607(vs)，1402(vs)，1333(m)，1264(w)，1217(w)，1131(m)，1065(w)，780(w)，630(w)。

4.1.1.3　[$Zn_{2.5}(OH)(TCBA)(H_2O)$](**3**)的合成

配合物 **2** 的合成与配合物 **1** 的合成相似，除了反应温度要上升到 175℃。自然冷却至室温，得到块状无色晶体。产率为 20.2%（基于 Zn 计算）。$C_{13}H_{11}O_{13}Zn_{2.5}$元素分析（%）：计算值：C 28.98，H 2.06；实测值：C 28.75，H 2.45。红外数据（KBr 压片，v/cm^{-1}）：3440(s)，3133(vs)，1608(s)，1401(s)，1324(w)，1204(w)，1137(m)，1075(w)，1038(w)，872(w)，777(m)，684(w)。

4.1.1.4　[$Co_3(OH)_2(TCBA)(H_2O)_4$]·$2H_2O$(**4**)的合成

$CoCl_2 \cdot 6H_2O$（0.024g，0.1mmol）、H_4TCBA（0.034g，0.1mmol）、NaOH

(0.2mmol)、蒸馏水（7mL）和乙醇（3mL）的混合溶液置于23mL聚四氟乙烯内衬的不锈钢反应釜中在90℃加热72h，再自然冷却至室温，得到红色块状晶体。产率为18.6%（基于Co计算）。$C_{13}H_{22}Co_3O_{19}$元素分析（%）：计算值：C 23.69，H 3.36；实测值：C 23.46，H 2.92。红外数据（KBr压片，v/cm^{-1}）：3610(s),3157(vs),1614(s),1500(w),1406(s),1329(m),1213(w),1132(m),1032(w),876(w),781(m),728(w),691(w)。

4.1.1.5 $[Zn_3(OH)_2(TCBA)(4,4'\text{-bpy})]\cdot 5.5H_2O$(**5**)的合成

$Zn(NO_3)_2\cdot 6H_2O$（0.029g,0.1mmol）,H_4TCBA（0.034g,0.1mmol）,4,4'-联吡啶（0.019g,0.1mmol）,NaOH（0.2mmol）和蒸馏水（10mL）的混合溶液置于23mL聚四氟乙烯不锈钢反应器，110℃加热72 h，再自然冷却至室温，得到无色块状晶体。产率为28.7%（基于Zn计算）。$C_{23}H_{29}Zn_3N_2O_{18.5}$元素分析（%）：计算值：C 33.46，H 3.54，N 3.39；实测值：C 33.65，H 3.66，N 3.28。红外数据（KBr压片，v/cm^{-1}）:3398(s),1614(s),1414(vs),1336(w),1217(w),1134(m),1047(w),826(w),777(w),702(w),642(w)。

4.1.1.6 $[Zn_3(OH)_2(TCBA)(4,4'\text{-bpy})_{1.5}]\cdot 5H_2O$(**6**)的合成

配合物**6**的合成与配合物**5**相似，只是温度提高到125℃。自然冷却至室温，得到无色块状晶体。产率为18.5%（基于Zn计算）。$C_{28}H_{32}Zn_3N_3O_{18}$元素分析（%）：计算值：C 37.59，H 3.61，N 4.69；实测值：C 37.68，H 3.72，N 4.56。红外数据（KBr压片，v/cm^{-1}）：3400(s),1611(s),1412(vs),1341(w),1217(w),1132(m),1051(w),1017(w),822(w),777(w),700(w),646(w)。

4.1.1.7 $[Zn_4(TCBA)_2(4,4'\text{-bpy})_2(H_2O)_8]\cdot 11H_2O$(**7**)的合成

配合物**7**的合成与配合物**5**相似，除了$ZnSO_4\cdot 7H_2O$（0.029g，0.1mmol）代替0.1mmol $Zn(NO_3)_2\cdot 6H_2O$，溶剂为5mL蒸馏水和5mL乙醇的混合溶剂而不是10mL蒸馏水，温度下降到90℃。产率为24.5%（基于Zn计算）。$C_{46}H_{70}Zn_4N_4O_{41}$元素分析（%）：计算值：C 34.60，H 4.42，N 3.51；实测值：C 34.77，H 4.55，N 3.43。红外数据（KBr压片，v/cm^{-1}）：3421(s),1606(vs),1402(vs),1332(m),1261(w),1219(w),1132(m),1016(w),936(w),780(m),630(m)。

4.1.1.8 X射线晶体的研究

单晶X射线数据收集在Brucker APEX Ⅱ探测器衍射仪[26]，采用的是石墨

单色钼 K_{α} 辐射（λ＝0.071073nm）。利用 SADABS 程序[27]对标题配合物进行半经验吸收校正。采用直接法[28]求解结构，采用 SHELXL-97[29]对 F^2 进行全矩阵最小二乘优化。所有非氢原子均为各向异性细化，利用差傅里叶变换对羟基 H 和水的 H 原子进行定位，并将其他氢原子置于几何计算位置。X 射线数据采集配合物 **1~7** 的实验细节见表 4-1，所选键长见表 4-2，所选氢键长度和角度见表 4-3。

表 4-1　配合物 1~7 的晶体学数据

配合物	**1**	**2**	**3**	**4**
分子式	$C_{13}H_{12}O_{14}Cd_3$	$C_{13}H_{19}O_{17}Zn_{2.5}$	$C_{13}H_{11}O_{13}Zn_{2.5}$	$C_{13}H_{22}O_{19}Zn_3$
分子量	729.43	610.71	538.64	659.10
T/K	291（2）	296（2）	296（2）	296（2）
晶系	Monoclinic	Triclinic	Monoclinic	Triclinic
空间群	$P2_1/c$	$P\bar{1}$	$P2_1/c$	$P\bar{1}$
a/nm	1.1837（10）	0.7741（1）	0.8075（1）	0.7947（1）
b/nm	1.1549（9）	1.0007（1）	0.8575（1）	1.2541（1）
c/nm	1.2704（10）	1.2434（1）	2.2703（1）	1.2562（1）
α/(°)	90	89.732（1）	90	111.680
β/(°)	95.068（10）	89.884（1）	92.166（1）	106.200
γ/(°)	90	84.946（1）	90	94.380
V/nm^3	1.7299（2）	0.9594（1）	1.5708（1）	1.0945（1）
晶胞中分子数量 Z	4	2	4	2
单胞中电子的数目 F(000)	1384	616	1072	666
D_C/g · cm^{-3}	2.801	2.114	2.278	2.000
θ/(°)	2.39~25.50	2.62~25.5	2.52~27.50	2.94~25.49
线性吸收系数 μ/mm^{-1}	3.735	3.203	3.878	2.341
拟合优度 S 值	1089	1090	1073	1066
收集到的衍射点	12544	7400	13626	8426
用于精修的衍射点	3207	3537	3606	4045
等价衍射点在衍射强度上的差异值 R_{int}	0.0167	0.0108	0.0188	0.0107
可观测衍射点的 R_1，wR_2［$I>2\sigma(I)$］	0.0288，0.0811	0.0219，0.0586	0.0247，0.0632	0.0277，0.0737
全部衍射点的 R_1，wR_2	0.0312，0.0826	0.0226，0.0590	0.0276，0.0646	0.0303，0.0755

续表 4-1

配合物	**5**	**6**	**7**
分子式	$C_{23}H_{29}N_2O_{18.5}Zn_3$	$C_{28}H_{32}N_3O_{18}Zn_3$	$C_{46}H_{70}N_4O_{41}Zn_4$
分子量	825.59	894.68	1596.54
T/K	296（2）	296（2）	296（2）
晶系	Monoclinic	Triclinic	Orthorhombic
空间群	C2/c	$P\bar{1}$	Pccn
a/nm	1.9788（7）	1.1788（16）	3.6709（6）
b/nm	1.3768（5）	1.1859（16）	1.4468（2）
c/nm	2.1628（7）	1.4035（19）	2.2856（4）
α/(°)	90	72.571（2）	90
β/(°)	97.106（10）	76.085（2）	90
γ/(°)	90	70.407（2）	90
V/nm^3	5.8473（4）	1.7420（4）	12.139（3）
晶胞中分子数量 Z	8	2	8
单胞中电子的数目 F(000)	3352	910	6576
D_C/g · cm^{-3}	1.876	1.706	1.747
θ/(°)	1.90~25.50	2.26~25.50	2.10~25.50
线性吸收系数 μ/mm^{-1}	2.532	2.132	1.675
拟合优度 S 值	1018	1024	991
收集到的衍射点	21570	13465	89952
用于精修的衍射点	5441	6444	11310
等价衍射点在衍射强度上的差异值 R_{int}	0.0526	0.0473	0.1470
可观测衍射点的 R_1，wR_2 ［$I>2\sigma(I)$］	0.0389，0.0725	0.0508，0.1235	0.0485，0.0890
全部衍射点的 R_1，wR_2	0.0714，0.0875	0.0935，0.1464	0.1207，0.1200

表 4-2　配合物 1~7 的键长（nm）数据

1			
Cd(1)-O(1)#1	0.2414(4)	Cd(1)-O(2)#1	0.2409(4)
Cd(1)-O(10)	0.2330(4)	Cd(1)-O(12)#2	0.2277(3)
Cd(1)-O(13)	0.2251(3)	Cd(1)-O(14)	0.2366(3)
Cd(2)-O(4)#3	0.2466(5)	Cd(2)-O(5)#3	0.2430(5)

续表 4-2

		1	
Cd(2)-O(6)	0. 2503(3)	Cd(2)-O(8)	0. 2277(4)
Cd(2)-O(9)	0. 2538(4)	Cd(2)-O(10)#4	0. 2317(4)
Cd(2)-O(11)	0. 2326(4)	Cd(2)-O(12)	0. 2369(4)
Cd(3)-O(5)#3	0. 2407(5)	Cd(3)-O(7)#5	0. 2342(4)
Cd(3)-O(12)	0. 2188(3)	Cd(3)-O(13)	0. 2355(3)
Cd(3)-O(13)#6	0. 2216(3)		
		2	
Zn(1)-O(11)#1	0. 2068(2)	Zn(1)-O(11)#2	0. 2068(2)
Zn(1)-O(12)	0. 2100(1)	Zn(1)-O(12)#3	0. 2100(1)
Zn(1)-O(16)	0. 2115(2)	Zn(1)-O(16)#3	0. 2115(2)
Zn(2)-O(2)	0. 2031(1)	Zn(2)-O(8)#4	0. 2087(2)
Zn(2)-O(10)#2	0. 2096(1)	Zn(2)-O(12)	0. 2055(1)
Zn(2)-O(13)	0. 2213(1)	Zn(2)-O(14)	0. 2234(1)
Zn(3)-O(1)	0. 2061(2)	Zn(3)-O(4)#5	0. 1965(2)
Zn(3)-O(12)	0. 1987(1)	Zn(3)-O(15)	0. 2011(2)
		3	
Zn(1)-O(7)	0. 2086(1)	Zn(1)-O(7)#1	0. 2086(1)
Zn(1)-O(12)	0. 2079(1)	Zn(1)-O(12)#1	0. 2079(1)
Zn(1)-O(13)	0. 2215(1)	Zn(1)-O(13)#1	0. 2215(1)
Zn(2)-O(1)#2	0. 1930(1)	Zn(2)-O(3)	0. 2401(1)
Zn(2)-O(5)	0. 2042(1)	Zn(2)-O(6)	0. 2484(1)
Zn(2)-O(7)	0. 1998(1)	Zn(2)-O(12)	0. 2099(1)
Zn(3)-O(2)#2	0. 1984(1)	Zn(3)-O(4)#3	0. 1972(2)
Zn(3)-O(11)#4	0. 1974(2)	Zn(3)-O(12)	0. 1982(1)
		4	
Co(1)-O(4)#1	0. 2069(2)	Co(1)-O(8)#2	0. 2251(2)
Co(1)-O(11)#3	0. 2083(2)	Co(1)-O(12)	0. 2097(2)
Co(1)-O(13)#4	0. 2043(2)	Co(1)-O(17)	0. 2158(2)
Co(2)-O(1)	0. 2042(2)	Co(2)-O(5)#1	0. 2132(2)
Co(2)-O(8)#2	0. 2129(2)	Co(2)-O(12)	0. 2031(2)
Co(2)-O(14)	0. 2102(2)	Co(2)-O(15)	0. 2120(2)
Co(3)-O(2)	0. 2049(2)	Co(3)-O(10)#3	0. 2136(2)
Co(3)-O(12)	0. 2073(2)	Co(3)-O(13)	0. 2064(2)

续表 4-2

	4		
Co(3)-O(13)#4	0.2124(2)	Co(3)-O(16)	0.2107(2)
	5		
Zn(1)-O(1)	0.1918(3)	Zn(1)-O(4)#1	0.1888(4)
Zn(1)-O(11)#2	0.1959(3)	Zn(1)-O(12)	0.1969(3)
Zn(2)-O(7)#3	0.1999(3)	Zn(2)-O(12)	0.2023(3)
Zn(2)-O(13)	0.1964(3)	Zn(2)-O(13)#4	0.2196(3)
Zn(2)-N(2)#5	0.2156(4)		
Zn(3)-O(2)	0.2187(3)	Zn(3)-O(8)#6	0.2229(3)
Zn(3)-O(10)#2	0.2138(3)	Zn(3)-O(12)	0.2116(3)
Zn(3)-O(13)#4	0.2010(3)	Zn(3)-N(1)	0.2081(4)
	6		
Zn(1)-O(1)	0.1924(4)	Zn(1)-O(5)#1	0.1955(4)
Zn(1)-O(12)	0.1929(4)	Zn(1)-N(1)	0.2017(5)
Zn(2)-O(7)#2	0.1996(4)	Zn(2)-O(12)	0.2051(4)
Zn(2)-O(13)	0.1965(4)	Zn(2)-O(13)#3	0.2163(4)
Zn(2)-N(3)	0.2125(5)		
Zn(3)-O(2)	0.2237(4)	Zn(3)-O(4)#1	0.2106(4)
Zn(3)-O(8)#4	0.2152(4)	Zn(3)-O(12)	0.2112(4)
Zn(3)-O(13)#3	0.2033(4)	Zn(3)-N(2)#5	0.2084(5)
	7		
Zn(1)-O(1)	0.2076(4)	Zn(1)-O(2)	0.2465(4)
Zn(1)-O(14)	0.2454(4)	Zn(1)-O(16)	0.2017(4)
Zn(1)-O(17)	0.2375(4)	Zn(1)-O(18)	0.2006(4)
Zn(1)-O(23)	0.2000(4)		
Zn(2)-O(5)	0.2041(4)	Zn(2)-O(24)	0.2086(4)
Zn(2)-O(25)	0.2092(4)	Zn(2)-O(26)	0.2147(4)
Zn(2)-N(1)	0.2173(4)	Zn(2)-N(2)#1	0.2186(4)
Zn(3)-O(6)	0.2455(4)	Zn(3)-O(8)	0.1981(4)
Zn(3)-O(9)	0.2382(4)	Zn(3)-O(11)	0.2054(4)
Zn(3)-O(12)#2	0.2077(4)	Zn(3)-O(13)#7	0.2463(5)
Zn(3)-O(27)	0.1997(5)		
Zn(4)-O(21)	0.2157(4)	Zn(4)-O(21)#3	0.2157(4)
Zn(4)-O(28)	0.2145(4)	Zn(4)-O(28)#3	0.2145(4)

续表 4-2

7			
Zn(4)-N(3)	0.2142(6)	Zn(4)-N(4)#1	0.2158(7)
Zn(5)-O(29)	0.2074(5)	Zn(5)-O(29)#4	0.2074(5)
Zn(5)-O(30)	0.2180(5)	Zn(5)-O(30)#4	0.2180(5)
Zn(5)-N(5)	0.2156(7)	Zn(5)-N(6)#5	0.2166(7)

注：对称操作：配合物**1**：#1 $x-1$, y, z; #2 x, $-y+1/2$, $z+1/2$; #3 $-x+2$, $y-1/2$, $-z+3/2$; #4 x, $-y+1/2$, $z-1/2$; #5 $-x+1$, $y-1/2$, $-z+3/2$; #6 $-x+1$, $-y$, $-z+2$。配合物**2**：#1 $-x+1$, $-y$, $-z$; #2 x, y, $z+1$; #3 $-x+1$, $-y$, $-z+1$; #4 $-x$, $-y+1$, $-z$; #5 x, $y-1$, z。配合物**3**：#1 $-x$, $-y+1$, $-z+1$; #2 $-x+1$, $y+1/2$, $-z+1/2$; #3 $-x+1$, $-y+1$, $-z+1$; #4 $-x$, $y+1/2$, $-z+1/2$。配合物**4**：#1 x, $y+1$, z; #2 $-x+1$, $-y+1$, $-z+2$; #3 x, y, $z-1$; #4 $-x+1$, $-y+1$, $-z+1$。配合物**5**：#1 $-x+3/2$, $y+1/2$, $-z+3/2$; #2 $-x+1$, $-y+2$, $-z+1$; #3 $-x+3/2$, $-y+3/2$, $-z+1$; #4 $-x+3/2$, $-y+5/2$, $-z+1$; #5 $x+1/2$, $-y+5/2$, $z+1/2$; #6 x, $y+1$, z。配合物**6**：#1 $-x+1$, $-y+2$, $-z+1$; #2 $-x+1$, $-y+1$, $-z+1$; #3 $-x$, $-y+2$, $-z+1$; #4 $x-1$, $y+1$, z; #5 x, y, $z+1$。配合物**7**：#1 x, $-y+1/2$, $z+1/2$; #2 $x-1/2$, $-y$, $-z+3/2$; #3 $-x+1/2$, $-y+1/2$, z; #4 $-x+1/2$, $-y+3/2$, z; #5 x, $-y+3/2$, $z+1/2$。

表 4-3　配合物 1~7 的氢键（nm 和°）数据

D-H···A	d(D-H)	d(H···A)	d(D···A)	<(DHA)
1				
O(14)-H(1W)···O(8)#1	0.083	0.189	0.2705(5)	170.1
O(14)-H(2W)···O(2)#2	0.084	0.186	0.2692(5)	173.3
2				
O(12)-H(12)···O(7)#1	0.082	0.222	0.2988(2)	157
O(14)-H(3W)···O(9)#1	0.082	0.226	0.2923(2)	138.5
O(14)-H(4W)···O(13)#2	0.082	0.205	0.2814(2)	154.8
O(14)-H(4W)···O(10)#1	0.082	0.231	0.2844(2)	122.9
O(15)-H(5W)···O(7)#1	0.083	0.223	0.2936(2)	143.4
O(15)-H(6W)···O(5)#1	0.082	0.194	0.2761(2)	174.2
O(16)-H(7W)···O(8)#3	0.082	0.190	0.2712(2)	173.1
O(16)-H(8W)···O(7)#4	0.083	0.182	0.2633(2)	165
3				
O(12)-H(12)···O(8)#1	0.082	0.245	0.3023(2)	127.6
O(13)-H(1W)···O(5)#1	0.083	0.247	0.2966(2)	119.4
O(13)-H(1W)···O(2)#2	0.083	0.247	0.3170(3)	142.7
O(13)-H(2W)···O(11)#3	0.083	0.217	0.2981(3)	167.4

续表 4-3

D-H···A	d(D-H)	d(H···A)	d(D···A)	<(DHA)
		4		
O(12)-H(12)···O(7)#1	0.082	0.244	0.3184(3)	151.7
O(13)-H(13)···O(10)#2	0.082	0.236	0.2781(3)	112.7
O(14)-H(1W)···O(15)#3	0.082	0.195	0.2729(3)	158.9
O(14)-H(2W)···O(9)#4	0.083	0.187	0.2609(6)	147.9
O(15)-H(3W)···O(3)#5	0.084	0.237	0.2872(3)	118.9
O(15)-H(3W)···O(5)#5	0.084	0.198	0.2733(3)	149.6
O(15)-H(4W)···O(6)#5	0.082	0.193	0.2746(2)	169.9
O(16)-H(6W)···O(6)#5	0.083	0.229	0.3081(3)	161.2
O(16)-H(6W)···O(9)#5	0.083	0.236	0.2953(3)	129
O(17)-H(7W)···O(7)#4	0.082	0.212	0.2863(3)	150.4
O(17)-H(8W)···O(18)#6	0.082	0.220	0.2935(4)	147.9
O(19)-H(12W)···O(18)#7	0.083	0.204	0.2709(9)	136.7
		5		
O(12)-H(12)···O(19)#1	0.083	0.212	0.295(8)	175.4
O(13)-H(13)···O(14)#2	0.083	0.190	0.273(5)	175.7
O(14)-H(1W)···O(6)	0.083	0.250	0.310(5)	130.4
O(14)-H(2W)···O(3)	0.083	0.246	0.287(5)	111.5
O(14)-H(2W)···O(5)	0.083	0.211	0.289(9)	154.3
O(14)-H(2W)···O(5')	0.083	0.183	0.266(2)	168.7
O(15)-H(3W)···O(17)	0.093	0.194	0.279(2)	149.6
O(16)-H(5W)···O(11)	0.090	0.225	0.275(7)	114.3
O(16)-H(6W)···O(11)#3	0.089	0.194	0.275(7)	151.4
O(18)-H(9W)···O(8)#4	0.083	0.264	0.323(8)	128.8
O(18)-H(9W)···O(10)#5	0.083	0.232	0.302(7)	141.6
O(19)-H(11W)···O(18)#3	0.083	0.234	0.277(2)	113.1
		6		
O(13)-H(13)···O(2)#1	0.095	0.238	0.293(5)	116.1
O(13)-H(13)···O(8)#2	0.095	0.254	0.311(5)	118.1
O(13)-H(13)···O(12)#1	0.095	0.221	0.276(5)	114.8
O(13)-H(13)···N(2)#3	0.095	0.249	0.307(6)	118.9
O(14)-H(1W)···O(11)	0.083	0.191	0.271(7)	160.3
O(14)-H(2W)···O(6)	0.083	0.237	0.309(6)	146.1
O(15)-H(3W)···O(12)#4	0.083	0.197	0.278(7)	165.7

续表 4-3

D-H…A	d(D-H)	d(H…A)	d(D…A)	<(DHA)
		6		
O(15)-H(4W)…O(11)	0.083	0.202	0.284(10)	172.1
O(16)-H(5W)…O(5)	0.084	0.230	0.290(7)	128.9
O(16)-H(6W)…O(18)#5	0.086	0.197	0.281(13)	164.6
		7		
O(23)-H(1W)…O(32)	0.083	0.190	0.272(6)	170.5
O(23)-H(2W)…O(7)#1	0.083	0.193	0.275(6)	172.5
O(23)-H(2W)…O(8)#1	0.083	0.264	0.311(6)	117.5
O(24)-H(3W)…O(1)	0.083	0.222	0.306(6)	176.5
O(24)-H(4W)…O(31)	0.083	0.188	0.270(6)	168.8
O(25)-H(5W)…O(37)#2	0.084	0.187	0.269(6)	166.4
O(25)-H(6W)…O(10)#1	0.084	0.202	0.277(6)	147.6
O(26)-H(7W)…O(10)#3	0.083	0.198	0.276(6)	157.7
O(26)-H(8W)…O(4)	0.083	0.195	0.273(6)	157.3
O(27)-H(9W)…O(41)#4	0.086	0.190	0.260(7)	137.2
O(27)-H(10W)…O(9)	0.083	0.246	0.302(7)	125.3
O(28)-H(11W)…O(21)#5	0.087	0.236	0.310(6)	143.8
O(28)-H(11W)…O(22)#5	0.087	0.212	0.284(6)	140.7
O(28)-H(12W)…O(15)#6	0.084	0.194	0.276(6)	165.6
O(29)-H(13W)…O(30)#7	0.085	0.231	0.299(7)	138.2
O(29)-H(14W)…O(22)#8	0.086	0.203	0.266(6)	128.9
O(30)-H(15W)…O(29)#7	0.084	0.235	0.299(7)	133.1
O(30)-H(15W)…N(6)#9	0.084	0.251	0.309(7)	126.5
O(30)-H(16W)…O(29)	0.083	0.229	0.303(8)	147.9
O(31)-H(17W)…O(40)#3	0.085	0.191	0.271(6)	157
O(31)-H(18W)…O(15)	0.085	0.194	0.278(7)	168.6
O(31)-H(18W)…O(16)	0.085	0.253	0.308(6)	123.3
O(32)-H(19W)…O(31)	0.083	0.203	0.285(7)	169.2
O(32)-H(20W)…O(11)#1	0.083	0.222	0.304(6)	171.3
O(33)-H(21W)…O(38)#10	0.084	0.216	0.298(9)	165.1
O(33)-H(22W)…O(40)	0.083	0.221	0.295(7)	148.7
O(34)-H(23W)…O(30)#2	0.096	0.193	0.277(8)	145
O(34)-H(24W)…O(19)#8	0.084	0.200	0.281(8)	163
O(35)-H(25W)…O(4)#1	0.084	0.200	0.277(7)	150.6

续表 4-3

D-H…A	d(D-H)	d(H…A)	d(D…A)	<(DHA)
		7		
O(35)-H(26W)…O(15)#6	0.088	0.247	0.301(8)	120.2
O(36)-H(27W)…O(29)#11	0.087	0.218	0.266(7)	113.8
O(36)-H(28W)…O(39)#11	0.084	0.210	0.291(8)	161.8
O(37)-H(29W)…O(33)#8	0.083	0.193	0.276(7)	175.6
O(37)-H(30W)…O(26)#1	0.083	0.224	0.304(6)	160.2
O(39)-H(33W)…O(34)#9	0.084	0.257	0.338(10)	159.9
O(39)-H(34W)…O(40)#8	0.087	0.246	0.311(8)	131.5
O(40)-H(35W)…O(20)	0.083	0.254	0.313(6)	128.7
O(40)-H(35W)…O(21)	0.083	0.206	0.283(6)	152.8
O(40)-H(36W)…O(7)#1	0.083	0.184	0.267(6)	171.8
O(41)-H(37W)…O(35)#12	0.083	0.203	0.283(8)	160.5
O(41)-H(38W)…O(38)#12	0.083	0.190	0.2708(8)	163.8

注：对称操作：配合物**1**：#1 -x+1，-y+1，-z+2；#2 -x+2，-y+1，-z+2。配合物**2**：#1 -x+1，-y+1，-z;#2 -x+1，-y+1，-z+1；#3 -x，-y+1，-z；#4 x，y-1，z+1。配合物**3**：#1 -x，-y+1，-z+1；#2 -x，y+1/2，-z+1/2；#3 x，-y+3/2，z+1/2。配合物**4**：#1 -x+2，-y+1，-z+2；#2 x，y，z-1；#3 -x+2，-y+2，-z+2；#4 -x+1，-y+1，-z+2；#5 -x+2，-y+1，-z+2；#6 -x+1，-y+2，-z+1；#7 -x+1，-y+1，-z+1。配合物**5**：#1 -x+3/2，-y+3/2，-z+1；#2 x，y+1，z；#3 -x+1，y，-z+1/2；#4 x-1/2，-y+1/2，z-1/2；#5 -x+1/2，y-1/2，-z+1/2。配合物**6**：#1 -x，-y+2，-z+1；#2 -x+1，-y+1，-z+1；#3 -x，-y+2，-z；#4 x+1，y-1，z；#5 x，y，z+1。配合物**7**：#1 -x，y+1/2，-z+3/2；#2 x，-y+3/2，z-1/2；#3 x，-y+1/2，z-1/2；#4 x-1，y，z；#5 -x+1/2，-y+1/2，z；#6 x，-y+1/2，z+1/2；#7 -x+1/2，-y+3/2，z；#8 x，y+1，z；#9 x，-y+3/2，z+1/2；#10 x，y-1，z；#11 x，y，z-1；#12 -x+1，y-1/2，-z+3/2。

4.1.2　结果与讨论

4.1.2.1　结构描述

A　[$Cd_3(OH)_2(TCBA)(H_2O)$](**1**)的结构

单晶X射线结构分析结果表明，配合物**1**晶体属于单斜晶系 $P2_1/c$ 空间群。不对称单元中包含三个晶体学独立的Cd(Ⅱ)离子（如图4-1a所示）。Cd1与两个羟基氧原子、三个羧酸氧原子和一个水分子进行六配位。Cd2与8个氧原子成键：1个羟基氧，2个乙醚氧和5个羧酸氧。Cd3只与3个羟基氧和2个羧酸氧原子成键。在配合物**1**中，每个$TCBA^{4-}$配体通过8个羧酸盐氧和2个醚氧原子与7个Cd(Ⅱ)离子成键（如图4-1a所示）。值得注意的是有两种类型的μ_3-OH结构存在。一个羟基氧原子（O12）连接一个 Cd1、一个 Cd2 和一个 Cd3 原子。另一个羟基氧原子（O13）连接一个 Cd1 和两个 Cd3 原子（如图 4-1a 所示）。

一个独特的 I^2O^3 框架是通过一个无机网状结构和一个 Cd(Ⅱ)离子连接的有机网络形成的（如图 4-1b 所示）。通过两种类型的 μ_3-OH 连接三个结晶学独立的 Cd(Ⅱ)离子形成一个二维 M-O-M 无机网络（如图 4-1c 所示）；而 $TCBA^{4-}$配体连接三个晶体独立的 Cd(Ⅱ)离子，形成一个三维的 M-L-M 有机骨架（如图 4-1d 所示），而得到一个良好的 I^2O^3 无机-有机杂化框架。据我们所知，这是首次报道 I^2O^3 的框架。

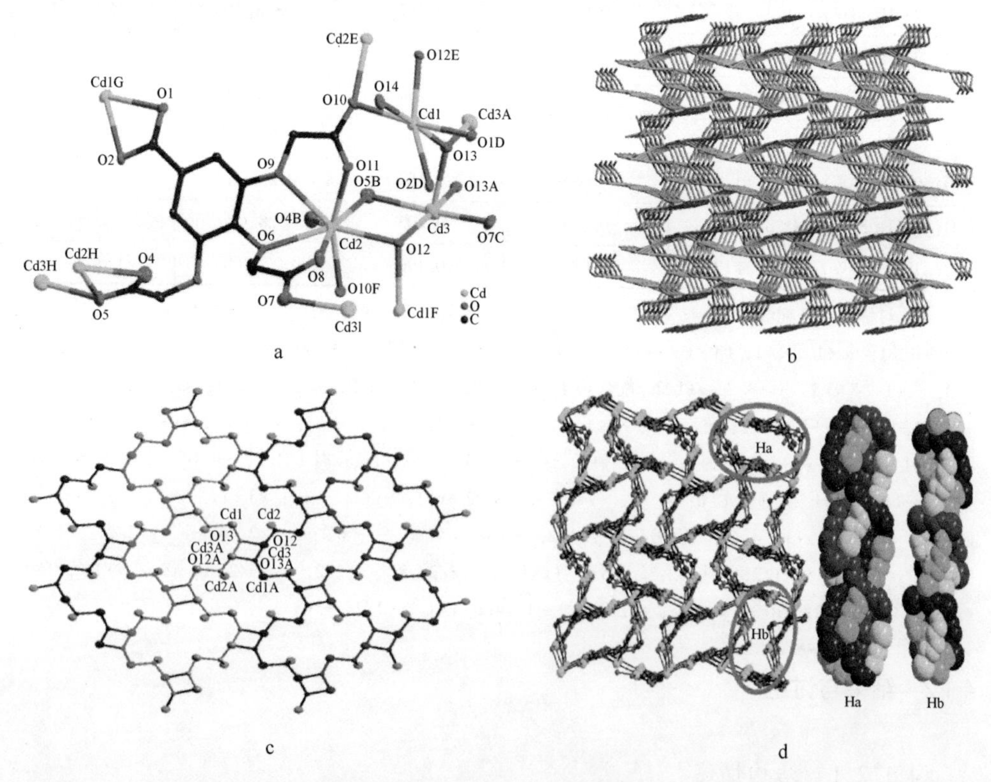

图 4-1　(a) 配合物 **1** 的 Cd(Ⅱ)配位环境，$TCBA^{4-}$和两种类型的 μ_3-OH 的桥接模式；(b) 沿 *a* 轴方向配合物 **1** 的 2-D 无机和 3-D 有机杂化结构；(c) $TCBA^{4-}$省略后，沿 *a* 轴方向，羟基氧原子连接镉离子形成的二维纯无机、四连接的层状结构，包含六核镉簇（标记原子）Cd-O（羟基）-Cd 螺旋链；(d) μ_3-OH 省略后，沿 *a* 轴方向，$TCBA^{4-}$阴离子连接三个晶体独立 Cd(Ⅱ)离子形成的 3-D 有机框架，包含两种四股螺旋链（Ha 和 Hb），均含两个右手和两个左手螺旋链

配合物 **1** 中另一个有趣的特性是它的螺旋链。无机层中有一种 M-O（羟基）

螺旋链（如图 4-1c 所示）。重复单元为 Cd1-O13-Cd3-O12-Cd1-O13-Cd3-O12，其沿 *b* 轴方向伸展的螺距与晶胞 *b* 轴长度相同。到目前为止，只有少数 M-O 螺旋链被报道[30]，M-O（羟基）螺旋链很少被报道。此外，结构导向配体 $TCBA^{4-}$具有四个向外延伸的羧基，有利于多股螺旋链的形成。在配合物 **1** 中，$TCBA^{4-}$配体连接 Cd^{2+} 离子形成两种四链螺旋链，分别为 Ha 和 Hb，都有两个右手和两个左手螺旋（如图 4-1d 所示）。Ha 和 Hb 的重复单元分别是 Hb-Cd3-O5-Cd2-O10-C13-C12-O9-C6-C5-C4-O3-C8-C9-O5-Cd2-O10-Cd1-O1-C1-C2-C7-C6-C5-O6-C10-C11-O7 和 Cd-O10-O6-C5-C4-O3-C8-C9-O5-Cd2-O11-C13-O10-Cd2-O8-C11-O7-Cd3-O5-Cd2-O9-C6-C7-C2-C1-O1。它们沿 *a* 轴的长度（2.368nm）是晶胞 *a* 轴长度（1.184nm）的两倍。

我们从拓扑学角度对配合物 **1** 的骨架结构进行分析，$[Cd_6(OH)_4]^{8+}$簇由两个 Cd1、两个 Cd2 和两个 Cd3 离子通过四个羟基氧原子连接而成，形成中心对称六核 Cd 簇（如图 4-1c 所示）。因此，每个 $TCBA^{4-}$配体连接 5 个 $[Cd_6(OH)_4]^{8+}$簇，可视为 5 个连接节点（如图 4-2a 所示）。同时每个 $[Cd_6(OH)_4]^{8+}$簇被 4 个 $[Cd_6(OH)_4]^{8+}$和 10 个 $TCBA^{4-}$配体包围，应视为 14 个连接节点（如图 4-2b 所示）。因此，将 $TCBA^{4-}$配体导入无机骨架后，配合物 **1** 的拓扑网络由 4 节点连接的纯无机网络变为罕见的两种节点的（5，14）连接网络，Schlafli 符号为 $\{3^{12}\cdot4^{34}\cdot5^{30}\cdot6^{14}\cdot7\}\{3^3\cdot4^6\cdot5\}_2$（如图 4-2c 所示），$[Cd_6(OH)_4]^{8+}$和 $TCBA^{4-}$阴离子比例为 1∶2。双节点网络，如（3,8）-、(3,9)-、(3,12)-、(4,8)-和(4,10)-c 有少量报道,然而在报道的基于多核金属簇的拓扑中，还未见（5,14)-这种拓扑报道[31]。

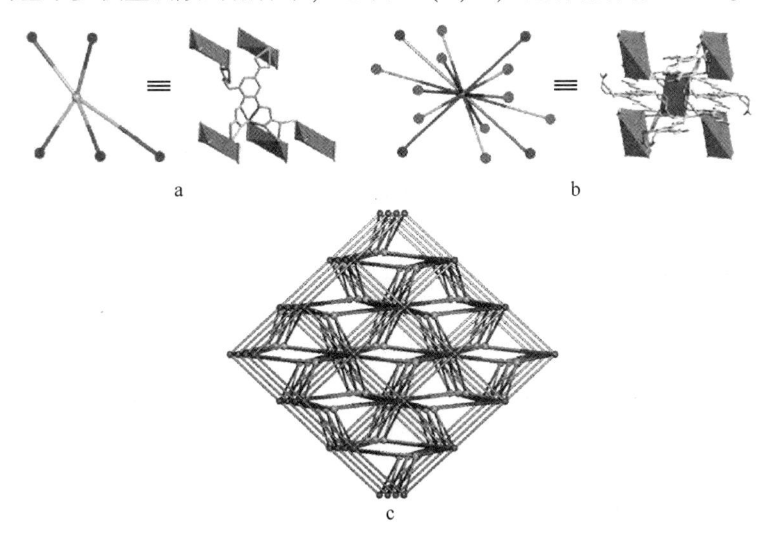

图 4-2 (a) 5 连接节点的 $TCBA^{4-}$阴离子；(b) $[Cd_6(OH)_4]^{8+}$节点示意图；(c) 配合物 **1** 中的（5,14)-连接的拓扑结构

B　[$Zn_{2.5}$(OH)(TCBA)(H_2O)$_4$]·H_2O(**2**)的结构

配合物**2**的不对称单元由三个晶体学独立的Zn(Ⅱ)、一个羟基和一个TCBA配体、四个配位水和一个晶格水分子组成（如图4-3a所示）。对于这三种类型的Zn(Ⅱ)阳离子，每个Zn1都位于一个对称中心，与来自两个羧基、两个羟基和两个水分子的六个氧原子配位；Zn2与两个水分子、一个羟基和三个羧酸氧原子配位；而Zn3与一个水分子、一个羟基和两个羧酸氧配位。一个TCBA阴离子通过六个羧基氧原子与六个Zn(Ⅱ)离子成键，如图4-3a所示。

一个羟基氧原子以μ_3-桥接方式连接一个Zn1、一个Zn2和一个Zn3原子（如图4-3b中的O12所示）。两个羟基氧原子与五个锌离子连接形成一个中心对称的五聚体锌簇。1-羧基、3-氧乙酸基和4-氧乙酸基将Zn2和Zn3原子连接成具有相反手性的双螺旋链，螺旋沿*b*轴的螺距是晶胞*b*轴长度的两倍。螺旋链通过5-氧乙酸基团进一步连接Zn1原子，生成三维M-L-M框架结构（如图4-3c所示）。因此，配合物**2**是I^0O^3的无机-有机杂化结构（如图4-3d所示）。

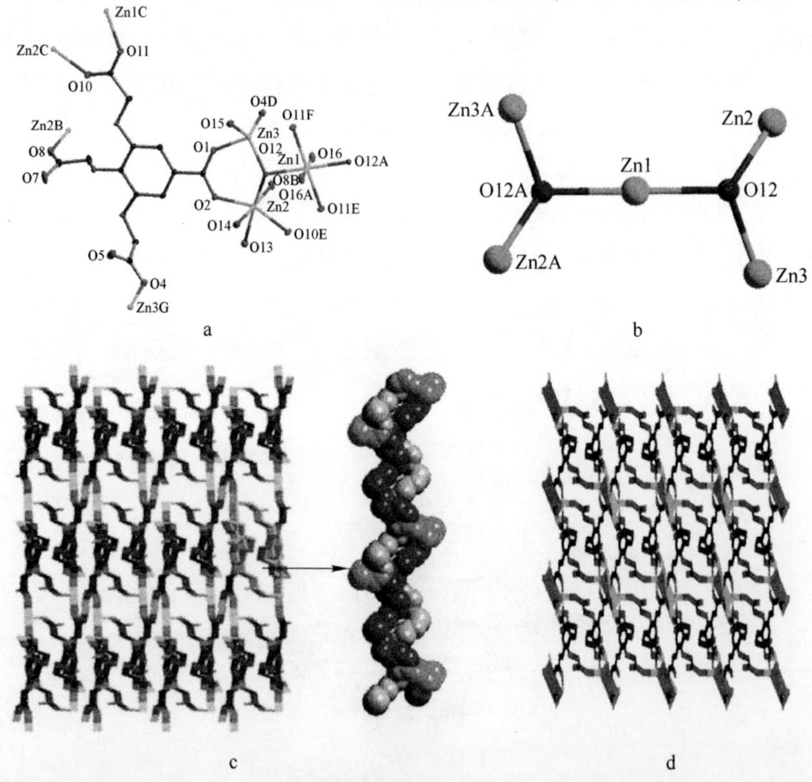

图4-3　(a) 配合物**2**中Zn(Ⅱ)离子的配位环境，TCBA与μ_3-OH的不对称桥联模式；(b) [$Zn_5(OH)_2$]$^{8+}$簇；(c) 省略羟基和水分子后，沿*b*轴方向，TCBA配体连接锌来自形成的3-D有机骨架中的手性相反的双螺旋链；(d) 沿*b*轴方向，配合物**2**的0-D无机和3-D有机的I^0O^3杂化结构

从拓扑学角度来简化配合物**2**的骨架结构。一个TCBA配体连接来自四个五聚体单元的六个锌离子（如图4-4a所示），一个 $[Zn_5(OH)_2]^{8+}$ 簇连接八个TCBA配体（如图4-4b所示）。配合物**2**的拓扑网络是一个2节点的(4,8)-连接的拓扑结构，Schlafli符号为 $\{4^{12}\cdot6^{12}\cdot8^4\}\{4^6\}_2$，其中 $[Zn_5(OH)_2]^{8+}$ 簇与TCBA阴离子的比值为1∶2（如图4-4c所示）。

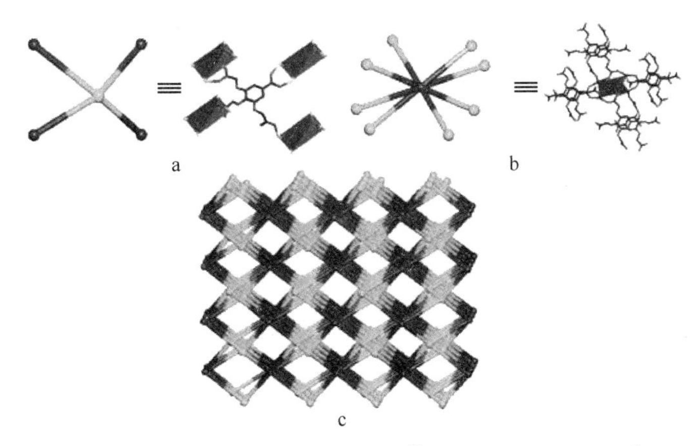

图4-4 (a)4连接节点的TCBA配体；(b) $[Zn_5(OH)_2]^{8+}$ 簇节点示意图；(c) 配合物**2**的 (4,8)-连接的拓扑结构

C $[Zn_{2.5}(OH)(TCBA)(H_2O)]$(**3**)的结构

与配合物**2**相比，配合物**3**的不对称单元中也有3个晶体学独立的Zn(Ⅱ)离子，1个羟基和1个TCBA配体，但只有1个配位水分子。羟基和TCBA配体将3个晶体学独立的Zn(Ⅱ)离子连接起来，也形成 I^0O^3 杂化框架结构（如图4-5d所示）。Zn1位于1个对称中心，与6个氧原子配位：2个羧基氧原子和2个羟基氧原子，2个水氧原子，与配合物**2**中的Zn1离子相同。Zn2与1个羟基、3个羧基和2个醚氧原子配位。Zn3与1个羟基和3个羧酸氧原子配位。然而配合物**2**中Zn2和Zn3的配位环境与配合物**1**的分别不同；1个TCBA阴离子通过6个羧基氧和2个醚氧原子与6个Zn(Ⅱ)离子成键（如图4-5所示）。

配合物**3**中的每个羟基氧原子也连接3个锌原子（Zn1、Zn2和Zn3），呈现出 μ_3-桥接模式，与配合物**2**的羟基桥联模式相似。即2个羟基氧原子也连接5个锌原子形成一个中心对称的五核锌簇（如图4-5b所示）。

配合物**3**的显著特征是TCBA配体与 Zn^{2+} 离子结合形成一个包含双螺旋左链和双螺旋右链的三维骨架（如图4-12c所示）。它的重复单位螺旋链可以描述为 $(\text{-Zn2-O5-C9-O4-Zn3-C13-C12-C6-C6-C7-C1-O1-Zn2-O7-Zn1-O7-})_n$。沿 a 轴方向伸展的螺旋链长度是晶胞 a 轴长度（0.807nm）的两倍。这两个手性相反的双螺旋链在Zn1和O7原子处结合。因此，配合物**3**的杂化框架结构也可以描述为 I^0O^3（如图4-5d所示）。

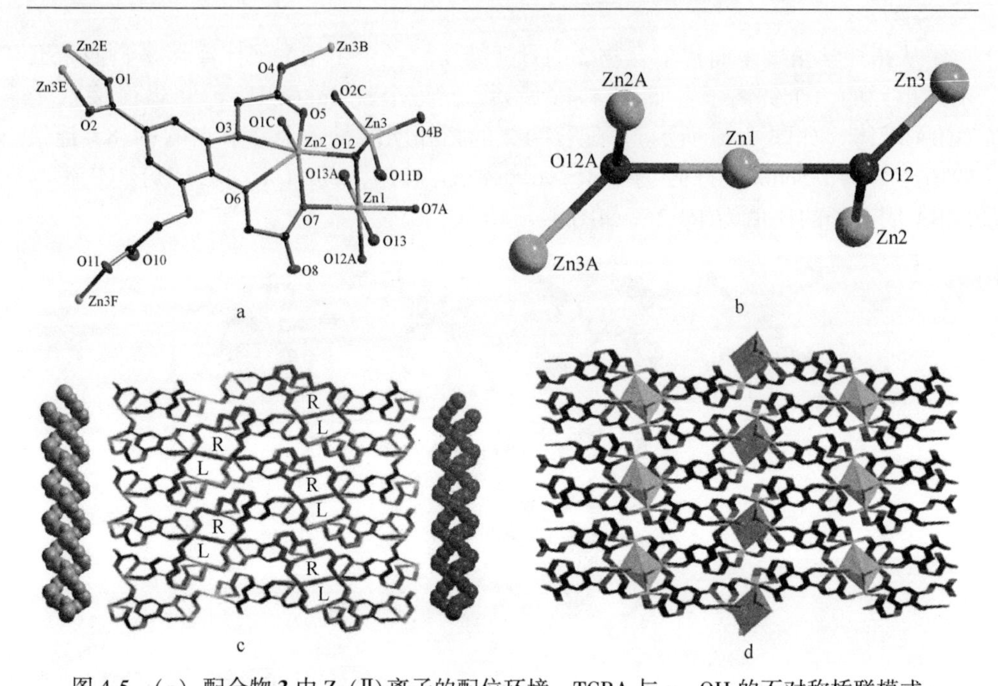

图 4-5　(a) 配合物 **3** 中 Zn(Ⅱ)离子的配位环境，TCBA 与 μ_3-OH 的不对称桥联模式；(b) $[Zn_5(OH)_2]^{8+}$簇；(c) 省略羟基和水分子后，沿 *a* 轴形成双股左旋链和双股右旋链的三维有机骨架；(d) 沿 *a* 轴方向配合物 **3** 的 0-D 无机和 3-D 有机的杂化结构

我们从拓扑学角度对配合物 **3** 的骨架结构进行分析，一个 TCBA 配体连接来自四个独立的五核锌簇的六个锌离子（如图 4-6a 所示），一个 $[Zn_5(OH)_2]^{8+}$簇连接八个 TCBA 配体（如图 4-6b 所示）。则配合物 **3** 可以被描述为 (4,8)-连接的拓扑结构，拓扑符号为 $\{4^{12}\cdot6^{12}\cdot8^4\}\{4^6\}_2$，与配合物 **2** 略有不同，其中 $[Zn_5(OH)_2]^{8+}$簇与 TCBA 的比值也是 1∶2（如图 4-6c 所示）。

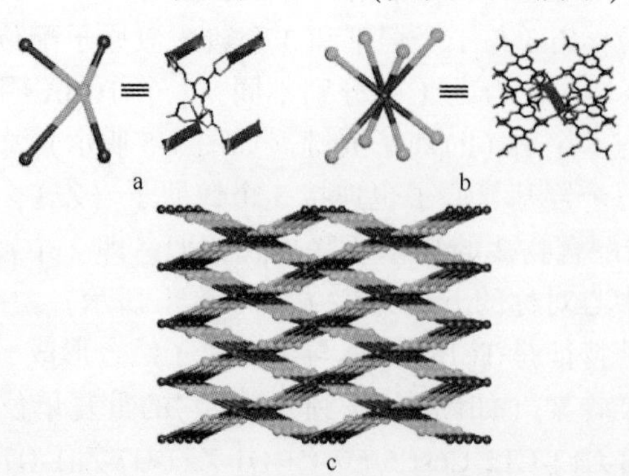

图 4-6　(a) 4 连接节点的配体；(b) 配合物 **3** 中 8-连接 $[Zn_5(OH)_2]^{8+}$簇节点示意图；(c) 配合物 **2** 的 (4,8)-连接的 $(4^{16}\cdot6^{12})(4^4\cdot6^2)_2$的拓扑结构

D $[Co_3(OH)_2(TCBA)(H_2O)_4]\cdot 2H_2O$(**4**)的结构

配合物**4**的不对称单元中也包含三个晶体学独立的Co(Ⅱ)离子（如图4-7a所示）。Co1、Co2和Co3离子都是六个配位的，都呈现扭曲的八面体几何形状。与Co1配位的6个氧原子来自3个TCBA配体的3个氧乙酸根中的3个羧酸氧原子、2个羟基和1个水分子。与Co2配位的是1个羟基、2个水分子、3个TCBA配体的1个羧基和2个氧乙酸基。与Co3配位的是3个羟基、1个水分子、2个TCBA配体中的1个羧基和1个氧乙酸基。每个羟基氧原子连接3个Co^{2+}阳离子，表现出两种μ_3-OH桥联模式。一种类型的μ_3-OH连接一个Co1，一个Co2和一个Co3，另一种类型的连接一个Co1和两个Co3原子。这两种μ_3-OH桥接模式将两组Co1、Co2和Co3阳离子连接起来，形成一个中心对称的六聚体$[Co_6(OH)_4]^{8+}$簇（如图4-7b所示）。

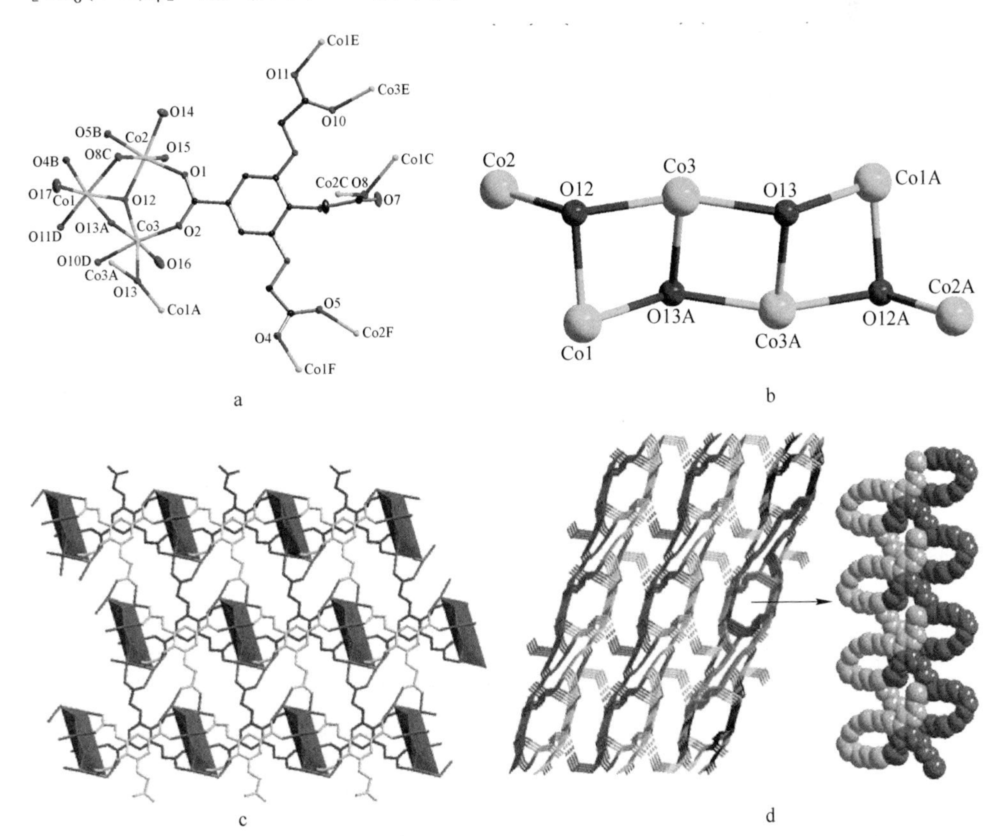

图4-7 (a) 配合物**4**中Co(Ⅱ)离子的配位环境，TCBA与μ_3-OH的不对称桥联模式；(b) $[Co_6(OH)_4]^{8+}$簇；(c) 沿*a*轴方向配合物**4**的0-D无机和2-D有机的I^0O^2杂化框架结构；(d) 剔除μ_3-OH基团后，沿*b*轴方向配合物**4**的三维结构，含手性相反的双螺旋链

通过 TCBA 配体连接 $[Co_6(OH)_4]^{8+}$簇，构建形成配合物 **4** 的 I^0O^2 型杂化骨架结构（如图 4-7c 所示）。每个 TCBA 配体通过 8 个羧基氧原子连接 8 个 Co(Ⅱ) 离子形成双层结构，如图 4-7c 所示。在 M-L-M 双层结构中可以观察到一种手性相反的双螺旋链，螺旋链的重复单元可以描述为（$(\text{-Co2-O1-C1-C2-C7-C6-O9-C12-C13-C11-Co1-O3-C4-C5-O6-C11-O8-Co2-})_n$，如图 4-7d 所示。这些二维双层通过丰富的氢键连接成三维超分子结构（如图4-7d所示）。

显然，八面体 $[Co_6(OH)_4]^{8+}$簇和 TCBA 配体可以看作是两个二级结构单元。因此，1 个 TCBA 配体可以连接 3 个 $[Co_6(OH)_4]^{8+}$簇，可视为 3 连接节点（如图 4-8a 所示）。每个 $[Co_6(OH)_4]^{8+}$单元被 6 个 TCBA 配体包围，可以看作是 1 个 6 连接节点（如图 4-8b 所示），$[Co_6(OH)_4]^{8+}$ 与 TCBA 阴离子的比值为 1∶2。因此，配合物 **4** 可以被描述为(3,6)-连接的拓扑结构，拓扑符号为 $\{4^3\}_2\{4^6 \cdot 6^6 \cdot 8^3\}$（如图 4-8c 所示）。

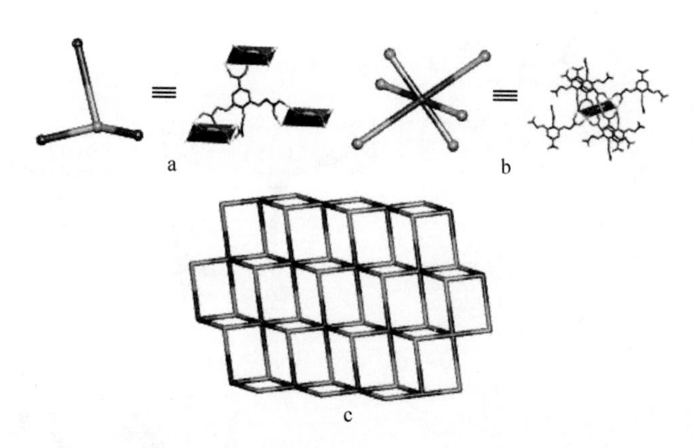

图 4-8　(a) 3 连接节点的配体；(b) $(Co_6(OH)_2)^{8+}$节点示意图；(c) 配合物 **4** 的 (3,6)-连接的$\{4^3\}_2\{4^6 \cdot 6^6 \cdot 8^3\}$ 的拓扑结构

E　$[Zn_3(OH)_2(TCBA)(4,4'\text{-bpy})] \cdot 5.5H_2O$(**5**) 的结构

配合物 **5** 的结构中包含三个晶体学独立的 Zn(Ⅱ) 离子（如图 4-9a 所示）。Zn1 与 4 个氧原子配位：3 个羧酸和 1 个羟基氧原子；而 Zn2 是五配位的：1 个羧酸氧原子、3 个羟基氧原子和 1 个 4,4′-联吡啶的氮原子；Zn3 是六配位：3 个 $TCBA^{4-}$配体的 3 个羧酸氧原子、1 个 4,4′-联吡啶的氮原子和 2 个羟基氧原子。在配合物 **5** 中，1 个 $TCBA^{4-}$配体通过 7 个羧基氧原子与 7 个 Zn(Ⅱ) 离子成键。有趣的是，在配合物 **5** 中观察到两种类型的 μ_3-OH 桥，一个 O(12) 连接一个 Zn1、一个 Zn2 和一个 Zn3 原子；另一个 O(13) 连接两个 Zn2 和一个 Zn3 原子，如图 4-9a 所示。两个羟基氧原子与六个 Zn 原子连接形成一个中心对称的六聚体$[Zn_6(\mu_3\text{-OH})_4]^{8+}$簇，其中 6 个 Zn 离子与 4 个氧原子分别在一个平面上，它们的二面角为 47.25°。

配合物 **5** 的一个有趣的特性是：在剔除 μ_3-OH-和 4,4′-联吡啶后，$TCBA^{4-}$ 配体连接 Zn(Ⅱ)离子，形成具有左右手螺旋链的二维结构。螺旋链的重复单元可以描述为（-Zn1-O4-C9-C8-O3-C4-C3-C2-C1-O1-Zn1-$)_n$，沿 *b* 轴方向螺旋链的螺距与晶胞 *b* 轴的长度相同（1.377nm）。值得注意的是，在层结构中螺旋的手性是 RLRL 模式，两个手性相反的螺旋链通过-OCH_2COO-基团连接，如图 4-9b 所示。

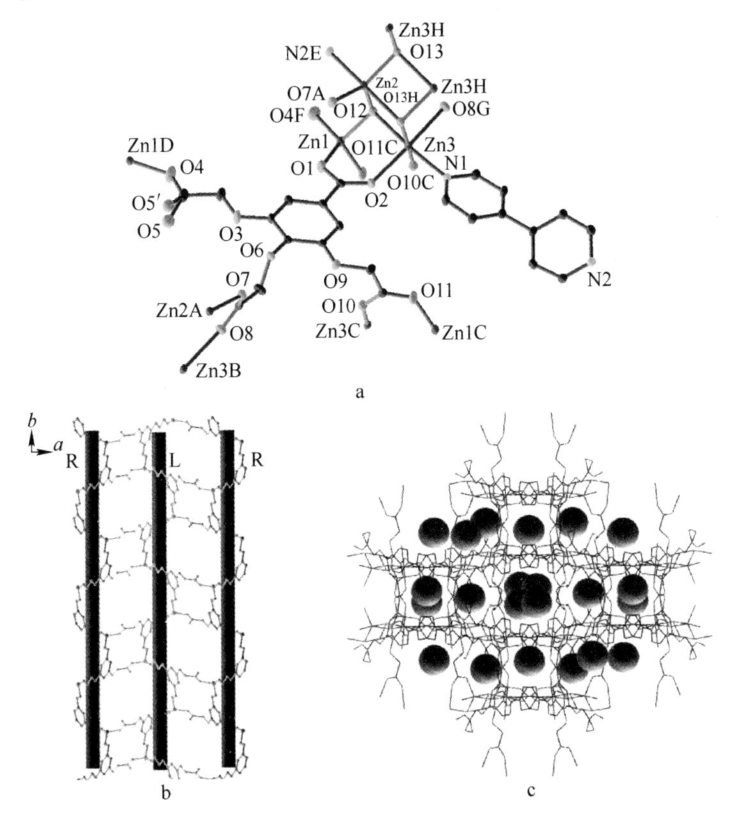

图 4-9 （a）配合物 **5** 的 Zn 原子的配位环境为 30%热椭球体（为清晰起见，省略了所有 H 原子和未配位水分子）；（b）剔除 μ_3-OH-、4,4′-联吡啶后，配合物 **5** 的二维结构，含左右手螺旋链；（c）沿 *c* 轴方向，配合物 **5** 的三维框架图，含一维孔道，孔道被未配位水分子占据（空间填充模型，为清晰起见删去了所有氢原子）

配合物 **5** 的另一个特点是二维结构通过 4,4′-联吡啶连接进一步桥连起来形成一个三维框架结构，沿 *c* 轴方向看有孔道，孔道被客体水分子占据，如图 4-9c 所示。如果将这些晶格水分子去除，通过 PLATON 估算配合物 **5** 具有 $1.1344nm^3$ 的潜在溶剂体积（19.4%）。

为了对拓扑结构进行分类，需要定义合适的节点。可以将六聚体 Zn 簇视为一个亚单元，每个 $[Zn_6(OH)_4]^{8+}$簇被 2 个 $[Zn_6(OH)_4]^{8+}$和 8 个 $TCBA^{4-}$配体包围，应视为 1 个 10 连接节点（如图 4-10a 所示）。每个 $TCBA^{4-}$ 配体连接 4 个

$[Zn_6(OH)_4]^{8+}$簇中的7个Zn^{2+}原子，可视为1个4连接节点（如图4-10b所示）。配合物**5**的结构简化为（4,10）-连接的拓扑结构,（Schlafli）符号为$\{3 \cdot 4^5\}_2\{3^4 \cdot 4^{12} \cdot 5^{10} \cdot 6^{14} \cdot 7^3 \cdot 8^2\}$（如图4-10c所示），其中$[Zn_6(OH)_4]^{8+}$与TCBA阴离子的比值为1∶2。

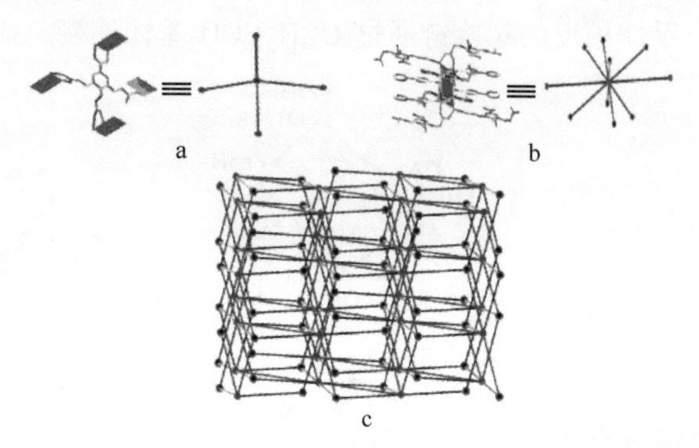

图4-10　（a）配合物**5**中的4连接节点配体；（b）10-连接节点的$[Zn_6(OH)_4]^{8+}$簇；（c）配合物**5**的（4,10）-连接的$\{3 \cdot 4^5\}_2\{3^4 \cdot 4^{12} \cdot 5^{10} \cdot 6^{14} \cdot 7^3 \cdot 8^2\}$拓扑结构

F　$[Zn_3(OH)_2(TCBA)(4,4'\text{-bipy})_{1.5}] \cdot 5H_2O$(**6**)的结构

配合物**6**晶体属于三斜空间群，不对称单元中有三种不同的Zn(Ⅱ)离子（如图4-11a所示）。配合物**6**中Zn1、Zn2、Zn3的配位环境分别与配合物**5**中Zn1、Zn2、Zn3的配位环境相似，只是配合物**6**中Zn1配位原子中1个吡啶氮代替了1个羧基氧原子。1个$TCBA^{4-}$配体通过1个羧基和2个氧乙酸基团连接6个Zn(Ⅱ)阳离子，而另一个氧乙酸基团保持未配位。在配合物**6**中，μ_3-OH的桥接类型与配合物**5**的相同，6个Zn原子也由4个羟基氧原子连接形成中心对称的六聚体$[Zn_6(\mu_3\text{-}OH)_4]^{8+}$簇。

与配合物**5**不同，$TCBA^{4-}$配体连接Zn(Ⅱ)离子形成一维管状结构。而这些一维结构通过μ_3-OH-和4,4′-联吡啶桥进一步连接，分别形成一个层状和三维结构。

在配合物**6**中，$TCBA^{4-}$和4,4′-联吡啶配体连接Zn(Ⅱ)离子形成两种双螺旋链（如图4-11b所示），螺旋链重复单元可以分别描述为（-Zn1-O5-TCBA-O1-Zn1-4,4′-bipy-Zn3-O4-TCBA-O2-Zn3-4,4′-bipy-Zn1-O5-TCBA-O2-Zn3-4,4′-bipy-Zn1$)_n$和（-Zn1-4, 4′-bipy-Zn3-O8-C11-C10-O6-TCBA-O3-C8-C9-O4-Zn3-4, 4′-bipy-Zn1-O5-C9-O4-Zn3-O8-C11-C10-O6-TCBA-O3-C8-C9-O5-Zn1$)_n$，螺旋沿c轴方向伸展的螺距均为晶胞c轴长度的2倍（1.404nm）。在配合物**6**中，沿一个方向可以看到孔道，孔道中有客体水分子，如图4-11c所示。如果除去这些晶格水分子，使用PLATON[32]估算配合物**6**的潜在溶剂体积为21.3%。

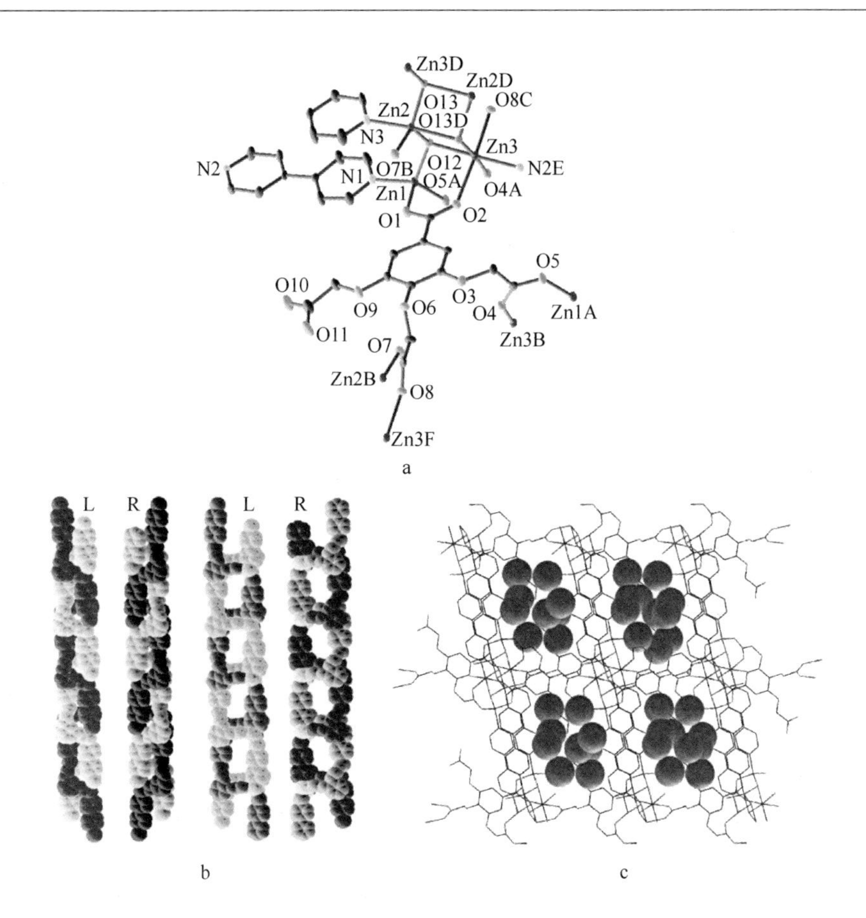

图 4-11 （a）配合物 **6** 的 Zn 原子的配位环境图，30%热椭球体
（为清晰起见，省略了所有氢原子和未协调水分子）；
（b）配合物 **6** 中的两种双螺旋链；（c）配合物 **6** 的沿 *a* 轴方向的 3D 框架视图

每个六聚体 $[Zn_6(\mu_3\text{-}OH)_4]^{8+}$簇也可以看作一个亚单元。在配合物 **6** 中，1 个 $TCBA^{4-}$配体连接 3 个 $[Zn_6(\mu_3\text{-}OH)_4]^{8+}$簇，可视为 1 个 3 连接节点（如图 4-12a 所示）。每个六聚体 $[Zn_6(\mu_3\text{-}OH)_4]^{8+}$簇，被 2 个 $[Zn_6(OH)_4]^{8+}$和 6 个 $TCBA^{4-}$配体包围，视为一个 8 连接节点（如图 4-12b 所示），配合物 **6** 的三维框架可以描述为一个 2 节点（3,8）-连接的 tfz-d 的拓扑类型，拓扑符号为 $\{4^3\}_2\{4^6 \cdot 6^{18} \cdot 8^4\}$（如图 4-12c 所示）。

G $[Zn_4(TCBA)_2(4,4'\text{-bipy})_2(H_2O)_8] \cdot 11H_2O$(**7**) 的结构

配合物 **7** 的结构中含有 5 个晶体学独立的 Zn(Ⅱ) 离子，其中 3 个锌离子是完整格位，另外 2 个离子分别只有 0.5 个格位（如图 4-13a 所示）。Zn1 和 Zn3 均为 7 配位：4 个羧酸氧和 2 个 $TCBA^{4-}$配体的醚氧原子，1 个水分子。Zn2 与 1 个羧酸氧原子、2 个 4,4′-联吡啶分子的氮原子和 3 个水分子配位；Zn4 与 2 个羧酸氧

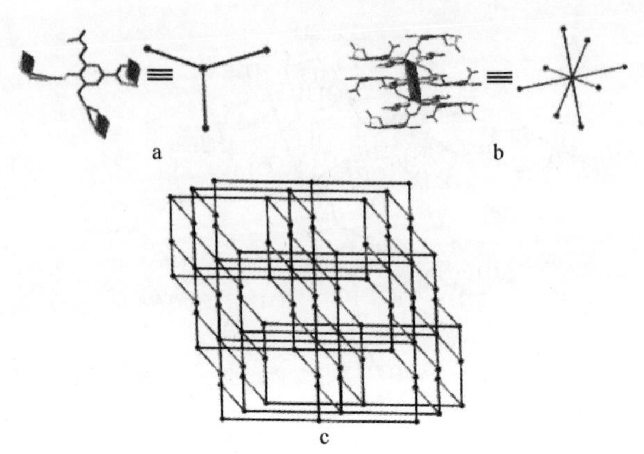

图 4-12　(a) 配合物 **6** 中的 3 连接节点的配体；(b) 配合物 **6** 中的 8 连接 $[Zn_6(OH)_4]^{8+}$ 簇；(c) 配合物 **6** 中的 (3,8)-连接的 $\{4^3\}_2\{4^6 \cdot 6^{18} \cdot 8^4\}$ 拓扑结构

原子、2 个水分子和 2 个 4,4′-联吡啶氮原子配位。Zn2 和 Zn4 均表现出轻微畸变的几何八面体 $[ZnN_2O_4]$；而 Zn5 处于对称中心，由 2 个 4,4′-联吡啶和 4 个水分子组成的 2 个氮原子完成了 Zn5 的六配位。一种 $TCBA^{4-}$ 阴离子通过 5 个羧基氧和 2 个醚氧原子与 3 个 Zn(Ⅱ) 离子配位 (如图 4-13a 所示)；另一种 TCBA 阴离子通过 3 个氧乙酸基团仅连接 2 个 Zn(Ⅱ) 离子。

配合物 **7** 的一个有趣的特征是：4,4′-联吡啶分子分别将 Zn(2)、Zn(4) 和 Zn(5) 离子连接形成三条链，分别用 chain(Ⅰ)、chain(Ⅱ) 和 chain(Ⅲ) 表示 (如图 4-13b 所示)。在链(Ⅰ)中 Zn(2) 离子共面，但不在一条直线上，两个吡啶环之间的二面角为 80.76°；在链(Ⅱ)中 Zn(4) 离子中呈一条直线，两个吡啶环之间的二面角为 34.78°；在链(Ⅲ)中 Zn(5) 离子呈直线状，两个吡啶环之间的二面角为 1°，表明两个吡啶平面几乎平行。

在配合物 **7** 中，当剔除 4,4′-联吡啶时，$TCBA^{4-}$ 配体连接 Zn1、Zn3 和 Zn4 离子，形成一个层状结构 (如图 4-13b 所示)。这些层可以由 chain(Ⅰ) 或 chain(Ⅱ) 进一步连接从而产生两个不同的 3D 骨架结构。TCBA 与 4,4′-联吡啶交替连接 Zn(Ⅱ) 离子，形成左右手螺旋链，重复单元可以描述为 $(\text{-Zn2-4,4'-bipy-Zn2-TCBA-Zn1-TCBA-Zn4-4,4'-bipy-Zn4-TCBA-Zn1-TCBA-Zn2})_n$，螺旋沿 *b* 轴方向伸展的螺距与晶胞 *b* 轴长度 (1.447nm) 相同，如图 4-13c 和图 4-14a 所示。

在配合物 **7** 中也可以沿 *c* 轴方向观察到孔道，孔道内充满配位的客体水分子和 Zn(5)-4,4′-bipy chains (chain(Ⅲ))，如果将它们去除，则通过 PLATON 估算配合物 **7** 的潜在溶剂体积为 $3.5222nm^3$ (29.0%)。

从拓扑角度看，4,4′-联吡啶配体、Zn1 和 Zn3 作为 2 连接体 (可省略)，两种 $TCBA^{4-}$ 配体和 Zn2 原子都可以看作是三连接节点，Zn4 原子可以看作是四连接节点。由此得到的配合物 **7** 是具有 4 个节点 (3,3,3,4)-连接的拓扑结构，Schlafli 符号为 $\{8 \cdot 10 \cdot 12\}_2\{8 \cdot 10^2\}_2\{8^4 \cdot 10 \cdot 12\}$ (如图 4-14 所示)。

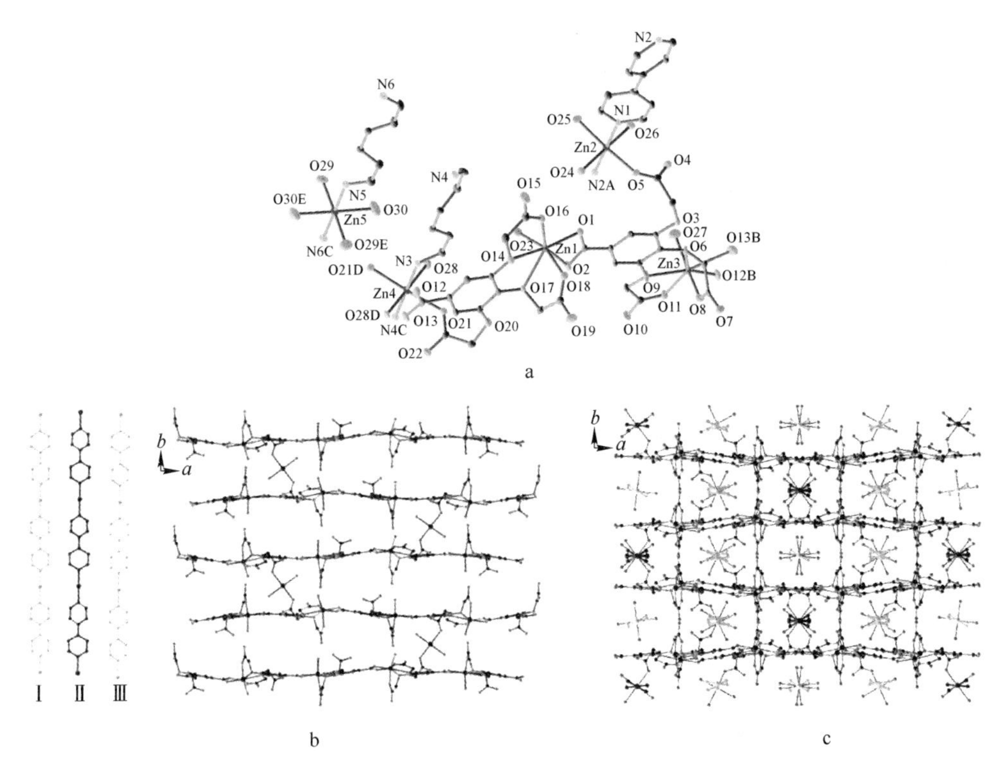

图 4-13 (a) 配合物 **7** 的配位环境图，30%热椭球体（为清晰起见，省略了所有氢原子和未配位的水分子）；(b) 3 种 Zn-bipy 链，$TCBA^{4-}$配体连接 Zn1、Zn3、Zn4 离子形成的层结构；(c) 配合物 **7** 沿 *c* 轴方向的三维骨架视图

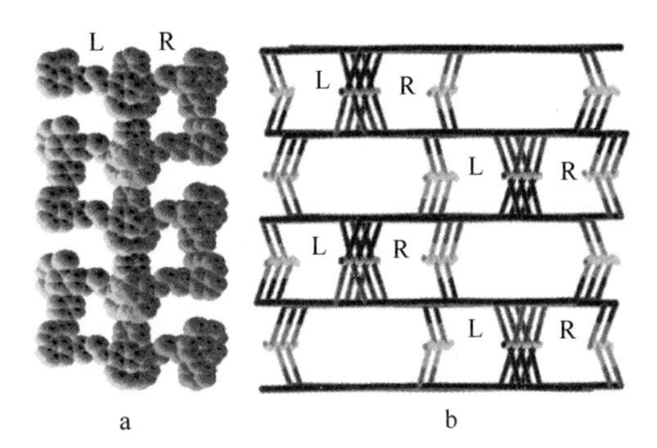

图 4-14 (a) 左手和右手螺旋链；(b) 配合物 **7** 的 (3, 3, 3, 4)-连接 $\{8\cdot10\cdot12\}_2\{8\cdot10^2\}_2\{8^4\cdot10\cdot12\}$ 拓扑结构图

4.1.2.2 PXRD 和热分析

为了检验配合物的物相纯度，在室温下对配合物 **1～7** 进行粉末 X 射线衍射

(PXRD) 图谱记录 (如图 4-15 所示)。结果表明，配合物 **1~7** 样品的 PXRD 数据与单晶模拟数据吻合较好，表明了样品的相纯度较好，粉末 X 射线衍射研究证实，所合成的 1~7 块体样品均为纯单相杂化材料。

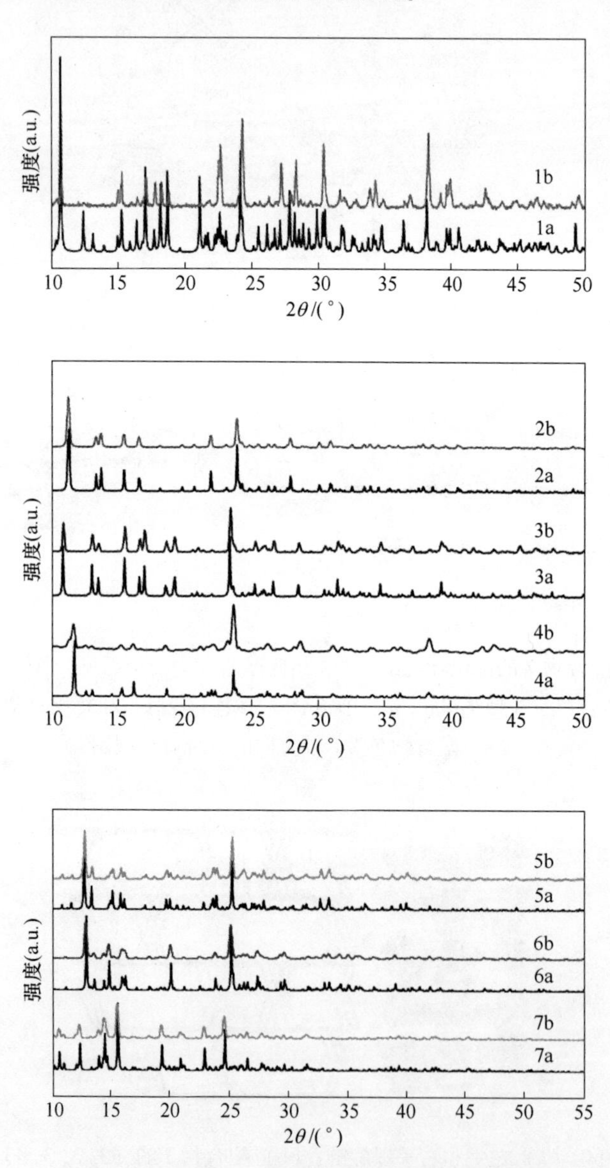

图 4-15　配合物 **1~7** 的变温 X 射线粉末衍射图谱

(a) 中用软件模拟得到的图；(b) 中实验测试得到的图

对配合物 **1~7** 进行了热重分析 (TGA) (如图 4-16 所示)，以检验其热稳定性。结果表明，配合物 **1** 在 85~150℃ 的温度范围内，有 1 个配位水分子和 2 个羟基丢失，而去溶剂化后在350℃以下是稳定的；在50~266℃的温度范围内，配合物**2**的失重率为14.84%，这与1个晶格水分子和4个配位水分子排出量的计算值14.74%是一致的。从210~270℃，配合物**3**的重量减少了3.78%，这与失去1个配位水分子的计算值3.34%基本吻合。在70~260℃，配合物**4**的失重为16.67%，对应于2个晶格水分子和4个配位水分子释放16.39%的重量；配合物**5**中，在40~230℃范围每分子释放5个半游离水分子所导致的重量下降为11.80%，与计算值11.99%也基本吻合。配合物**6**在42~220℃温度范围内可排出5个游离水分子（实测值9.59%，计算值10.06%），配合物**7**在60~254℃温度范围内失去了20.58%的重量，对应11个游离水分子和8个配位水分子（计算值为21.42%）。

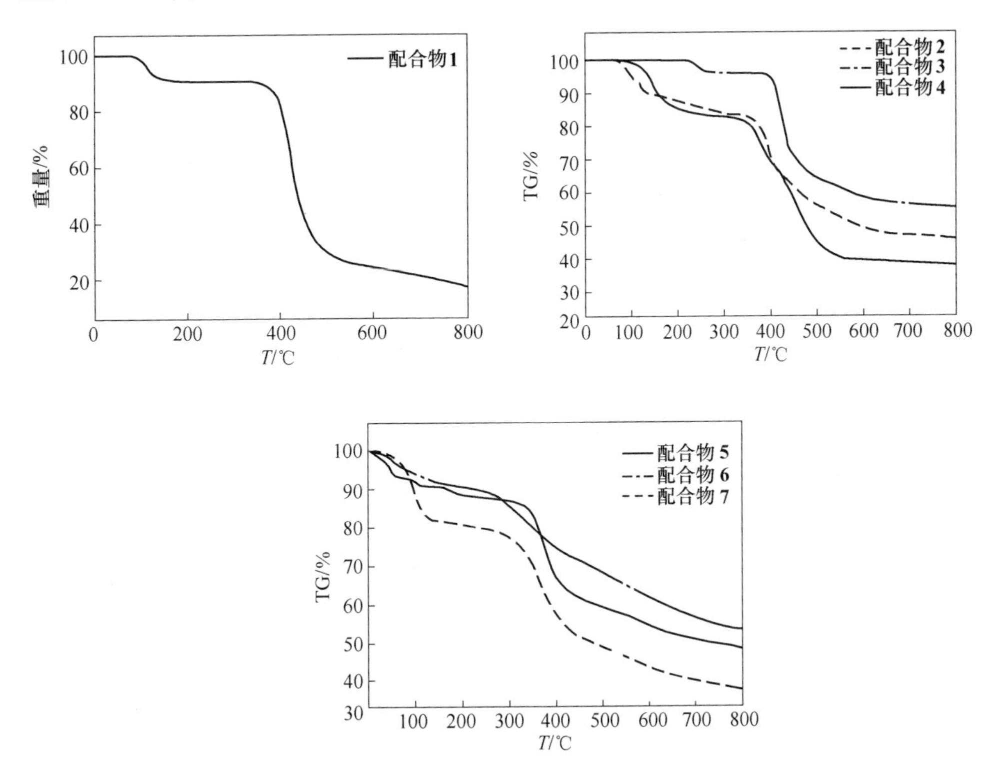

图4-16 配合物**1~7**的热重分析（TGA）

4.1.2.3 光物理性质

配合物**2**和配合物**3**，配合物**5~7**在紫外光下表现出固态发光特性。配合物**2**和配合物**3**以及H_4TCBA配体在室温下的固态发射光谱，如图4-17所示。纯固体H_4TCBA配体在280nm波长激发下，在341nm处呈现出一个发射带，可以认为是 n→π* 电子跃迁。与 H_4TCBA 配体相比，配合物 **2** 用 310nm 波长激发，在 387nm 处表现出最大的发射峰，与 H_4TCBA 配体相比，发射峰红移了 46nm，配合物 **3** 用 283nm 波长激发时，最大的发射峰在 337nm 处，蓝移了 4nm。配合物 **2** 和配合物 **3** 的发射光谱与自由配体 H_4TCBA 的相似之处表明，配合物 **2** 和配合物 **3** 的发光是由于 H_4TCBA 配体的 π*→π 电子跃迁所致。配合物 **2** 和配合物 **3** 的荧光强度强于纯 H_4TCBA 配体，发光的增强可能是由于它们高维致密的结构所致，这有效地增加了配体的刚性，并通过发射激发态的内部配体的无辐射跃迁减少了能量损失。与纯 H_4TCBA 配体相比，配合物 **2** 和配合物 **3** 的发射峰分别出现了红移和蓝移，很可能是由于 H_4TCBA 配体的配位方式不同以及配合物 **2** 和配合物 **3** 的金属-有机骨架结构不同造成的。

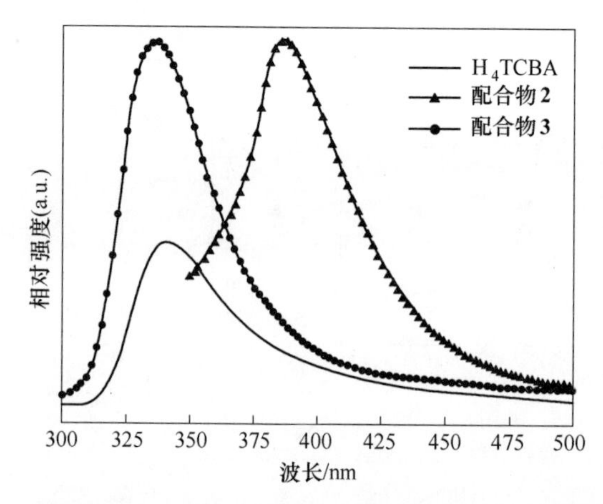

图 4-17　室温下 H_4TCBA 和配合物 **2**、配合物 **3** 的固体荧光发射光谱

如图 4-18 所示，配合物 **5** 的发射光谱的最大发射峰在 489nm（λex = 399nm），配合物 **6** 为 500nm（λex = 398nm），配合物 **7** 为 451nm（λex = 327nm）。

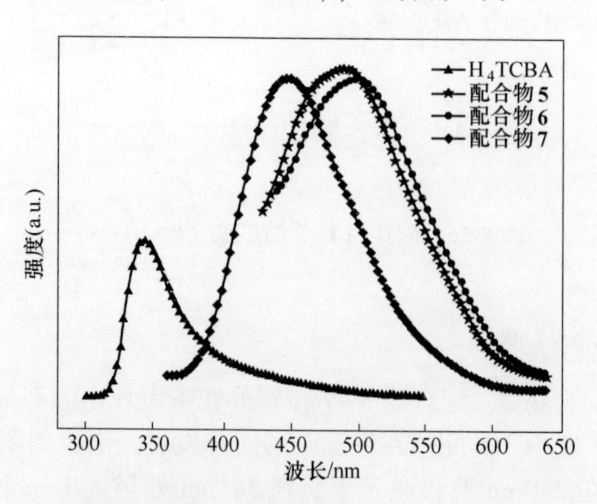

图 4-18　室温下 H_4TCBA 和配合物 **5~7** 的固体荧光发射光谱

相比于自由配体的发射波长，配合物 **5～7** 的发射带分别红移了 147nm（配合物 **5**）、158nm（配合物 **6**）、109nm（配合物 **7**），这可能是由于配体到配体的电荷跃迁（LLCT）导致，因为配合物 **5～7** 具有与纯配体相同的半宽度。配合物 **5～7** 的发射光谱与自由配体发射光谱的相似性表明，配合物 **5～7** 的发光可能是来自配体内的荧光发射[33]，发光增强可能归因于配合物 **5～7** 的高维致密结构，这种结构有效地增加了配体的刚性，并通过无辐射跃迁降低了能量损失[34]。

4.1.2.4 配合物 4 的磁性研究——部分自旋交叉极化

对配合物 **4** 的固体样品在 335～355K 温度范围内和 0.1T 的磁场下进行了直流磁化率研究（如图 4-19 所示）。磁数据显示这个配合物有一个典型的顺磁系统，钴离子可以被认为相互之间是磁分离。磁化率的倒数与温度的曲线清楚地表明，当温度下降到 35K 以下时，总自旋量子数发生了变化（如图 4-19 中的插图所示）。利用居里定律进行的数据模拟显示，在 35～355K 时，$\chi_m T$ 值为 1313cm^3 · K/mol。这个值对应于总自旋量子数 4.6，每个分子式中有 3 个Co(Ⅱ)，约有 9 个未配对电子。低于 35K、$\chi_m T$ 值减少到 5cm^3·K/mol，与 S 值 2.7 相匹配，对应于 3 个 Co(Ⅱ) 总共有 5 个未配对电子。所有的 Co(Ⅱ) 阳离子在配合物 **4** 中都具有八面体配位。虽然这些八面体略有扭曲，但我们更容易理解与温度有关的自旋变化，即一个完美八面体的 Oh 对称性可以近似作为这个配合物中 Co(Ⅱ) 阳离子电子构型。Co(Ⅱ) 的 7 个价电子以自旋较高的方式占据了 3d 轨道，在 35K 以上占据了 $t_{2g}{}^5e_g{}^2$ 轨道，每个分子式含 3 个 Co(Ⅱ) 阳离子共生成 9 个未配对电子。当温度降低时，35K 以下，两个 Co(Ⅱ) 的电子构型改变为低自旋 $t_{2g}{}^6e_g{}^1$，这使得这两个 Co(Ⅱ) 中的每一个都有一个未配对的电子；而第三个 Co(Ⅱ) 阳离子仍

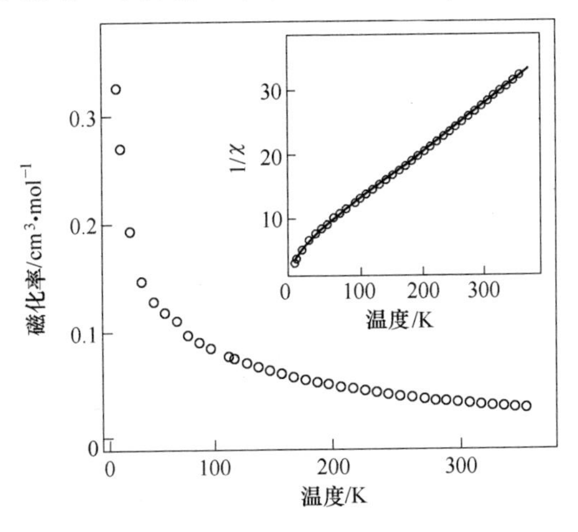

图 4-19 配合物 **4** 的变温磁化率曲线图

然处于高自旋态。对于每个分子式中的三个Co(Ⅱ)阳离子，在低温下，总未配对电子数变为5。由于这三种Co(Ⅱ)阳离子在晶体学上是独立的，并有不同的内部配位几何构型，所以这种部分自旋交叉极化现象是可以理解的。

4.1.3 结论

(1) 通过羟基、结构导向剂、3,4,5-(氧乙酸基)苯甲酸，我们构建了第一个高维I^2O^3混合框架，展现出一个高连接双结点的(5,14-c)拓扑结构，得到一个Cd-O羟基螺旋链和两种四股Cd-TCBA配体螺旋链。

(2) TCBA作为结构导向剂，构筑了三种新的基于多核金属羟基簇的无机-有机杂化框架结构。拓扑分析表明，羟基在多核金属簇的形成和高连接节点的框架中起到了有效的桥梁作用。TCBA配体中多个向外伸展的羧基形成了多配位体系，有助于配合物**2~4**的高维金属有机骨架中多种螺旋链的形成。配合物**2**和配合物**3**在紫外光下表现出强烈的荧光发射。配合物**4**表现出典型的顺磁行为，并观察到一个有趣的部分——自旋交叉极化现象。

(3) 以多羧基的H_4TCBA为主配体和刚性4,4′-联吡啶为复配体，获得了三种新型的微孔三维锌离子配合物，有助于构建基于多核金属簇的高连接、多节点的高维配位聚合物。单晶衍射结果表明，H_4TCBA配体在配合物**5~7**螺旋链结构的形成上起着关键作用，因为它的3个氧乙酸基团含有3个柔性的-OCH_2空间。由于刚性柱状4,4′-联吡啶桥梁作用，当客体分子和分子链被移除时，配合物**5~7**都表现出潜在的溶剂体积。配合物**5~7**在室温下均表现出较强的荧光，这可能与高维致密结构有关。

4.2 2,2′-((4-羧甲基-1,3-亚苯基)双(氧))二乙酸构筑新型螺旋链与(3,6)连接的rtl拓扑结构的三维铕配位聚合物

众所周知，镧系离子比过渡金属具有更大的半径和更高的配位数，具有独特的发光性能和比磁性能[35,36]。到目前为止，合理设计和构建具有预测几何形状的镧系配位聚合物仍然是一个巨大的挑战。由于镧离子更倾向于与O-给体配位，因此选择合适的O-给体的配体是构建镧系配位聚合物的关键。另一方面，制备具有螺旋链的高维配位聚合物的关键在于配体的合理选择，配体的配位原子应具有多方向、合适角度连接金属原子的能力，这样才有助于螺旋结构的形成[37]。在此基础上，我们选择了一种新的配合物2,2′-((4-羧甲基-1,3-亚苯基)双(氧))二乙酸(H_3CPBA)作为构建目标镧系配位聚合物的优良候选配体。H_3L配体具有一个乙酸基团和两个柔性的氧乙酸基团，有8个配位点。两个具有V型间隔的柔性OCH_2COOH基团与一个乙酸基团结合，不仅有利于螺旋结构的形成，而且可以将金属离子连接形成金属羧酸簇，进一步构建高维配位聚合物[38,39]。

4.2.1 实验部分

实验所用仪器和测试方法同 4. 1. 1 节。

4. 2. 1. 1 合成 Eu(CPBA)(H_2O)·$3H_2O$(**8**)

Eu(NO_3)$_3$·$6H_2O$(0. 0446g, 0. 1mmol)、H_3L(0. 0284g, 0. 1mmol)、NaOH(0. 45mL,0. 65mol/L)、乙醇(1mL)和蒸馏水(9mL)的混合溶液置于 23mL 聚四氟乙烯内衬不锈钢反应釜中在 120℃加热 72h, 再自然冷却至室温, 得到无色块状晶体。产率为 22. 0%(基于 Eu 离子计算)。$C_{12}H_{17}EuO_{12}$元素分析(%): 计算值: C 28. 53, H 3. 39; 实测值: C 28. 74, H 3. 51。红外数据(KBr 压片, v/cm^{-1}): 3423(s),3135(vs),1605(s),1401(s),1337(w),1201(w),1159(m),1064(w),1037(w),978(w),704(m),653(w)。

4. 2. 1. 2 X 射线晶体的研究

配合物 **8** 的单晶 X 射线数据见表 4-4, 所选键长见表 4-5。

表 4-4 配合物 8 的晶体学数据

配合物	**8**
分子式	$C_{12}H_{17}EuO_{12}$
分子量	505. 22
T/K	296(2)
晶系	Monoclinic
空间群	$P2_1/c$
a/nm	1. 1286(6)
b/nm	0. 7639(4)
c/nm	1. 8870(11)
α/(°)	90
β/(°)	102. 6890(10)
γ/(°)	90
V/nm^3	1. 5871(15)
晶胞中分子数量 Z	4
单胞中电子的数目 F(000)	992

续表 4-4

D_C/mg · m^{-3}	2. 114
θ/(°)	2. 55~25. 50
线性吸收系数 μ/mm^{-1}	4. 017
拟合优度 S 值	1. 198
收集到的衍射点	11345/2952
等价衍射点在衍射强度上的差异值 R_{int}	0. 0202
可观测衍射点的 R_1，wR_2 [$I>2\sigma(I)$]	0. 0168，0. 0437
全部衍射点的 R_1，wR_2	0. 0173，0. 0440

表 4-5　配合物 8 的键长（nm）数据

8					
Eu(1)-O(2)#1	0. 2429(7)	Eu(1)-O(3)#1	0. 2612(2)	Eu(1)-O(4)	0. 2583(2)
Eu(1)-O(5)#2	0. 2334(2)	Eu(1)-O(6)	0. 2408(2)	Eu(1)-O(7)#3	0. 2528(2)
Eu(1)-O(8)	0. 2404(3)	Eu(1)-O(8)#3	0. 2513(1)	Eu(1)-O(9)	0. 2403(7)

注：对称操作：配合物 **8**：#1 $x+1$，y，z；#2 $-x+1$，$y-1/2$，$-z+1/2$；#3 $-x+1$，$-y+1$，$-z$。

4.2.2 结果与讨论

4.2.2.1 晶体结构的描述

单晶 X 射线结构分析结果显示，配合物 **8** 晶体属于单斜晶系 $P2_1/c$ 空间群。不对称单元包含 1 个晶体学独立的 Eu(Ⅲ) 离子、1 个 $CPBA^{3-}$、1 个配位和 3 个晶格水分子（如图 4-20a 所示）。Eu(Ⅲ) 是 9 配位的：与 4 个不同的 $CPBA^{3-}$ 负离子中的 7 个羧基氧原子、1 个乙醚氧原子和 1 个水分子组成配位。在配合物 **8** 中，H_3CPBA 配体中的 3 个羧基被解离了，质子化了，每个 $CPBA^{3-}$ 负离子通过 6 个羧基氧和 1 个醚氧原子与 4 个 Eu(Ⅲ) 离子成键（如图 4-20a 所示）；H_3CPBA 配体的 1 个乙酸根和 2 个氧乙酸基团在三个方向连接 Eu(Ⅲ) 离子，形成三维微孔结构，沿 a 轴和 b 轴方向均可观察到微孔结构；沿 b 轴方向看，未配位的水分子通过弱的非共价相互作用停留在孔道中（如图 4-20b 所示）。如果除去配合物 **8** 中的晶格水分子，通过 PLATON 计算配合物 **8** 的潜在溶剂体积为 0. 3018nm^3（占总体积的 19. 0%）。

配合物 **8** 中沿 *a* 轴看存在螺旋链，如图 4-20c 所示。沿 *a* 轴方向运行的螺旋螺距与晶胞 *a* 轴长度相同，重复单元为 Eu(1)-O(2)-C(8)-C(7)-O(1)-C(4)-C(5)-C(6)-O(4)-C(9)-C(10)-O(5)-Eu(1)-O(8)-Eu(1)-O(6)-C(10)-O(5)-Eu(1)-O(4)-C(9)-C(10)-O(5)-Eu(1)-O(8)-Eu(1)-O(6)-C(10)-O(5)。

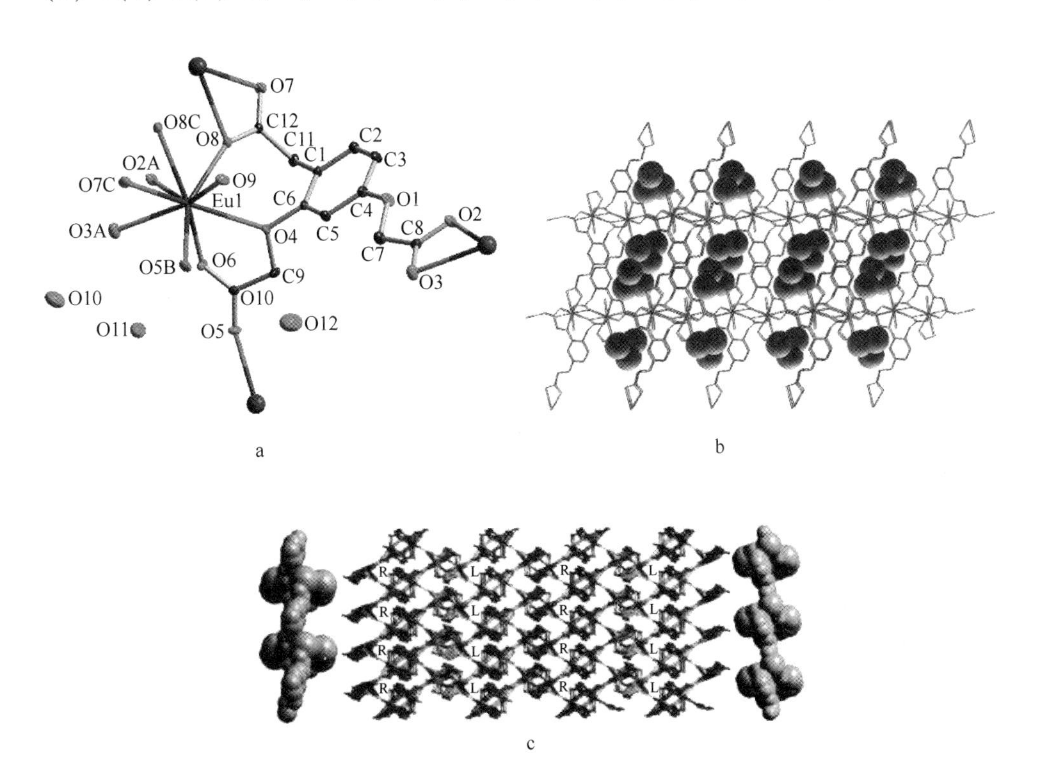

图 4-20　(a) 配合物 **8** 中 Eu(Ⅲ)离子的配位环境图，$CPBA^{-3}$的不对称桥接模式；
(b) 沿 *b* 轴方向观察配合物 **8** 的三维结构，未配位水分子以空间填充模型表示
(为清晰起见，省略所有氢原子)；(c) 删去配位和未配位水分子后，
沿 *a* 轴形成三维骨架结构，含左右手螺旋链

在配合物 **8** 中，4 个羧酸基团将 2 个 Eu(Ⅲ)离子连接成 1 个 [$Eu_2(COO)_4$]SBU，每个 [$Eu_2(COO)_4$] 被 6 个 L^{3-}配体包围，可以被视为 6 连接节点（如图 4-21a 所示），而每个连接 3 个 [$Eu_2(COO)_4$]，可以简化为 3 连接的连接子（如图 4-21b 所示）。因此，配合物 **8** 的 3D 结构可简化为 2 节点的(3,6)-连接的 rtl 拓扑结构，拓扑符号为 $(4 \cdot 6^2)_2(4^2 \cdot 6^{10} \cdot 8^3)$，如图 4-21c 所示。

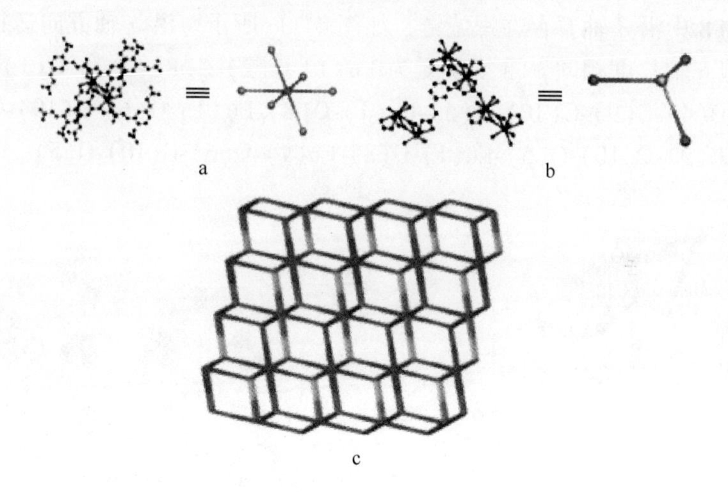

图 4-21 （a）$Eu_2(COO)_4$SBUs；（b）$CPBA^{3-}$阴离子的连接节点示意图；（c）配合物 **8** 中(3,6)连接的拓扑结构

4.2.2.2 PXRD 和热分析

为了检测标题配合物的相纯度，在室温下对配合物 **8** 进行了粉末 X 射线衍射（PXRD）图谱，如图 4-22 所示。实验结果与配合物 **8** 的单晶模拟 X 射线衍射结果吻合较好，表明该样品具有良好的相纯度。

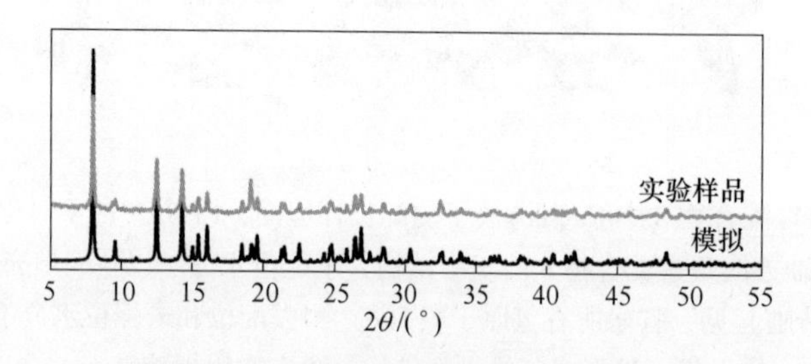

图 4-22 配合物的粉末 X 射线衍射（PXRD）图谱与其单晶模拟 X 射线衍射图谱

为了研究配合物 **8** 的热稳定性，进一步确认配合物 **8** 的分子式，在 N_2 气氛下，以 10℃/min 的升温速率，室温至 800℃ 对配合物 **8** 进行了热重分析（如图 4-23 所示）。配合物 **8** 的 TGA 曲线显示出三个阶段的失重。室温至 110℃之间的第一次失重为 10.56%，对应 3 个自由水分子的损失，计算值为 10.69%。第二个重量损失从 250℃开始，与 1 个配位水分子的损失有关。第三个重量损失开始于 350℃，与有机物的分解有关。样品加热至 800℃后，

最终的质量残差为 55.59%，与降解终产物 Eu_2O_3（58.61%）和未燃尽的有机物的量一致。

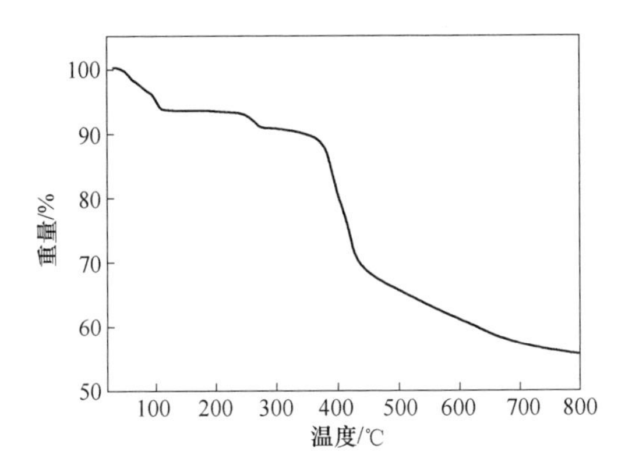

图 4-23 配合物 **8** 的热重分析（TGA）

4.2.2.3 光物理性质

考虑到 Eu(Ⅲ)离子优异的发光性能，在室温下测定了配合物 **8** 和 H_3CPBA 的固态光致发光光谱。固态 H_3CPBA 配体在 434nm 表现出一个强发射，激发波长为 347nm，这可能是由于 $\pi^* \rightarrow n$ 电子跃迁导致的。如图 4-24 所示，配合物 **8** 在395nm波长激发下显示强烈的红色发光和 Eu(Ⅲ)离子 $^5D_0 \rightarrow {}^7F_n$（$n = 1,2$）跃迁的特征峰，分别为 595nm 和 618nm。配体的激发光谱如图 4-24a 所示，在 395nm处有较强的吸收。值得注意的是，这些特征发射带表明配体对金属的能量转移在实验条件下是中等效率的。此外，$^5D_0 \rightarrow {}^7F_2$的超敏跃迁强度大于$^5D_0 \rightarrow {}^7F_1$ 跃迁强度，表明 Eu(Ⅲ)离子周围存在高度极化的化学环境。$^5D_0 \rightarrow {}^7F_2$ 跃迁（电偶极跃迁）与$^5D_0 \rightarrow {}^7F_1$ 跃迁（磁偶极跃迁）的强度比是 2.82，这表明在配合物 **8** 中Eu(Ⅲ)离子不是位于中心对称的位置，Eu(Ⅲ)的对称性较低[40]。

在 5~316K 范围内测定了配合物 **8** 的变温磁化率。配合物 **8** 的磁化率对温度的依赖关系如图 4-25 所示，其中χ_m 是摩尔磁化率单位。在 5K，χ_m^{-1} 值减小，温度降低，达到至少 125mol/cm^3。观察到室温下一个 Eu(Ⅲ)离子的 $\chi_m T$ 值为 1.62cm^3 · k/mol，与 293K 下范弗莱克方程的计算值 1.5 接近，说明 Eu(Ⅲ)离子处于低激发态$^7F_J(Eu^{3+})$。随着温度降低，$\chi_m T$ 不断减少，这应该归因于Eu(Ⅲ)离子的 Stark 能级的降低。在最低温度，$\chi_m T$ 接近于零，表明配合物 **8** 中 Eu(Ⅲ)离子存在顺磁耦合和 $J=0$ 的基态（$^7F_0$）。

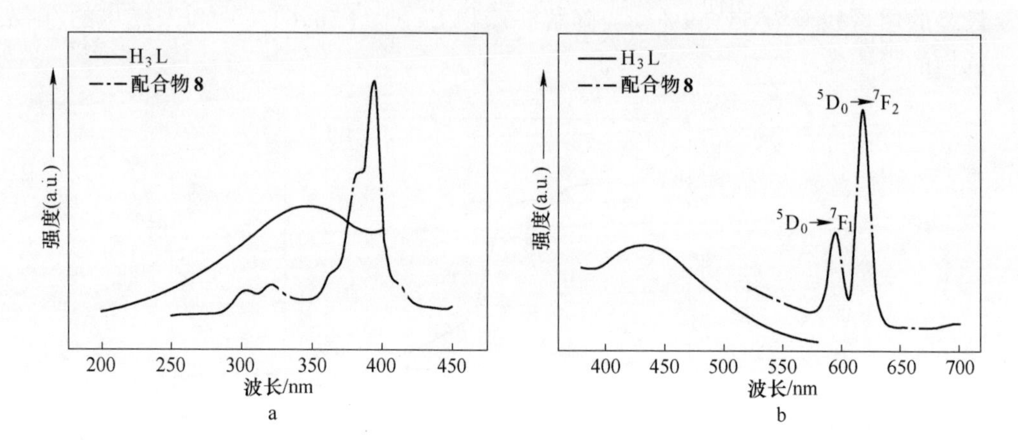

图 4-24　室温下 H_3CPBA 配体和配合物 **8** 的激发光谱（a）和发射光谱（b）

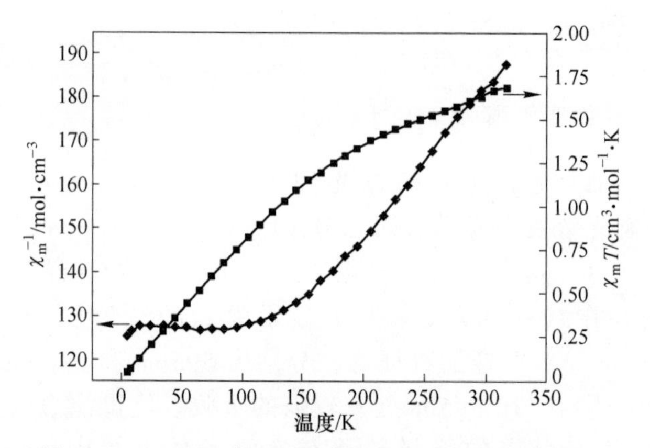

图 4-25　$\chi_m T$ 和 χ_m^{-1} 对于配合物 **8** 的温度依赖关系图

4.2.3　结论

综上所述，我们利用结构导向剂 2,2′-(4-羧基-1,3-苯基)双(氧)二乙酸与三个羧基支链和多配位位点，构建了一个有趣的螺旋链和(3,6)-连接的 rtl 拓扑的三维框架。三维框架使得配合物 **8** 具有良好的热稳定性。荧光光谱分析表明，配合物 **8** 具有典型的铕(Ⅲ) 发光。磁试验结果表明，χ_m^{-1} 和 $\chi_m T$ 值随着温度降低减少配合物 **8** 中顺磁耦合的存在。

4.3　苯-1,4-二氧乙酸铜配合物的合成及结构

苯-1,4-二氧乙酸（H_2BDOA）是一种聚羧酸配体，具有以下几个有趣的特性：(1) 它兼具柔性和刚性的特点，对构建金属有机骨架（MOFs）具有重要意

义[41,42]。-OCH_2-基团使其比苯二甲酸二甲酯更具弹性[43,44]，而苯环的存在提供了一个刚性元素。(2) 苯环上相对位置的两个-OCH_2COOH 基团使H_2BDOA成为一个较长的间隔体，有助于多孔 MOFs[45]的生成。(3) 由于 H_2BDOA 的配位位点既可以作为氢键给体，也可以作为受体[46]，因此它是高维超分子聚合物组装的一个很好的候选。

选择合适的辅助配体，如4,4'-联吡啶和1,10-邻菲罗啉，往往对聚羧酸盐配位聚合物的形成和结构有重要影响[47]。本节描述了两种新型铜配位聚合物 $[Cu_2(BDOA)(4,4'\text{-bipy})_2]\cdot 2H_2O$(**9**) 和$[Cu(BDOA)(1,10\text{-phen})]$(**10**) 的合成及其晶体结构。

4.3.1 实验部分

实验所用仪器和测试方法同 4.1.1 节。

4.3.1.1 $[Cu_2(BDOA)(4,4'\text{-bipy})_2]\cdot 2H_2O$(**9**)的合成

$CuSO_4\cdot 5H_2O$(0.025g, 0.1mmol)、H_2BDOA(0.023g, 0.1mmol)、4,4'-联吡啶(0.016g, 0.1mmol)、NaOH(0.3mL, 0.65mol/L) 和蒸馏水 (10mL) 的混合溶液置于 23mL 聚四氟乙烯内衬的不锈钢反应釜中，在 150℃下加热 72h，再自然冷却至室温，得到红色块状晶体。产率为 42.5%。$C_{30}H_{28}Cu_2N_4O_8$ (%) 元素分析：计算值：C 51.50，H 4.03，N 8.01；实测值：C 51.25，H 4.21，N 8.37。红外数据 (KBr 压片，v/cm^{-1})：3419(m)，1603(s)，1510(m)，1483(m)，1401(s)，1345(w)，1227(m)，1049(m)，823(w)，799(m)，726(w)，675(w)。

4.3.1.2 $[Cu(BDOA)(1,10\text{-phen})]$(**10**)的合成

混合 $CuSO_4\cdot 5H_2O$(0.025g, 0.1mmol)、H_2BDOA(0.023g, 0.1mmol)、1,10-邻菲罗啉(0.020g, 0.1mmol)、NaOH(0.3mL, 0.65mol/L) 和蒸馏水 (10mL) 的混合溶液置于 23mL 聚四氟乙烯内衬的不锈钢反应釜中，在 120℃下加热 72h，再自然冷却至室温，得到蓝色块状晶体。产率为 30.5%。$C_{22}H_{16}CuN_2O_6$元素分析(%)：计算值：C 56.25，H 3.45，N 5.99；实测值：C 56.71，H 3.65，N 5.73。红外数据 (KBr 压片，v/cm^{-1})：1606(s)，1510(m)，1424(m)，1400(s)，1344(m)，1227(m)，1147(m)，1050(s)，853(m)，804(w)，720(m)，682(w)。

4.3.1.3 X 射线晶体的研究

配合物 **9** 和配合物 **10** 的单晶 X 射线晶体学数据见表 4-6，键长见表 4-7，氢键见表 4-8。

表 4-6　配合物 9 和配合物 10 的晶体学数据

配合物	9	10
分子式	$C_{30}H_{28}Cu_2N_4O_8$	$C_{22}H_{16}CuN_2O_6$
分子量	699.64	467.91
T/K	296（2）	296（2）
晶系	Triclinic	Monoclinic
空间群	P-1	C2/c
a/nm	0.9505（6）	1.3138（11）
b/nm	0.9976（6）	0.9937（8）
c/nm	1.6466（10）	1.5253（13）
α/（°）	105.825（10）	90
β/（°）	101.614（10）	105.8250（10）
γ/（°）	99.638（10）	90
V/nm^3	1.4299（15）	1.9157（3）
晶胞中分子数量 Z	2	4
θ/（°）	2.17~25.50	2.61~25.50
线性吸收系数 μ/mm^{-1}	1.547	1.185
单胞中电子的数目 F(000)	716	956
D_C/mg · m^{-3}	1.625	1.622
拟合优度 S 值	1031	1018
收集的所有衍射数目	11150	7244
精修的衍射数目	5266	1774
等价衍射点在衍射强度上的差异值 R_{int}	0.0481	0.0216
可观测衍射点的 R_1，wR_2[$I > 2\sigma(I)$]	0.0369，0.1018	0.0277，0.0732
全部衍射点的 R_1，wR_2	0.0462，0.1055	0.0323，0.0761
最大衍射峰和谷/e · nm^{-3}	571，-330	240，-178

表 4-7　配合物 9 和配合物 10 的键长（nm）和键角（°）数据

9			
Cu(1)-O(1)	0.2193(2)	Cu(2)-O(6)#2	0.2344(2)
Cu(1)-N(1)	0.1930(2)	Cu(2)-N(2)	0.1926(2)
Cu(1)-N(3)	0.1924(2)	Cu(2)-N(4)#1	0.1923(2)
O(1)-Cu(1)-N(1)	101.14(9)	O(6)#2-Cu(2)-N(2)	101.26(9)
O(1)-Cu(1)-N(3)	104.65(9)	O(6)#2-Cu(2)-N(4)#1	98.77(9)
N(1)-Cu(1)-N(3)	154.19(10)	N(2)-Cu(2)-N(4)#1	158.13(10)

续表 4-7

10			
Cu(1)-O(3)	0.1969(14)	Cu(1)-O(3)#1	0.1969(14)
Cu(1)-N(1)	0.1999(17)	Cu(1)-N(1)#1	0.1999(17)
O(3)-Cu(1)-O(3)#1	93.03(9)	O(3)-Cu(1)-N(1)	166.36(7)
O(3)-Cu(1)-N(1)#1	93.68(7)	O(3)#1-Cu(1)-N(1)	93.68(7)
O(3)#1-Cu(1)-N(1)#1	166.36(7)	N(1)-Cu(1)-N(1)#1	82.34 (10)

注：对称操作：配合物 **9**：#1 $x+1$，$y-1$，$z-1$；#2 x，$y-1$，z。配合物 **10**：#1 $-x+1$，y，$-z+3/2$。

表 4-8 配合物 9 和配合物 10 的氢键（nm 和°）数据

D-H···A	d(D-H)	d(H···A)	<DHA	d(D···A)	对称操作
9					
O(7)-H(1W)···O(5)	0.083	0.260	124.9	0.3146(4)	
O(7)-H(2W)···O(2)	0.083	0.209	173.8	0.2912(4)	$x+1$，y，z
10					
C(5)-H(5)···O(5)	0.093	0.249	145	0.3290	$1/2+x$，$-1/2+y$，z
C(9)-H(9)···O(5)	0.093	0.257	138	0.3320	$1/2-x$，$1/2+y$，$1/2-z$

4.3.2 结果与讨论

4.3.2.1 结构描述

单晶结构分析表明，配合物 **9** 的不对称单元含有 2 个 Cu(Ⅰ)离子、1 个 $BDOA^{2-}$配体、2 个 4,4′-联吡啶和 2 个晶格水（如图 4-26 所示）。两种 Cu(Ⅰ)离子的配位环境相似，但 Cu1-N 和 Cu2-N、Cu1-O 和 Cu2-O 的键长略有不同。Cu1-N1[0.1930(2)nm]和 Cu1-N3[0.1924(2)nm] 键长分别与 Cu2-N2[0.1926(2)nm]和 Cu2-N4[0.1923(2)nm] 很接近，Cu1-O1[0.2193(2)nm] 键长比 Cu2-O6B[0.2344(2)nm] 键长更短。不对称单元的 2 个 Cu(Ⅰ)离子由 4,4′-联吡啶分子连接，Cu1···Cu2 距离为 1.093(8)nm。$BDOA^{2-}$充当单齿双桥连配体，连接 $[Cu_2(4,4'\text{-bipy})_2]^{2+}$阳离子形成尺寸为 $10.82\times21.59\times10^{-2}nm^2$（基于金属离子之间的距离）的二维网格状层结构。沿 a 轴方向，晶格水分子通过 O-H···O 氢键而嵌入空腔中（如图 4-27a 所示）。在二维层中，配体连接两种 Cu(Ⅰ) 离子形成一种单股螺旋，重复单元为 Cu1-BDOA-Cu2-BDOA-，螺距为 0.9976(6)nm，与晶胞 b 轴长度一样。左右手螺旋通过 4,4′-联吡啶分子连接，如图 4-27b 所示。

在二维网络中，铜中心是一个 3 连接的节点，而 $BDOA^{2-}$ 配体和 4,4′-联吡啶分子是两种连接体，二维层可以进一步简化为 3 连接的 6^3 拓扑结构。如图 4-27c 所示，沿 *b* 轴方向，二维层通过羧基氧与晶格水之间的 O-H…O 氢键（见表 4-8）进一步连接成为三维超分子结构。

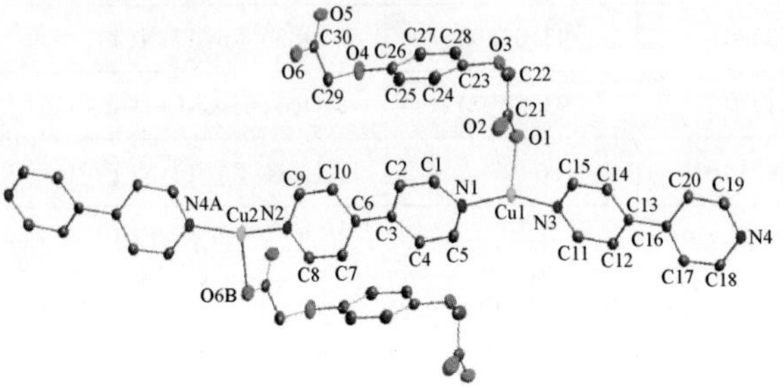

图 4-26　铜(Ⅰ) 在配合物 **9** 中的配位环境图，30%热椭球体
（为了清楚起见，省略了氢原子）

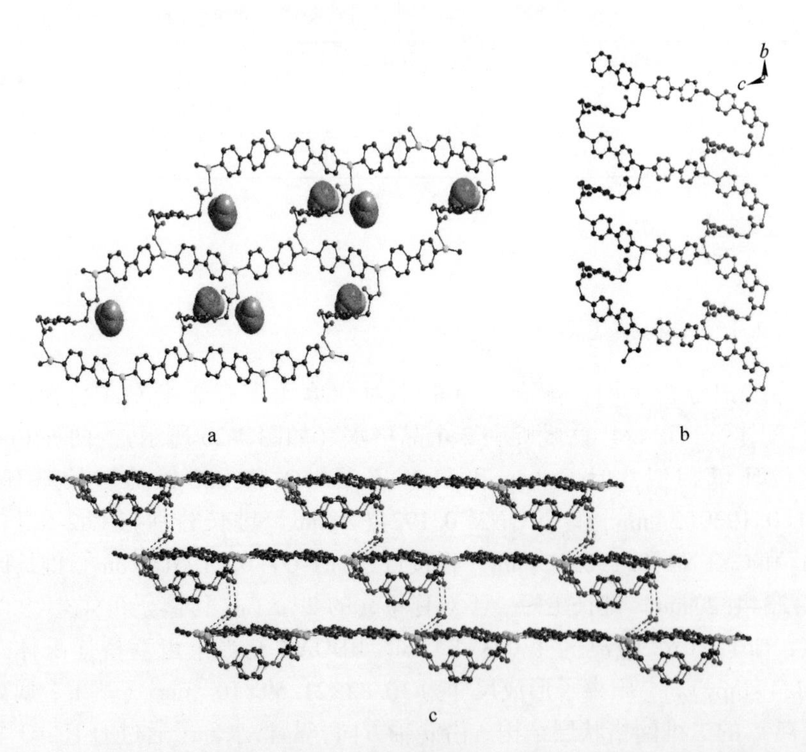

图 4-27　(a) 沿 *a* 轴方向的二维格子状层结构视图，晶格水分子由空间填充模型表示；
(b) 沿 *b* 方向看由 Cu2-$BDOA^{2-}$-Cu1-4,4′-bipy-Cu2 组成的左右手螺旋；
(c) 沿 *b* 轴方向配合物 **9** 的三维超分子结构视图，层与层之间的氢键用虚线表示配合物**10**的X射线晶体结构如图4-28所示，Cu(Ⅱ)是由2个$BDOA^{2-}$的2个羧基氧和1个邻菲罗啉分子上的2个氮原子完成四配位的。Cu-O和Cu-N的键长分别为0. 1969(14)nm和0. 1999(17)nm。在配合物**10**中，H_2BDOA采用单齿双桥连方式配位，将Cu(Ⅱ)离子连接成一维结构，沿*c*轴方向Cu…Cu的距离为1. 188(7)nm（如图4-29a所示）。邻菲罗啉分子附着在链的两边，在Cu(Ⅱ)离子平面和邻菲罗啉之间形成18. 17(2)°的二面角。如图4-29b所示，沿*c*轴方向，配合物**10**的3-D超分子结构是通过配体苯环/吡啶环上的C-H基团与羧基氧原子之间的C-H…O氢键（见表4-8）形成的。

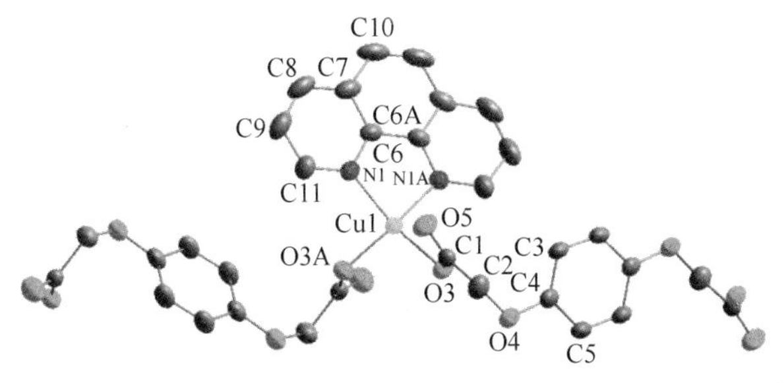

图4-28　配合物**10**的X射线晶体结构（为了清楚起见，省略了所有氢原子）

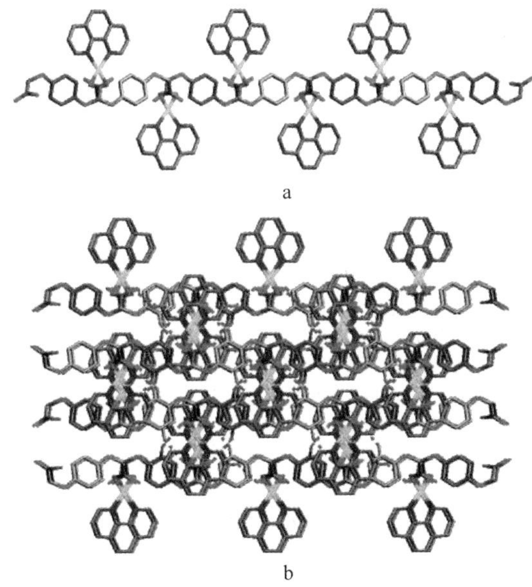

图4-29　（a）沿*c*轴的一维链结构；（b）沿*c*轴观察配合物**10**的三维超分子结构，链之间的氢键相互作用用虚线表示

4.3.2.2　配合物9的热失重分析

配合物**9**的热重（TG）曲线表明其从50℃到850℃的失重只有两步。第一

次失重 4.92%，从 50℃到 150℃，对应于每个不对称单元损失 2 个晶格水（计算值 5.15%）。配合物稳定在 280℃，第二次失重 74.23%（计算值 74.40%）。从 280℃到 850℃代表有机基团的损失，最后的残余物质是 Cu_2O。

4.3.2.3 红外光谱

在不对称拉伸时，配合物 **9** 和配合物 **10** 的红外光谱分别在 1603cm^{-1} 和 1606cm^{-1} 处以及 1401cm^{-1} 和 1400cm^{-1} 处显示出羧基的特征带。$V_{asym}(CO_2)$ 和 $V_{sym}(CO_2)$ 之间的分离为 202cm^{-1} 和 1206cm^{-1}，表示双单峰模式。在 3419cm^{-1} 处的条带可以归因于晶格水在配合物 **9**。

配合物 **9** 的红外光谱显示羧基反对称伸缩振动峰在 1603cm^{-1} 处，羧基对称伸缩振动峰在 1401cm^{-1} 处。羧基反对称伸缩振动峰与对称伸缩振动峰的差值为 202cm^{-1}，表明羧酸基团以单齿双桥联模式与金属离子配位。3419cm^{-1} 处的谱带可归因于配合物 **9** 中晶格水分子的 O-H 伸缩振动峰。配合物 **10** 的红外光谱显示羧基反对称伸缩振动峰在 1606cm^{-1} 处，羧基对称伸缩振动峰在 1400cm^{-1} 处。羧基反对称伸缩振动峰与对称伸缩振动峰的差值为 206cm^{-1}，表明羧酸基团的配位模式同样也是以单齿双桥联模式。

4.3.3 结论

在配合物 **9** 和配合物 **10** 中，不同的辅助配体（4,4′-联吡啶和邻菲罗啉）导致了不同的结构。4,4′-联吡啶是桥接配体，将[Cu_2(BDOA)]构筑块连接成二维层结构，而邻菲罗啉与 Cu(Ⅱ)以双齿螯合配位，阻止了一维链向更高维度扩展。在配合物 **9** 中，BDOA 配体连接两种 Cu(Ⅰ)离子形成一种单股螺旋，左右手螺旋通过 4,4′-联吡啶分子连接；而在配合物 **10** 中，BDOA 配体只是将 Cu(Ⅱ)离子连接成一维结构，可能由于链两侧的邻菲罗啉分子空间位阻太大没有形成螺旋链结构。这说明合适的有角度的多羧酸配体有助于连接金属离子形成螺旋链结构，但复配体的结构对螺旋链的形成也有一定的作用，有的能促进螺旋链的形成，有的反而起到相反作用。

由于 H_2BDOA 有双官能团，羧基氧不仅表现出与铜离子很强的配位能力，而且可以作为氢键受体，有助于与氢键给体形成丰富的氢键，从而构建配合物 **9** 和配合物 **10** 的三维超分子结构。

4.4 邻苯三酚-O,O′,O″-三乙酸配合物的合成、晶体结构及抗菌活性

苯-1,2,3-三氧乙酸(oxy)(H_3TTTA)，它具有以下几个有趣的特性：(1) 它有三个-OCH_2COOH 基团，根据不同的反应条件，可以部分或完全去质子化生成 H_2TTTA^-、$HTTTA^{2-}$ 或 $TTTA^{3-}$；(2) 三个-OCH_2COOH 基团以 60°和 120°的角度

展开，可提供多种配位模式，且使结构多样；（3）它不仅可以作为氢键受体，还可以作为氢键供体，这取决于脱质子羧基的数量以及这些基团是否与金属离子相互作用。以上这些特性都有助于 H_3TTTA 配体用金属离子构建螺旋结构。

苯氧乙酸类配合物由于其-OCH_2COOH 基团，具有良好的抗菌活性[48]。本节描述了四种过渡金属配合物的结构和抗菌活性：{[$Co_{1.5}$(TTTA)$(H_2O)_6$]·$6H_2O$}$_n$（**11**）、{[$Co_{1.5}$（TTTA）(4，4′-bipy)$_{1.5}$（H_2O)$_4$]·$4H_2O$}$_n$（**12**）、{[Co(HTTTA)(2,2′-bipy)$(H_2O)_2$]·$2H_2O$}$_n$(**13**)和{[Cu(HTTTA)(phen)$(H_2O)_2$]·H_2O}$_n$(**14**)。

4.4.1 实验部分

实验所用仪器和测试方法同 4.1.1 节。

4.4.1.1 {[$Co_{1.5}$(TTTA)$(H_2O)_6$]·$6H_2O$}$_n$(**11**)的合成

$CoCl_2 \cdot 6H_2O$（0.0238g，0.1mmol）、H_3TTTA（0.0300g，0.1mmol）、NaOH（0.45mL，0.65mol/L）和去离子水(10mL)的混合溶液放入到一支 15mL 洁净的试管中，在 90℃下加热 5h，再自然冷却至室温，过滤得到红色针状晶体。产量：8.3mg（基于 Co 计算产率为 20.6%）。$C_{12}H_{33}Co_{1.5}O_{21}$元素分析（%）：计算值：C 23.95，H 5.53；实测值：C 24.20，H 5.82。红外数据（KBr 压片，v/cm^{-1}）：3412(w)，2970(w)，1607(vs)，1557(m)，1402(s)，1333(m)，1213(w)，1140(s)，1063(w)，1016(w)，881(w)，768(m)，683(w)。

4.4.1.2 {[$Co_{1.5}$(TTTA)(4,4′-bipy)$_{1.5}$$(H_2O)_4$]·$4H_2O$}$_n$(**12**)的合成

$CoCl_2 \cdot 6H_2O$(0.0238g，0.1mmol)、H_3TTTA(0.0300g，0.1mmol)、4,4′-联吡啶（0.0156g，0.1mmol）、NaOH(0.45mL，0.65mol/L)和蒸馏水(10mL)的混合溶液放入到一支 15mL 洁净的试管中，在 90℃下加热 5h，再自然冷却至室温，过滤得到红色块状晶体。产量：12.0mg（基于 Co 计算的产率为 23.5%）。$C_{27}H_{37}Co_{1.5}N_3O_{17}$元素分析（%）：计算值：C 42.45，H 4.88，N 5.50；实测值：C 42.76，H 5.16，N 5.29。红外数据（KBr 压片，v/cm^{-1}）：3427(s)，2937(w)，1618(vs)，1531(w)，1491(w)，1418(s)，1335(m)，1259(m)，1223(w)，1119(m)，1018(m)，889(w)，822(m)，773(w)，698(m)，642(m)，484(w)。

4.4.1.3 {[Co(HTTTA)(2,2′-bipy)$(H_2O)_2$]·$1.5H_2O$}$_n$(**13**)的合成

配合物 **13** 的合成和配合物 **12** 一样，把 4,4′-联吡啶换成了 2,2′-联吡啶，得到

了紫红色块状晶体。产量：15.2mg(基于 Co 计算的产率为 26.0%)。$C_{22}H_{25}N_2CoO_{12.5}$元素分析（%）：计算值：C 45.80，H 4.34，N 4.86；实测值：C 45.25，H 4.77，N 4.99。红外数据（KBr 压片，v/cm^{-1}）：3370(m)，2980(s)，2920(w)，1584(s)，1548(w)，1455(w)，1408(vs)，1315(m)，1217(w)，1128(m)，1043(m)，953(w)，841(w)，800(m)，769(m)，689(m)。

4.4.1.4　{[Cu(HTTTA)(phen)$(H_2O)_2$]·H_2O}$_n$(**14**)的合成

配合物 **14** 的合成和配合物 **12** 一样，把 0.1mmol $CoCl_2\cdot 6H_2O$ 换成了 $CuSO_4\cdot 5H_2O$(0.0250g，0.1mmol)，把 0.1mmol 4,4′-联吡啶换成了邻菲罗啉(0.0198g，0.1mmol)。自然冷却至室温后，过滤得到蓝色块状晶体。产量：17.4mg（基于 Cu 的产率为 29.2%)。$C_{24}H_{24}CuN_2O_{12}$元素分析（%）：计算值：C 48.37，H 4.06，N 4.70；实测值：C 48.62，H 4.44，N 4.33。红外数据（KBr 压片，v/cm^{-1}）：3533(s)，3329(w)，2924(w)，1693(m)，1608(vs)，1522(m)，1418(s)，1339(s)，1256(m)，1122(m)，1018(w)，849(w)，775(w)，725(m)，648(w)。

4.4.1.5　X 射线晶体学的研究

配合物 **11~14** 单晶 X 射线晶体学数据见表 4-9，键长见表 4-10，氢键见表 4-11。

表 4-9　配合物 11~14 的晶体学数据

配合物	**11**	**12**	**13**	**14**
分子式	$C_{12}H_{33}Co_{1.5}O_{21}$	$C_{27}H_{37}Co_{1.5}N_3O_{17}$	$C_{22}H_{25}CoN_2O_{12.5}$	$C_{24}H_{24}CuN_2O_{12}$
分子量	601.78	763.99	576.37	595.99
T/K	296(2)	296(2)	296(2)	296(2)
晶系	Triclinic	Triclinic	Triclinic	Triclinic
空间群	$P\bar{1}$	$P\bar{1}$	$P\bar{1}$	$P\bar{1}$
a/nm	0.9399(2)	1.0942(2)	0.9729(2)	0.9882(9)
b/nm	1.0132(2)	1.1142(2)	1.1298(2)	1.1690(1)
c/nm	1.3290(3)	1.5240(3)	1.1939(2)	1.1791(1)
α/(°)	97.198(3)	109.624(2)	79.366(2)	83.353(1)
β/(°)	100.164(3)	103.260(2)	78.421(2)	71.198(1)
γ/(°)	97.361(3)	99.150(2)	79.049(2)	81.319(1)
V/nm^3	1.2213(5)	1.6459(5)	1.2475(4)	1.2714(2)

续表 4-9

配合物	**11**	**12**	**13**	**14**
晶胞中分子数量 Z	2	2	2	2
单胞中电子的数目 F(000)	627	793	596	614
D_C/g · cm^{-3}	1. 636	1. 542	1. 534	1. 557
θ/(°)	2. 39~25. 50	2. 43~25. 50	2. 36~25. 50	2. 38~25. 50
线性吸收系数 μ/mm^{-1}	1. 123	0. 846	0. 757	0. 928
拟合优度 S 值	1016	1016	1047	1039
收集的所有衍射数目	9523	12716	9701	9890
精修的衍射数目	4518	6080	4618	4696
等价衍射点在衍射强度上的差异值 R_{int}	0. 0330	0. 0168	0. 0204	0. 0143
可观测衍射点的 R_1, wR_2[$I > 2\sigma(I)$]	0. 0372, 0. 0734	0. 0354, 0. 0906	0. 0423, 0. 1112	0. 0296, 0. 0785
全部衍射点的 R_1, wR_2	0. 0594, 0. 0817	0. 0458, 0. 0984	0. 0542, 0. 1208	0. 0333, 0. 0808

表 4-10 配合物 11~14 的键长（nm）数据

11			
Co(1)-O(7)	0. 2125(2)	Co(1)-O(14)	0. 2054(2)
Co(1)-O(15)	0. 2088(2)	Co(2)-O(2)	0. 2167(2)
Co(2)-O(6)	0. 2081(2)	Co(2)-O(10)	0. 2112(2)
Co(2)-O(11)	0. 2051(2)	Co(2)-O(12)	0. 2027(2)
Co(2)-O(13)	0. 2079(2)		
12			
Co(1)-O(6)	0. 2086(2)	Co(1)-O(13)	0. 2082(2)
Co(1)-N(1)	0. 2185(2)	Co(2)-O(2)	0. 2178(2)
Co(2)-O(7)	0. 2048(2)	Co(2)-O(10)	0. 2087(2)
Co(2)-O(11)	0. 2155(2)	Co(2)-O(12)	0. 2059(2)
Co(2)-N(3)	0. 2116(2)		
13			
Co(1)-O(2)	0. 2232(2)	Co(1)-O(7)	0. 2014(2)
Co(1)-O(10)	0. 2062(2)	Co(1)-O(11)	0. 2086(2)
Co(1)-N(1)	0. 2116(3)	Co(1)-N(2)	0. 2133(2)

续表 4-10

14			
Cu(1)-O(2)	0.2339(1)	Cu(1)-O(6)	0.1972(1)
Cu(1)-O(10)	0.1980(3)	Cu(1)-O(11)	0.2240(2)
Cu(1)-N(1)	0.2039(2)	Cu(1)-N(2)	0.2010(2)

表 4-11　配合物 11~14 的氢键（nm 和°）数据

D-H···A	d(D-H)	d(H···A)	d(D···A)	<(DHA)
11				
O(10)-H(1W)···O(5)#1	0.083	0.208	0.2855(3)	156.1
O(10)-H(2W)···O(5)	0.083	0.203	0.2815(3)	159.1
O(11)-H(3W)···O(21)#2	0.084	0.185	0.2661(3)	161.1
O(11)-H(4W)···O(16)	0.083	0.200	0.2818(3)	168
O(12)-H(5W)···O(20)#3	0.083	0.186	0.2679(3)	173.9
O(12)-H(6W)···O(8)#4	0.083	0.185	0.2675(3)	170.3
O(13)-H(7W)···O(9)#4	0.083	0.189	0.2716(3)	174.4
O(13)-H(8W)···O(9)	0.083	0.207	0.2861(3)	159
O(14)-H(9W)···O(17)#5	0.083	0.202	0.2829(3)	167.7
O(14)-H(10W)···O(18)#6	0.083	0.198	0.2800(3)	168.5
O(15)-H(11W)···O(6)#6	0.083	0.192	0.2711(3)	158.7
O(15)-H(12W)···O(4)#7	0.083	0.184	0.2671(3)	174.6
O(16)-H(13W)···O(18)#4	0.082	0.206	0.2870(3)	166.9
O(16)-H(14W)···O(8)#3	0.083	0.199	0.2808(3)	169.2
O(17)-H(15W)···O(19)#8	0.083	0.203	0.2843(3)	167.8
O(17)-H(16W)···O(5)#9	0.083	0.211	0.2927(3)	170.6
O(18)-H(17W)···O(20)	0.084	0.195	0.2784(3)	173.7
O(18)-H(18W)···O(9)	0.084	0.198	0.2794(3)	163.8
O(19)-H(19W)···O(1)#10	0.083	0.218	0.2985(3)	164.1
O(19)-H(20W)···O(7)	0.082	0.198	0.2797(3)	169.1
O(20)-H(21W)···O(19)	0.083	0.204	0.2847(3)	164.5
O(20)-H(22W)···O(4)#7	0.083	0.187	0.2690(3)	173.3
O(21)-H(23W)···O(16)#4	0.083	0.201	0.2827(3)	166.3
O(21)-H(24W)···O(17)#4	0.083	0.210	0.2916(3)	168.8

对称操作：#1 $-x, -y, -z$；#2 $x-1, y-1, z$；#3 $x, y-1, z$；#4 $-x+1, -y+1, -z+1$；#5 $x, y, z-1$；#6 $-x+1, -y+1, -z$；#7 $x+1, y+1, z$；#8 $-x, -y+1, -z+1$；#9 $-x, -y, -z+1$；#10 $-x, -y+1, -z$。

续表 4-11

D-H···A	d(D-H)	d(H···A)	d(D···A)	<(DHA)
12				
O(10)-H(1W)···O(5)#1	0.082	0.180	0.2612(2)	169.3
O(10)-H(2W)···O(5)	0.083	0.218	0.2925(2)	148
O(10)-H(2W)···O(1)	0.083	0.225	0.2952(2)	141.5
O(11)-H(3W)···O(8)	0.083	0.204	0.2843(2)	162.2
O(11)-H(4W)···O(8)#2	0.082	0.194	0.2706(2)	154.9
O(13)-H(8W)···O(14)#3	0.082	0.202	0.2746(3)	147.5
O(14)-H(9W)···O(17)#3	0.084	0.200	0.2819(4)	165.6
对称操作：#1 −*x*, −*y* + 1, −*z* + 1; #2 −*x*, −*y*, −*z*; #3 −*x* + 1, −*y* + 1, −*z* + 1。				
13				
O(5)-H(5)···O(9)#1	0.082	0.185	0.2597(3)	154.8
O(10)-H(1W)···O(8)#2	0.085	0.183	0.2673(3)	172.8
O(10)-H(2W)···O(8)	0.085	0.213	0.2871(3)	146.2
O(11)-H(4W)···O(9)#2	0.085	0.193	0.2764(3)	166.4
O(11)-H(3W)···O(6)#3	0.085	0.196	0.2781(3)	160.5
C(4)-H(4)···O(6)#4	0.093	0.237	0.3275(4)	165
C(21)-H(21A)···π#5	0.097	0.291	0.3778(2)	149.7
对称操作：#1 *x*, *y* + 1, *z*; #2 −*x* + 1, −*y* + 1, −*z* + 1; #3 −*x* + 1, −*y* + 2, −*z* + 1; #4 *x* + 1, *y*, *z*; #5 −*x* + 1, −*y* + 1, −*z* + 2。				
14				
O(8)-H(8)···O(4)#1	0.082	0.175	0.2539(2)	160.9
O(12)-H(5W)···O(7)#2	0.084	0.208	0.2860(2)	154.9
O(12)-H(6W)···O(9)#3	0.083	0.208	0.2892(3)	162.9
O(10)-H(1W)···O(5)	0.082	0.198	0.2739(2)	155
O(10)-H(2W)···O(5)#4	0.082	0.196	0.2722(2)	154.7
O(11)-H(3W)···O(4)#4	0.083	0.192	0.2738(2)	179
O(11)-H(4W)···O(7)#5	0.083	0.202	0.2814(2)	165
C(19)-H(19A)···π#6	0.097	0.278	0.3675(2)	147
对称操作：#1 *x*, *y*, *z* − 1; #2 *x* − 1, *y*, *z* + 1; #3 *x*, *y*, *z* + 1; #4 −*x* + 2, −*y* + 1, −*z* + 1; #5 −*x* + 2, −*y* + 1, −*z*; #6 −*x* + 2, −*y*, −*z* + 1。				

4.4.1.6　抗菌测试

采用圆盘扩散法[49]测定了配合物对金黄色葡萄球菌、枯草芽孢杆菌和大肠杆菌的体外抗菌活性。金黄色葡萄球菌、枯草杆菌和大肠杆菌的菌悬液分别含有10^7、10^8和10^9个菌落形成单位(cfu/mL);将20mL牛肉提取液蛋白胨培养基倒入100mm×15mm无菌培养皿中,将0.1mL菌悬液均匀涂于牛肉提取液蛋白胨培养基上。将所有选定的物质(配体和配合物)分别称取10mg溶解于10mL DMSO中,制备测试溶液。将测试溶液添加到直径为8mm的滤纸盘中烘干。将含有检测物质和空白(溶剂)的培养皿分别加入接种有进行菌株检测的培养皿中。37℃培养24h后,测定抑菌区直径;DMSO在应用条件下是稳定的,无活性的,以市售标准药物氨苄青霉素为参照。

4.4.2　结果与讨论

4.4.2.1　结构描述

配合物**11~14**的配位模式如图4-30所示。

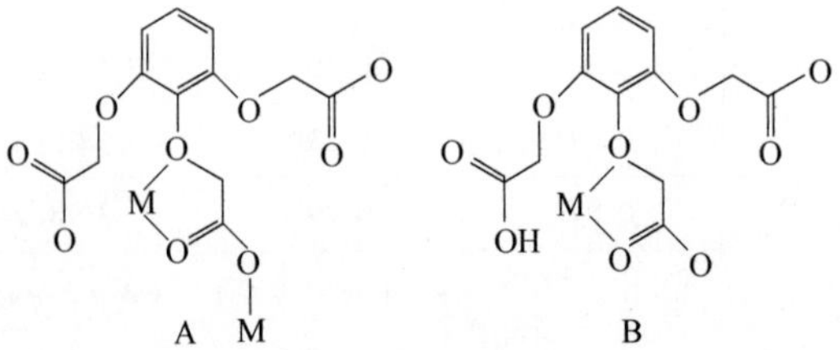

图4-30　H_3TTTA在配合物**11**和配合物**12**(M = Co)(A),配合物**13**(M = Co)和配合物**14**(M = Cu)(B)中的配位模式

A　$\{[Co_{1.5}(L)(H_2O)_6]\cdot 6H_2O\}_n$(**11**)的晶体结构

单晶X射线衍射分析表明,配合物**11**的不对称单元由1.5个Co(Ⅱ)离子、1个$TTTA^{3-}$配体、6个配位水分子和6个不配位水分子组成。Co1与2个$TTTA^{3-}$配体的2个羧基氧原子和4个水分子上配位,Co2与1个$TTTA^{3-}$配体的羧基氧和1个醚氧原子以及4个水分子上配位,为6配位,如图4-31a所示。在配合物**11**中,H_3TTTA配体完全质子化并显示一种配位模式(如图4-30A所示);每一个$TTTA^{3-}$连接2个Co(Ⅱ)离子。3个Co(Ⅱ)离子通过2个$TTTA^{3-}$阴离子的4个羧基氧和2个醚氧原子连接,形成一个三核单元(如图4-31b所示)。三核单元通过水分子与羧基氧之间的O10-H1W…O5和O15-H12W…O4的氢键连接形成链,如图4-31c所示,它们通过O12-H6W…O8和O13-H7W…O9氢键进一步相互连接成

一个层结构。此外，羧基氧和水分子之间的 O11-H4W…O16 和 O16-H14W…O8 氢键将分子层连接成三维超分子结构，其中可以观察到含左右手螺旋的双股螺旋链，重复单元可以被描述为-Co2-O12-H6W…O8…H14W-O16…H4W-O11-Co2-O13-H7W…O9-C12-C11-O3-C2-C2-O2-Co2-，螺旋沿 b 轴方向运行的螺距与晶胞 b 轴的单位长度（1.013nm）相同，如图 4-31d 所示。

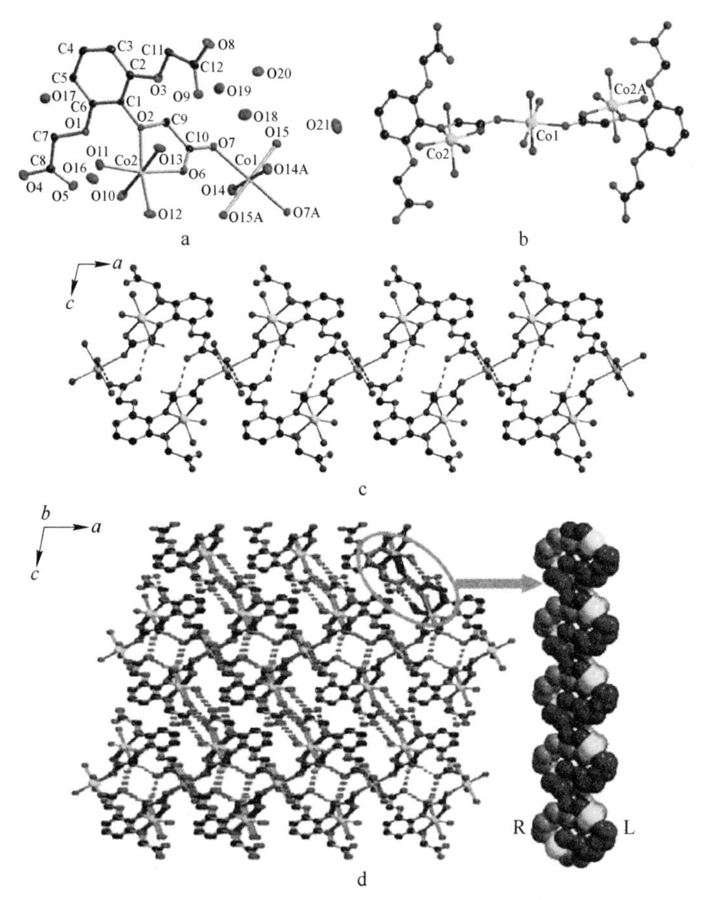

图 4-31 （a）配合物 **11** 中的 Co(Ⅱ)的配位环境，30%热椭球体（为了清楚起见，省略了所有氢）；（b）配合物 **11** 的三核单元；（c）配合物 **11** 的一维结构；（d）沿 b 轴方向的三维超分子结构，左旋、右旋螺旋链

B {[$Co_{1.5}$(L)(4,4′-bipy)$_{1.5}$(H_2O)$_4$]·4H_2O}$_n$(**12**)的晶体结构

在配合物**12**的不对称单元中有 1.5 个 Co(Ⅱ)离子、1 个 $TTTA^{3-}$配体、1.5 个 4,4′-联吡啶配体、4 个配位和 4 个不配位的水分子。Co1 是与 2 个 $TTTA^{3-}$配体上的羧基氧，2 个 4,4′-联吡啶配体上的2个氮原子和 2 个水分子完成 6 配位，而 Co2 是与 1 个 $TTTA^{3-}$配体上的 2 个氧原子，4,4′-联吡啶中的1个氮原子和 3 个水

分子进行的 6 配位，如图 4-32a 所示。与配合物 **11** 相似，在配合物 **12** 中的 H_3TTTA配体完全质子化，表现出相同的配位模式，如图 4-30A 所示。每个 $TTTA^{3-}$也连接 2 个 Co(Ⅱ)离子。3 个 Co(Ⅱ)离子通过 2 个 $TTTA^{3-}$配体连接，形成一个三核单元（如图 4-32b 所示）。4,4′-联吡啶配体显示两个配位模式。一种是桥接配位模式，另一种是单齿配位模式。与配合物 **11** 不同的是，这些三核单元由 4,4′-联吡啶配体桥接形成一维结构，如图 4-32c 所示。链上所有的 Co(Ⅱ)离子都在一条直线上。通过 O1O-H11W…O5 和 O11-H4W…O8 氢键连接成二维结构，

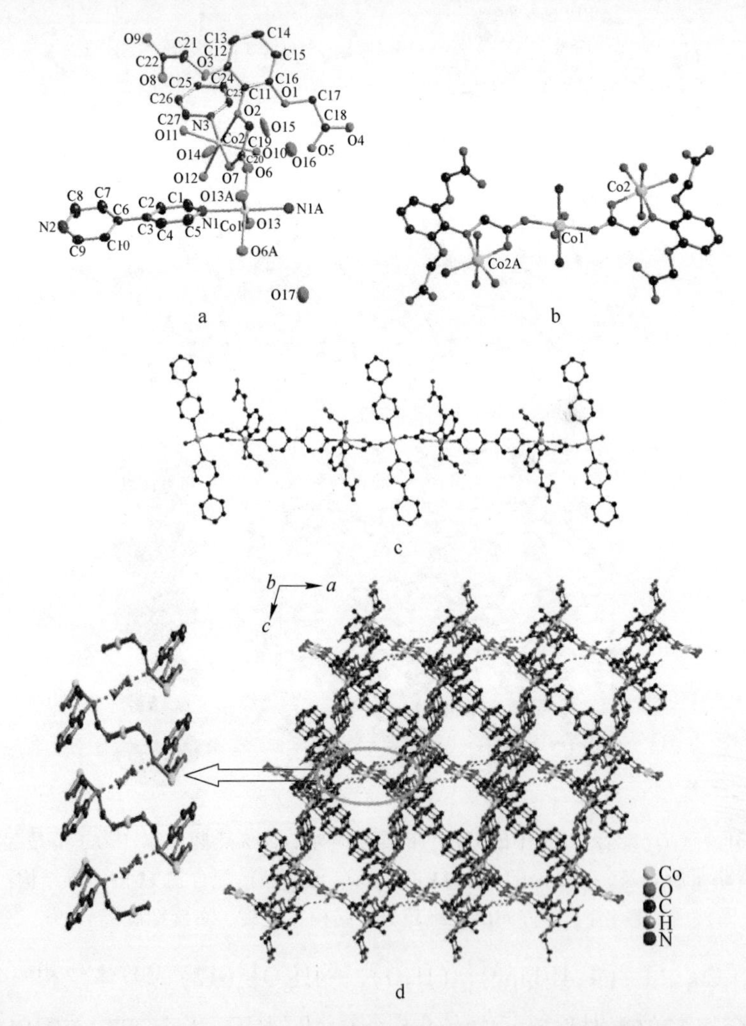

图 4-32　（a）配合物 **12** 中的 Co(Ⅱ)的配位环境，30%热椭球体（为了清楚起见，省略了所有氢）；（b）配合物 **12** 三核单元；（c）配合物 **12** 的一维链结构（为了清晰起见，省略了所有的水分子和氢原子）；（d）沿 *b* 轴方向由内消旋螺旋链组成的三维超分子结构

通过 O15-H12W…O15 和 C15-H15…O15 氢键相互连接成三维超分子结构，其中可以观察到一条内消旋螺旋链（左手螺旋和右手螺旋）。重复单元可以描述为-Co1-O6-C20-O7-Co2-O10-H1W … O15-H12W … O15-H15-C15-C16-O1-C17-C18 … H1W-O10-Co2-O7-C20-O6-，螺旋沿 b 轴方向运行的螺距与晶胞 b 轴的单位长度（1.114nm）相同，如图 4-32d 所示。

C　$\{[Co(HL)(2,2'\text{-bipy})(H_2O)_2]\cdot 1.5H_2O\}_n$(**13**)的晶体结构

配合物 **13** 中的不对称单元由 1 个 Co(Ⅱ)、1 个 $HTTTA^{2-}$、1 个 2,2′-联吡啶、2 个配位的和 1.5 个未配位的水分子组成。Co(Ⅱ)与来自 1 个 $HTTTA^{2-}$ 的 2 个氧原子，1 个 2,2′-联吡啶的2个氮原子和 2 个水分子中的 2 个氧原子配位（如图4-33a 所示）。在配合物 **13** 中，H_3TTTA 配体只有两个羧基质子化，一个质子化的羧基采用单齿配位模式，与醚氧原子连接同一个金属离子，另一个保持不配位（如图

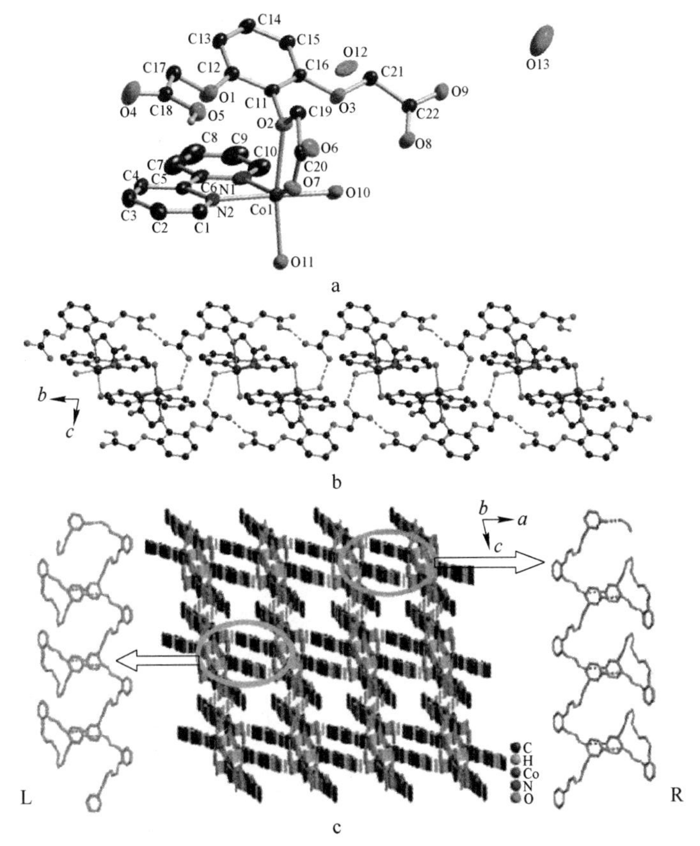

图 4-33　(a) 配合物 **13** 中的 Co(Ⅱ)的配位环境，30%热椭球体（为了清晰起见，除了未质子化的羧酸氢外，所有的氢都省略了）；(b) 沿 a 轴方向配合物 **13** 的一维链结构；(c) 沿 b 轴方向的三维超分子结构由左旋和右旋螺旋组成

4-30B 所示)。每个 $HTTTA^{2-}$配体通过 1 个羧基氧和 1 个氧乙酸根的醚氧将 1 个 Co(Ⅱ) 离子桥联成一个单核单元，通过水分子和羧基氧原子中的 O5-H5…O9 和 O11-H1W…O8 氢键连接成一维结构，如图 4-33b 所示。这些链通过 O11-H4W…O9，C4-H4…O6 氢键进一步互连成一层结构。不同于配合物 **11** 和配合物 **12**，配合物 **13** 的三维超分子结构是由-CH_2基团与相邻 $HTTTA^{2-}$配体的苯环之间的 C-H…π 相互作用形成的（见表 4-11)，其中可以观察到左右手螺旋链，螺旋沿 *b* 轴方向伸展的螺距与晶胞 *b* 轴的长度相同（1. 130nm）（如图 4-33c 所示)。

D　$\{[Cu(HL)(phen)(H_2O)_2]\cdot H_2O\}_n$(**14**) 的晶体结构

与配合物 **13** 类似，在配合物 **14** 中，H_3TTTA 部分去质子化（配位模式如图 4-30B 所示)。配合物 **14** 的不对称单元中包含 1 个 Cu(Ⅱ)，1 个 $HTTTA^{2-}$，1 个邻菲罗啉分子，2 个配位的和 1 个未配位的水分子。Cu(Ⅱ) 与 1 个羧基氧和 1 个氧乙酸根的醚氧原子，1 个邻菲罗啉分子的 2 个氮原子和 2 个水分子配位，显示一个扭曲的八面体几何结构（如图 4-34a 所示)。配合物 **14** 也是一个 0-D 结构，通过水分子与羧基氧原子之间的 O8-H8…O4，O10-H2W…O5，O11-H3W…O4 氢键连接起来成一维链，如图 4-34b 所示。通过 O12-H5W…O7 和 O12-H6W…O9 氢键进一步将链连接成 1 个层结构。与配合物 **13** 相似，其三维超分子结构是由-CH_2基团与邻近 $HTTTA^{2-}$配体的苯环之间的 C-H…π 相互作用和丰富的分子间氢键组成（见表 4-11)，其中可以观察到双股螺旋链，螺旋沿 *c* 轴方向伸展的螺距与晶胞 *c* 轴的单位长度的 2 倍（2. 358nm）相同，如图 4-34c 所示。

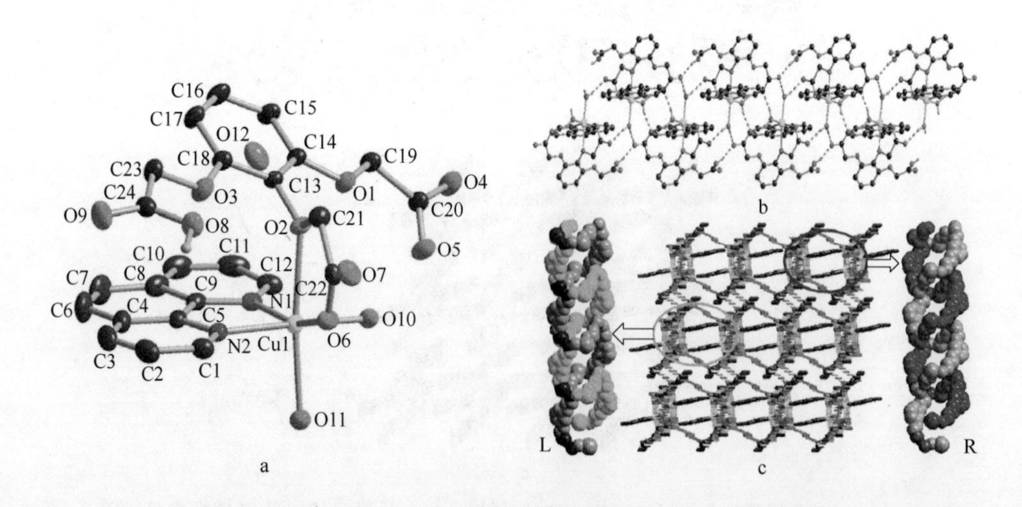

图 4-34　(a) 配合物 **14** 的 Cu(Ⅱ) 的配位环境，30%热椭球体（为了清晰起见，除了未质子化的羧酸氢外，所有的氢都省略了)；(b) 沿 *a* 轴方向配合物 **14** 的一维链结构；(c) 配合物 **14** 沿 *c* 轴方向的三维超分子结构，具有双股螺旋

4.4.2.2 结构比较

如图 4-30 所示，H_3TTTA 配体具有两种配位模式。在配合物 **11** 和配合物 **12** 中，H_3TTTA 配体完全去质子化为 $TTTA^{3-}$，每个 $TTTA^{3-}$ 连接两个金属离子。然而，在配合物 **13** 和配合物 **14** 中，H_3TTTA 被部分地去质子化，生成 $HTTTA^{2-}$ 阴离子，每个 $HTTTA^{2-}$ 阴离子只与一个金属离子成键。在配合物 **11～14** 中，Co(Ⅱ)/Cu(Ⅱ)离子都是六配位。在配合物 **11** 和配合物 **12** 中，2 个 $TTTA^{3-}$ 配体由 1 个 Co1 和 2 个 Co2 离子连接形成一个三核单元。在配合物 **12** 中，三核单元通过 4,4′-联吡啶的桥接形成一维结构。配合物 **13** 和配合物 **14** 是单核结构，其中 Co(Ⅱ)/Cu(Ⅱ)离子具有扭曲的八面体几何形状，由 2 个水分子，1 个氧乙酸基团的 1 个羧基氧和 1 个醚氧原子，以及螯合 2,2′-联吡啶或邻菲罗啉配体的2个氮原子配位。配合物 **11～14** 中存在丰富的氢键，如 O-H…O 和 C-H…π 氢键，它们连接着配合物 **11** 的三核单元，配合物 **12** 的链结构，配合物 **13** 和配合物 **14** 的单核单元，形成三维超分子结构。

基于苯-1,2,3-三氧乙酸的 Cd/Zn/Co 配合物，如 $Cd_3TTTA_2(H_2O)_3 \cdot H_2O$(a)、Zn(HTTTA)$(phen)_2 \cdot H_2O$(b)和 Co(HTTTA)$(phen)_2 \cdot H_2O$(c)为底物的 Cd/Zn/Co 配合物已被报道[50]。与配合物 **11** 相比，在配合物 **a** 中，H_3TTTA 完全质子化生成 $TTTA^{3-}$离子，每个 $TTTA^{3-}$连接 5 个 Cd 离子，以满足 Cd(Ⅱ)更大的半径和更高的配位数的需求，进一步形成配合物 **a** 的三维金属有机骨架。

配合物 **14** 与配合物 **b** 和配合物 **c** 具有类似结构。在配合物 **14**、配合物 **b** 和配合物 **c** 中，H_3TTTA 部分脱质子为 $HTTTA^{2-}$离子，将一个金属(Ⅱ)中心连接为单核单元，通过 O-H…O 和 C-H…π 氢键进一步连接形成三维超分子结构。

H_3TTTA 配体将 M(Ⅱ)阳离子连接起来形成配合物 **11** 和配合物 **14** 的双股螺旋链，配合物 **12** 的内消旋螺旋链和配合物 **13** 的单股螺旋链（借助于 2,2′-联吡啶的帮助）。这很可能是由于 H_3TTTA 配体拥有一个刚性苯环和三个柔性 O-乙酸根，总共有九个潜在的配位点。官能团还以 60°和 120°的多角度展开，这有助于 H_3TTTA 配体与金属离子形成螺旋结构。

4.4.2.3 抗菌活性结果

以金黄色葡萄球菌和枯草芽孢杆菌为革兰氏阳性菌，以大肠杆菌为革兰阴性菌为研究对象，对 H_3TTTA 和配合物 **11～14** 进行了抑菌活性研究。从表 4-12 的结果可以看出，纯二甲基亚砜对任何菌株都没有活性。H_3TTTA 和配合物 **11～14** 对被测细菌均表现出抗菌活性。配合物 **11～14** 及金属盐对金黄色葡萄球菌的抗菌活性强于对枯草杆菌和大肠杆菌，而它们的抗菌活性均弱于氨苄青霉素。与金属离子配位后，H_3TTTA 配体对被测细菌的抗菌活性均有所增强。根据文献，金属配合物通常比相应的配体具有更强的抗菌活性。例如，以 4-[苯基(苯亚氨基)甲基]苯-1,3-二醇及其 Mn(Ⅱ)，Co(Ⅱ)，Ni(Ⅱ)，Cu(Ⅱ)，Zn(Ⅱ)配合物为例，对其抗菌活性进行了研究，结果表明，金属离子配合物对被测细菌[51]比相应的游离配体具有更好的抗菌活性。Sang 报道 N,N′-双(5-氟-2-羟基亚苄基)乙烷-1,2-二胺 Mn(Ⅱ)配合物对枯草芽孢杆菌、金黄色葡萄球菌、大肠杆菌和荧光假单胞菌均表现出良好的活性，并且比其游离席夫碱配体具有更强的抗细菌活性[52]。复合物抗菌活性的增加可能是由于 Tweedy 的螯合理论[53,54]。螯合作用增强了金属(Ⅱ)离子的亲脂特性，随后有利于其渗透通过细胞的脂质层。

表 4-12 H_3TTTA 配体和配合物 11~14 对选定的细菌的抑制区（直径为毫米），**包括圆盘直径**（8mm）

配合物	金黄色葡萄球菌	枯草芽孢杆菌	大肠杆菌
H_3TTTA	11.2	9.1	+
11	15.4	10.8	11.0
12	14.7	11.5	10.8
13	15.3	11.4	10.4
14	15.5	10.6	10.5
$CoCl_2·6H_2O$	10.2	8.8	9.7
$CuSO_4·5H_2O$	10.6	9.0	10.3
氨苄青霉素	19.8	17.7	16.2
二甲基亚砜	—	—	—

4.4.2.4 热稳定性分析

采用 TGA 测定配合物 **11~14** 的热稳定性；TGA 数据 N_2 气氛下采集，升温速率为 10℃/min，从室温至 800℃，如图 4-35 所示。配合物 **11** 在 40~194℃（实测值 36.21%，计算值 35.89%）范围内，逐渐失去 6 个未配位水和 6 个配位水分子，重量下降，骨架在 223℃以上开始分解。配合物 **12** 在 48℃到 124℃之间失去 4 个未配位的和 4 个配位水分子（实测值 18.73%，计算值 18.85%），配合物 **12** 在 230℃以下没有进一步的失重。配合物 **13** 在 65~146℃失去 2 个未配位水和 2 个配位水分子（实测值 12.19%，计算值 10.93%），脱水结构在 215℃以上开始分解。配合物 **14** 在 80℃到 148℃之间失重 9.29%（计算值 9.06%），对应 1 个未配位水分子和 2 个配位水分子，配合物 **14** 在 232℃以上开始分解。

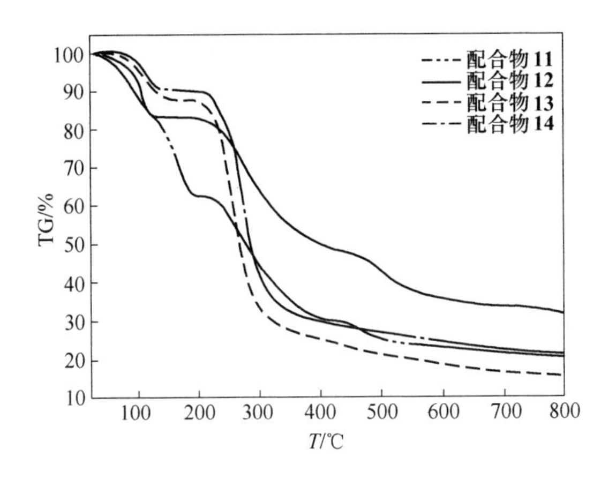

图 4-35 配合物 **11～14** 的热重曲线图

4.4.3 结论

介绍了四种基于既具有刚性又具有柔性的邻苯三酚-O,O′,O″-三乙酸(H_3TTTA)配体以及含氮复配体的过渡金属配位聚合物。研究表明，多齿配体 H_3TTTA 与金属中心以丰富的配位模式结合，可形成多种螺旋链结构。此外，N-供体的辅助配体和多种氢键相互作用对配合物 **11～14** 的高维超分子网结构的形成具有重要意义。抗菌活性筛选表明，该类配合物对被测试菌株的抗菌活性高于游离配体。

4.5 间苯二酚-O,O′-二乙酸镧系配位聚合物的自组装及结构研究

螺旋配位聚合物设计的关键是配体的合理选择。配体应能以适当的角度在多个方向上桥接金属原子，并包含空间信息，这些信息可以通过结合金属中心的排列来解释，从而有助于螺旋结构的形成。在此基础上，间苯二酚-O,O′-二乙酸(H_2PODA)作为配体被应用到这项工作中，因为它包含 2 个羧基，角度为 120°的取代羧基可以同时作为氢键的供体和受体，从而形成具有螺旋结构和潜在功能的配合物。除了原配体的天然柔韧性外，其他微妙的因素，如金属离子的配位几何、反应条件和辅助配体等，对螺旋配位聚合物的构建也很重要[55]。镧离子具有比过渡金属更大的半径和更高的配位数，具有独特的发光性能和特定磁性能，引起了越来越多科学家的兴趣[56]。此外，考虑到镧离子配位数高，可以利用辅助配体占据一些配位位点，防止骨架相互渗透。HFA（甲酸）具有较强的配位能力，可采用多种桥接方式连接金属离子和/或构建稳定的金属羧酸盐二级构筑块[57~59]，可形成螺旋和高维结构；phen（1,10-邻菲罗啉）具有刚性的平面结构，其 2 个氮原子在螯合模式下易于与金属离子配位，也是良好的 π 电子受体，

有助于通过 C-H···O(N)、C-H···π 氢键和 π-π 堆积来构建稳定的超分子结构。本节描述了 7 种镧系配位聚合物的合成及其结构。

4.5.1 实验部分

实验所用仪器和测试方法同 4. 1. 1 节。

4. 5. 1. 1 配合物 **15~19** 的合成

1mL 乙醇、9mL 蒸馏水、H_2PODA（0. 0226g，0. 1mmol）、NaOH（0. 3mmol，0. 65mol/L）、甲酸（0. 1mmol，0. 65mol/L）、$LaCl_3 \cdot 6H_2O$（0. 0353g，0. 1mmol）（制备配合物 **15**），$Ce(NO_3)_3 \cdot 6H_2O$（0. 0434g，0. 1mmol）（制备配合物 **16**），$PrCl_3 \cdot 6H_2O$（0. 0355g，0. 1mmol）（制备配合物 **17**），$NdCl_3 \cdot 6H_2O$（0. 0358g，0. 1mmol）（制备配合物 **18**）和 $Eu(NO_3)_3 \cdot 6H_2O$（0. 0446g，0. 1mmol）（制备配合物 **19**），将混合溶液置于 23mL 聚四氟乙烯内衬的不锈钢反应器中，在 120℃条件下加热 72h 然后冷却到室温，过滤得到块状晶体。

$[La(PODA)(FA)(H_2O)]_n$（**15**）产率：50. 5%（基于 La 计算）。$C_{11}H_{11}LaO_9$ 元素分析（%）：计算值：C 31. 00，H 2. 60；实测值：C 30. 88，H 2. 51。红外数据（KBr 压片，v/cm^{-1}）：3388(s)，2932(m)，1595(vs)，1426(s)，1343(s)，1280(s)，1183(s)，1089(m)，1054(m)，976(w)，810(w)，732(w)，687(w)，629(w)，575(w)。

$[Ce(PODA)(FA)(H_2O)]_n$（**16**）产率：43. 3%（基于 Ce 计算）。$C_{11}H_{11}CeO_9$ 元素分析（%）：计算值：C 30. 92，H 2. 59；实测值：C 30. 79，H 2. 46。红外数据（KBr 压片，v/cm^{-1}）：3398(s)，2874(w)，1594(vs)，1498(s)，1464(s)，1427(s)，1344(s)，1280(s)，1183(s)，1090(m)，1055(m)，976(m)，812(w)，785(w)，732(m)，688(w)，630(w)，577(w)。

$[Pr(PODA)(FA)(H_2O)]_n$（**17**）产率：35. 4%（基于 Pr 计算）。$C_{11}H_{11}PrO_9$ 元素分析（%）：计算值：C 30. 86，H 2. 59；实测值：C 30. 80，H 2. 53。红外数据（KBr 压片，v/cm^{-1}）：3407(s)，2877(w)，1595(vs)，1499(s)，1427(s)，1343(s)，1281(s)，1183(s)，1091(m)，1056(m)，975(m)，813(w)，784(w)，732(m)，688(w)，631(w)，578(w)。

$[Nd(PODA)(FA)(H_2O)]_n$（**18**）产率：46. 8%（基于 Nd 计算）。$C_{11}H_{11}NdO_9$ 元素分析（%）：计算值：C 30. 62，H 2. 57；实测值：C 30. 56，H 2. 48。红外数据（KBr 压片，v/cm^{-1}）：3417(s)，3137(s)，1598(vs)，1497(m)，1465(m)，1450(m)，1401(s)，1341(m)，1285(m)，1184(m)，1154(w)，1094(m)，1058(m)，978(w)，961(w)，812(w)，780(w)，733(w)，688(w)，630(w)，582(w)。

$[Eu(PODA)(FA)(H_2O)]_n$(**19**) 产率：35.6%（基于Eu计算）。$C_{11}H_{11}EuO_9$元素分析（%）：计算值：C 30.08，H 2.52；实测值：C 29.98，H 2.37。红外数据（KBr压片，v/cm^{-1}）：3414(s)，2881(w)，1596(vs)，1499(s)，1426(s)，1342(s)，1281(m)，1183(m)，1091(m)，1056(m)，974(w)，812(w)，732(w)，688(w)，630(w)。

4.5.1.2 配合物 20 和配合物 21 的合成

3mL乙醇、7mL蒸馏水、H_2PODA（0.4452g，0.2mmol）、NaOH（0.4mmol，0.65mol/L）、1，10-邻菲罗啉（0.0198g，0.1mmol）、$LaCl_3 \cdot 6H_2O$（0.0353g，0.1mmol）(制备配合物**20**)、$PrCl_3 \cdot 6H_2O$(0.0355g，0.1mmol)(制备配合物**21**)，混合液置于23mL聚四氟乙烯内衬的不锈钢反应釜中，在150℃下加热72h，然后冷却到室温，过滤得到块状晶体。

$[La(PODA)_{1.5}(phen)]_n$(**20**) 产率：31.3%（基于La计算）。$C_{27}H_{19}LaN_2O_9$元素分析（%）：计算值：C 49.57，H 2.93，N 4.28；实测值：C 49.53，H 2.97，N 4.19。红外数据（KBr压片，v/cm^{-1}）：3131(m)，1616(s)，1493(m)，1402(m)，1326(m)，1287(m)，1184(m)，1156(m)，1087(w)，1061(w)，953(m)，854(m)，819(w)，777(w)，728(w)，625(w)，599(w)。

$[Pr(PODA)_{1.5}(phen)]_n$(**21**) 产率：25.6%（基于Pr计算）。$C_{27}H_{19}PrN_2O_9$元素分析（%）：计算值：C 49.42，H 2.92，N 4.27；实测值：C 49.38，H 2.94，N 4.29。红外数据（KBr压片，v/cm^{-1}）：3445(m)，3070(m)，2916(m)，2856(m)，1616(s)，1494(s)，1423(w)，1328(s)，1287(s)，1183(m)，1157(m)，1089(m)，1061(m)，953(m)，854(m)，775(m)，726(w)，626(w)。

4.5.1.3 X射线晶体的研究

X射线单晶衍射仪收集配合物**15~21**的晶体学数据见表4-13，所选键长见表4-14，所选氢键数据见表4-15。在配合物**20**和配合物**21**中，C24和O9是无序的。

4.5.2 结果与讨论

4.5.2.1 结构描述

单晶X射线衍射结果表明，配合物**15**、配合物**16**、配合物**17**、配合物**18**、配合物**19**的结构相似，配合物**20**、配合物**21**为等结构，所以我们只会详细讨论配合物**17**和配合物**21**的结构。H_2PODA和HFA配体的配位模式如图4-36所示。

表 4-13　配合物 15~21 的晶体学数据

配　合　物	15	16	17	18	19	20	21
分子式	$C_{11}H_{11}LaO_9$	$C_{11}H_{11}CeO_9$	$C_{11}H_{11}PrO_9$	$C_{11}H_{11}NdO_9$	$C_{11}H_{11}EuO_9$	$C_{27}H_{19}LaN_2O_9$	$C_{27}H_{19}PrN_2O_9$
分子量	426. 11	427. 32	428. 11	431. 44	439. 16	654. 35	656. 35
T/K	296(2)	296(2)	296(2)	296(2)	296(2)	296(2)	296(2)
晶系	Monoclinic	Monoclinic	Monoclinic	Monoclinic	Monoclinic	Triclinic	Triclinic
空间群	$P2_1/c$	$P2_1/c$	$P2_1/c$	$P2_1/c$	$P2_1/c$	$P\bar{1}$	$P\bar{1}$
a/nm	1. 2325(8)	1. 2308(3)	1. 2312(5)	1. 2281(7)	1. 2275(6)	0. 9187(3)	0. 9138(11)
b/nm	0. 7928(5)	0. 7881(18)	0. 7845(3)	0. 7806(5)	0. 7802(4)	1. 1843(4)	1. 2083(15)
c/nm	1. 3074(8)	1. 3049(3)	1. 3049(5)	1. 3019(8)	1. 3009(7)	1. 2804(4)	1. 2610(16)
α/(°)	90	90	90	90	90	116. 160(3)	117. 1160(10)
β/(°)	90	90	90	90. 9050(10)	90. 8530(10)	92. 132(4)	92. 017(2)
γ/(°)	90	90	90	90	90	93. 283(4)	93. 299(2)
V/nm^3	1. 2776(14)	1. 2657(5)	1. 2604(9)	1. 2481(13)	1. 2457(11)	1. 2453(6)	1. 2430(3)
晶胞中分子数量 Z	4	4	4	4	4	2	2
单胞中电子的数目 F(000)	824	828	832	836	848	648	652
D_C/g · cm^{-3}	2. 215	2. 242	2. 256	2. 296	2. 342	1. 745	1. 754
θ/(°)	3. 00~25. 49	3. 02~27. 49	3. 03~25. 50	3. 04~25. 50	3. 04~25. 50	2. 75~25. 50	2. 24~25. 50
线性吸收系数 μ/mm^{-1}	3. 390	3. 642	3. 912	4. 207	5. 082	1. 775	2. 020
拟合优度 S 值	1054	1072	1121	1174	1078	1078	1046
收集到的衍射点	9408/2375	10668/2903	9203/2337	5176/2276	9177/2318	8930/4541	9550/4582
等价衍射点在衍射强度上的差异值 R_{int}	0. 0182	0. 0231	0. 0334	0. 0140	0. 0171	0. 0400	0. 0324
可观测衍射点的 R_1, wR_2[$I > 2\sigma(I)$]	0. 0134, 0. 0323	0. 0158, 0. 0410	0. 0215, 0. 0576	0. 0173, 0. 0431	0. 0180, 0. 0475	0. 0486, 0. 1174	0. 0366, 0. 0796
全部衍射点的 R_1, wR_2	0. 0139, 0. 0325	0. 0169, 0. 0418	0. 0221, 0. 0580	0. 0178, 0. 0433	0. 0183, 0. 0477	0. 0789, 0. 1397	0. 0559, 0. 0899
最大衍射峰和谷/e · nm^{-3}	465, −243	822, −651	1381, −1016	643, −514	794, −500	1897, −1398	938, −560

表 4-14 配合物 15~21 的键长（nm）数据

		15			
La(1)-O(2)	0.2606(2)	La(1)-O(3)#1	0.2452（1）	La(1)-O(5)#2	0.2583（1）
La(1)-O(5)#3	0.2710(1)	La(1)-O(6)#3	0.2613（1）	La(1)-O(7)	0.2538（1）
La(1)-O(7)#4	0.2647(1)	La(1)-O(8)	0.2543（1）	La(1)-O(9)#5	0.2557（2）
		16			
Ce(1)-O(2)	0.2690(2)	Ce(1)-O(2)#1	0.2546（1）	Ce(1)-O(3)	0.2580(1)
Ce(1)-O(5)#2	0.2585(1)	Ce(1)-O(6)#3	0.2421(1)	Ce(1)-O(7)	0.2520(2)
Ce(1)-O(8)	0.2532(1)	Ce(1)-O(9)#4	0.2532(1)	Ce(1)-O(9)#5	0.2614(1)
		17			
Pr(1)-O(2)#1	0.2401(2)	Pr(1)-O(3)	0.2577(2)	Pr(1)-O(5)#2	0.2521(2)
Pr(1)-O(5)#3	0.2669(2)	Pr(1)-O(6)#3	0.2566(2)	Pr(1)-O(7)	0.2494(2)
Pr(1)-O(8)	0.2524(2)	Pr(1)-O(9)#4	0.2593(2)	Pr(1)-O(9)#5	0.2531(2)
		18			
Nd(1)-O(2)#1	0.2383(2)	Nd(1)-O(3)	0.2542(2)	Nd(1)-O(5)#2	0.2504(2)
Nd(1)-O(5)#3	0.2654(2)	Nd(1)-O(6)#3	0.2559(2)	Nd(1)-O(7)	0.2526（2）
Nd(1)-O(7)#4	0.2577(2)	Nd(1)-O(8)	0.2502(2)	Nd(1)-O(9)#5	0.2470(2)
		19			
Eu(1)-O(2)	0.2646(2)	Eu(1)-O(2)#1	0.2501(2)	Eu(1)-O(3)	0.2556(2)
Eu(1)-O(5)#2	0.2543(2)	Eu(1)-O(6)#3	0.2381(2)	Eu(1)-O(7)	0.2467(2)
Eu(1)-O(8)	0.2502(2)	Eu(1)-O(9)#4	0.2524(2)	Eu(1)-O(9)#5	0.2577(2)
		20			
La(1)-O(1)	0.2488(5)	La(1)-O(2)#1	0.2465(5)	La(1)-O(4)#2	0.2477(5)
La(1)-O(4)#3	0.2682(5)	La(1)-O(5)#3	0.2588(5)	La(1)-O(7)	0.2539(6)
La(1)-O(8)	0.2566(5)	La(1)-N(1)	0.2696(6)	La(1)-N(2)	0.2742(6)
		21			
Pr(1)-O(1)	0.2470(3)	Pr(1)-O(2)#1	0.2423(4)	Pr(1)-O(4)#2	0.2431(3)
Pr(1)-O(4)#3	0.2645(3)	Pr(1)-O(5)#3	0.2550(4)	Pr(1)-O(7)	0.2550(4)
Pr(1)-O(8)	0.2502(4)	Pr(1)-N(1)	0.2650(4)	Pr(1)-N(2)	0.2704(4)

注：对称操作：配合物**15**：#1 $-x+1$，$y+1/2$，$-z+1/2$；#2 $x-1$，y，z；#3 $-x+2$，$y+1/2$，$-z+1/2$；#4 $-x+1$，$y-1/2$，$-z+1/2$；#5 x，$-y+1/2$，$z+1/2$。配合物**16**：#1 $-x+1$，$y-1/2$，$-z+3/2$；#2 $-x+2$，$y-1/2$，$-z+3/2$；#3 $x-1$，y，z；#4 x，$-y+1/2$，$z+1/2$；#5 $-x+1$，$-y$，$-z+1$。配合物**17**：#1 $-x+2$，$y+1/2$，$-z+1/2$；#2 $x+1$，y，z；#3 $-x+1$，$y+1/2$，$-z+1/2$；#4 $-x+2$，$-y$，$-z+1$；#5 x，$-y+1/2$，$z-1/2$。配合物**18**：#1 $-x+1$，$y+1/2$，$-z+3/2$；#2 $x-1$，y，z；#3 $-x+2$，$y+1/2$，$-z+3/2$；#4 $-x+1$，$y-1/2$，$-z+3/2$；#5 x，$-y+1/2$，$z-1/2$。配合物**19**：#1 $-x+2$，$y-1/2$，$-z+1/2$；#2 $-x+1$，$y-1/2$，$-z+1/2$；#3 $x+1$，y，z；#4 x，$-y+1/2$，$z-1/2$；#5 $-x+2$，$-y$，$-z+1$。配合物**20**：#1 $-x+2$，$-y$，$-z$；#2 $-x+1$，$-y$，$-z$；#3 $x+1$，y，z。配合物**21**：#1 $-x+2$，$-y+1$，$-z+1$；#2 $-x+1$，$-y+1$，$-z+1$；#3 $x+1$，y，z。

表 4-15　配合物 15~21 的氢键（nm 和°）数据

D-H…A	d(D-H)	d(H…A)	d(D…A)	<(DHA)
15				
O8-H1W…O1#1	0.083	0.233	0.2929(2)	130
O8-H1W…O2#1	0.083	0.224	0.3028(2)	159
O8-H2W…O6#2	0.083	0.201	0.2820(2)	166
对称操作：#1 $-x+1$, $y-1/2$, $-z+1/2$; #2 $x-1$, $-y-1/2$, $z+1/2$。				
16				
O8-H1W…O3#1	0.083	0.203	0.2839(2)	166
O8-H2W…O4#2	0.083	0.236	0.2941(2)	128
O8-H2W…O5#2	0.083	0.224	0.3034(2)	160
对称操作：#1 $-x+1$, $-y$, $-z+1$; #2 $x-1$, $y-1$, z。				
17				
O8-H1W…O6#1	0.083	0.206	0.2861(3)	163
O8-H2W…O1#2	0.082	0.235	0.2957(3)	132
O8-H2W…O3#2	0.082	0.226	0.3034(4)	157
对称操作：#1 $x+1$, $-y-1/2$, $z+1/2$; #2 $-x+2$, $y-1/2$, $-z+1/2$。				
18				
O8-H1W…O6#1	0.083	0.207	0.2873(3)	161
O8-H2W…O1#2	0.083	0.239	0.2959(3)	126
O8-H2W…O3#2	0.083	0.222	0.3021(3)	163
对称操作：#1 $x-1$, $-y-1/2$, $z-1/2$; #2 $-x+1$, $y-1/2$, $-z+3/2$。				
19				
O8-H1W…O3#1	0.083	0.206	0.2868(3)	165
O8-H2W…O4#2	0.083	0.236	0.2958(3)	130
O8-H2W…O5#2	0.083	0.223	0.3017(3)	159
对称操作：#1 $-x+2$, $-y$, $-z+1$; #2 $x+1$, $y-1$, z。				
20				
C3-H3…O5#1	0.093	0.267	0.3408(10)	136
C12-H12…O2#2	0.093	0.251	0.3177(10)	129
C21-H21A…O8	0.097	0.252	0.3443(10)	159
对称操作：#1 $-x+1$, $-y+1$, $-z+1$; #2 $-x+2$, $-y$, $-z$。				

续表 4-15

D-H···A	d(D-H)	d(H···A)	d(D···A)	<(DHA)
		21		
C3-H3···O5#1	0.093	0.262	0.3353(7)	137
C12-H12···O2#2	0.093	0.246	0.3122(7)	128
C21-H21A···O7	0.097	0.252	0.3439(7)	159

对称操作：#1 $-x+1$, $-y+2$, $-z+2$; #2 $-x+2$, $-y+1$, $-z+1$。

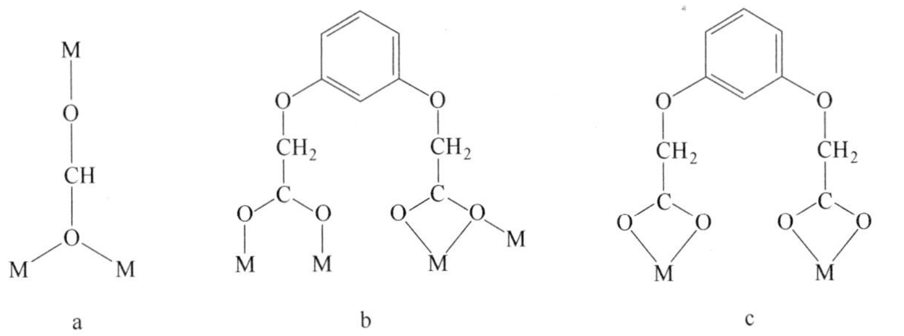

a b c

图 4-36 H_2PODA 和 HFA 配体的配位模式

A $[Pr(PODA)(FA)(H_2O)]_n$(**17**)的结构

单晶 X 射线衍射结果表明，配合物 **17** 晶体属于单斜晶系中的 $P2_1/c$ 空间群，呈三维结构。每个不对称单元中含有 1 个 Pr(Ⅲ)离子，1 个完全质子化的 $PODA^{2-}$ 配体，1 个甲酸盐离子和 1 个配位水分子。如图 4-37 所示，金属中心 Pr(Ⅲ)由 9 个氧原子配位：由 5 个来自 4 个 $PODA^{2-}$ 配体的氧原子，3 个来自 3 个甲酸根离子的氧原子和 1 个来自水分子的氧原子组成，呈现出三棱柱形的几何构型。在配合物 **17** 中，甲酸根离子采用一种三齿配位方式（如图 4-36a 所示），每个甲酸根配体连接 3 个 Pr(Ⅲ)离子；H_2PODA 配体表现出一种配位方式，其中一个羧基以双齿桥联模式连接金属离子，另一个以螯合桥联方式连接 2 个金属离子（如图 4-36b 所示），每个 $PODA^{2-}$ 配体连接 4 个 Pr(Ⅲ)离子。每一个 Pr(Ⅲ)离子被 4 个 $PODA^{2-}$ 连接到 8 个相邻的 Pr(Ⅲ)离子上，形成了一个具有左手和右手螺旋链的二维无限网络结构（如图 4-38a 所示），沿 b 轴方向螺旋的螺距与晶胞 b 轴长度相同（0.780nm），甲酸分子进一步将这些层连接成三维金属有机骨架（如图 4-38b 所示），其中值得注意的是可以观察到四股螺旋链。这个四股螺旋链分别是，两股由金属离子和 $PODA^{2-}$ 配体的羧基组成的：[Ⅰ:$(\text{-Pr1-O2-C8-O3-Pr1-O2A-})_n$，Ⅱ:$(\text{-Pr1-O5b-C10B-O6B-Pr1-O5C-C10C-O6C-})_n$]；一股由 $PODA^{2-}$ 配体的羧基氧原子和金属离子组成：[Ⅲ:$(\text{-Pr1-O5B-Pr1-O5C-})_n$]；还有一股由金属离子和甲酸的羧基氧原子[Ⅳ:$(\text{-Pr1-O9D-Pr1-O9E-})_n$]组成，这 4 条螺旋链相互交织，形成独特的四链螺旋，在 Pr(Ⅲ) 离子处结合（如图 4-38c 所示）。螺旋Ⅰ和Ⅱ由金属离子和羧基组成，而Ⅲ和Ⅳ由金属离子和氧原子组成，这与我们之前报道的四股螺旋链不同[60~62]。在四股螺旋链中，Ⅰ和Ⅳ都是右手性的，Ⅱ和Ⅲ都是左手性的，整个晶体是外消旋的，不表现出手性。四个螺旋链的螺距相同，都与晶胞 b 轴的长度（0.7845nm）相同。

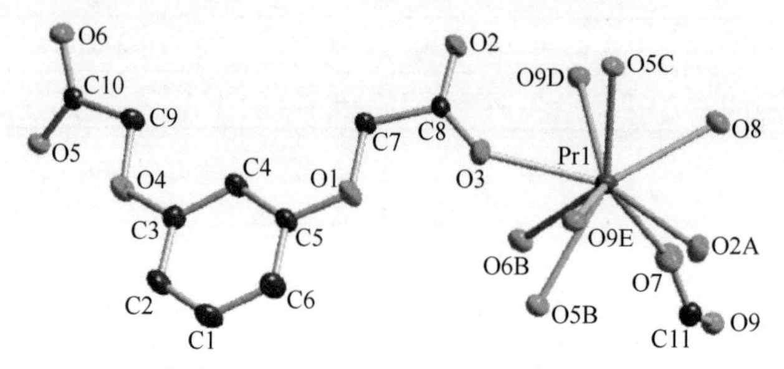

图 4-37　配合物 **17** 中 Pr(Ⅲ) 离子的配位环境，30%热椭球体

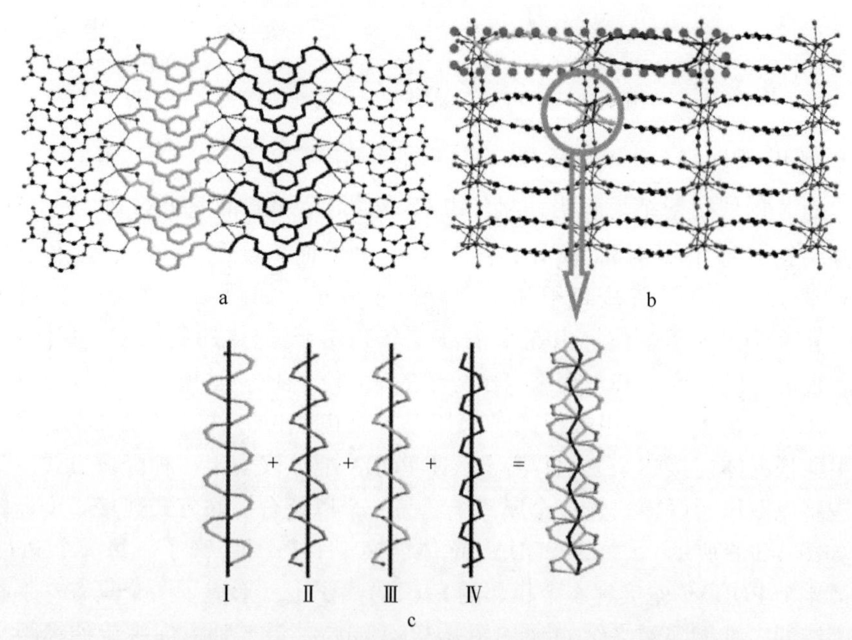

图 4-38　（a）由 $PODA^{2-}$ 连接 Pr(Ⅲ) 离子形成的配合物 **17** 的二维结构，沿 c 轴方向有左旋螺旋链和右旋螺旋链；（b）沿 b 轴方向配合物 **17** 的三维金属有机骨架，含单股螺旋链和四股螺旋链；（c）配合物 **17** 沿 c 轴方向的四股螺旋链

通过拓扑分析可以更好地了解这种复杂的三维结构。在这个框架中，2 个 Pr(Ⅲ) 离子被 2 个甲酸盐离子连接形成一个四聚体［Pr2FA2］，从拓扑的角度来看，［Pr2FA2］单元和 PODA 配体分别可以看作是 12 连接（如图 4-39 所示）和 4

连接（如图 4-39 所示）节点。整体结构可以简化为 sqc376$\{3^2 \cdot 4^2 \cdot 5^2\}_2\{3^8 \cdot 4^{20} \cdot 5^{24} \cdot 6^{14}\}$拓扑结构，如图 4-39 所示。令人兴奋的是，这种拓扑结构以前从未被报道过。到目前为止，连接超过 8 个以上关联的框架很少被观察到[63~65]。采用多核金属簇作为节点是生成高连接的拓扑结构的有效途径。

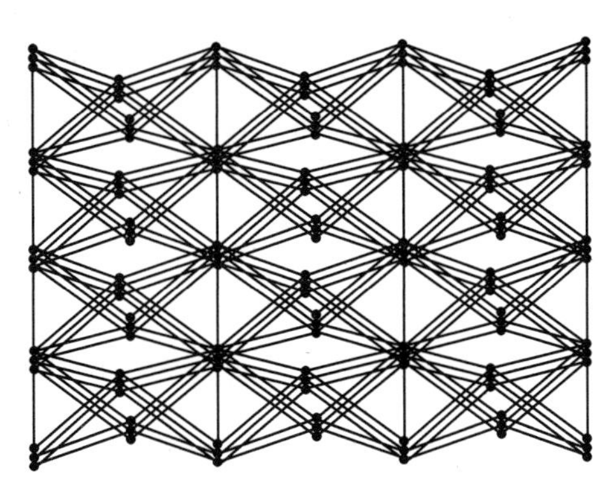

图 4-39　配合物 **17** 的$\{3^2 \cdot 4^2 \cdot 5^2\}_2\{3^8 \cdot 4^{20} \cdot 5^{24} \cdot 6^{14}\}$拓扑结构

B　$[Pr(PODA)_{1.5}(phen)]_n$(**21**)的结构

晶体学分析表明，配合物 **21** 属于三斜晶系 $P\bar{1}$ 空间群。配合物 **21** 的每个不对称单元都含有一个独特的 Pr(Ⅲ) 离子，即 1.5 个 $PODA^{2-}$配体和 1 个邻菲罗啉分子。Pr(Ⅲ) 与来自 5 个 $PODA^{2-}$中的 7 个氧原子（O1、O7、O8、O2A、O4B、O5B、O4C）和 1 个邻菲罗啉分子中的 2 个氮原子（N1、N2）进行的 9 配位，显示一个扭曲的三角棱镜结构（如图 4-40 所示）。在配合物 **21** 中，H_2PODA 配体完全质子化，表现出两种模式：一种与配合物 **17** 相同（如图 4-36b 所示），另一种为双螯合配位模式（如图 4-36c 所示），并且每个 $PODA^{2-}$配体连接 4 个或 2 个 Pr(Ⅲ) 离子，形成一个层结构，其中可以观察到左右旋的螺旋链（如图 4-41 所示）。

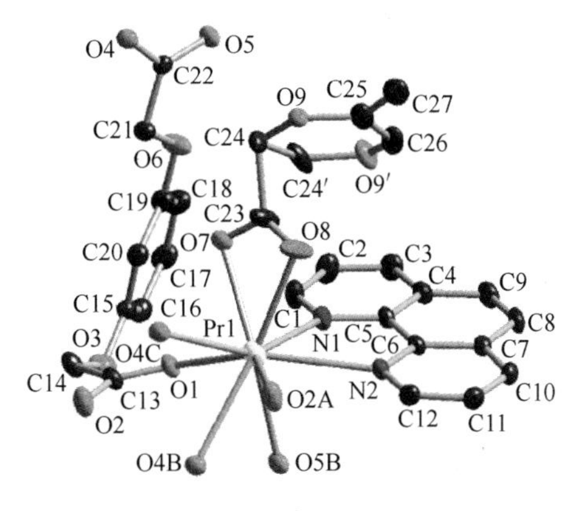

图 4-40　配合物 **21** 中 Pr(Ⅲ) 离子的配位环境，30%热椭球体

螺旋沿 a 轴方向的螺距与晶胞 a 轴长度相同（0.9138nm）。为了更好地理解配合物 **21** 的结构，我们使用拓扑分析来描述这个架构。有趣的是，两个相邻的 Pr(Ⅲ)原子被 2 个羧基氧原子连接，生成一个二聚体，其中 Pr…Pr 距离为 0.406nm。每个二聚体通过 H_2PODA 配体被四个二聚体包围。按照简化原则，双核单元可以被认为是 1 个四连接点，和配合物 **21** 的二维结构可以描述为一个单节点的 4 连接的（$4^4 \cdot 6^2$）网络拓扑结构（如图 4-42 所示）。配合物 **21** 结构通过邻菲罗啉的 C-H 基团与羧基氧原子之间的 C-H…O 的氢键（见表 4-15）进一步连接成三维超分子结构。

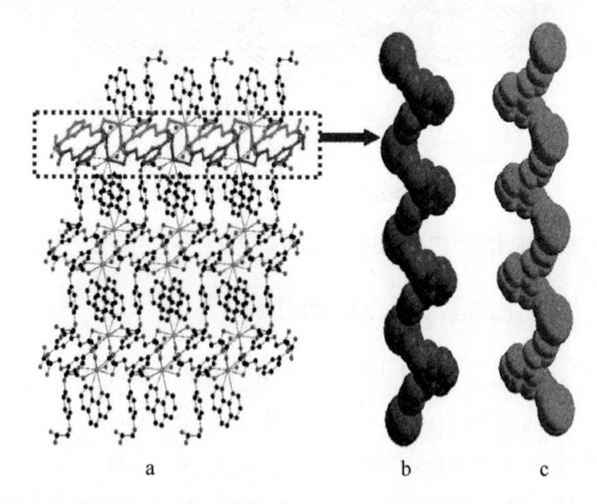

图 4-41　（a）沿 b 轴方向配合物 **21** 的二维网络，配合物 **21** 沿 c 轴方向的螺旋链结构；（b）左旋螺旋；（c）右旋螺旋

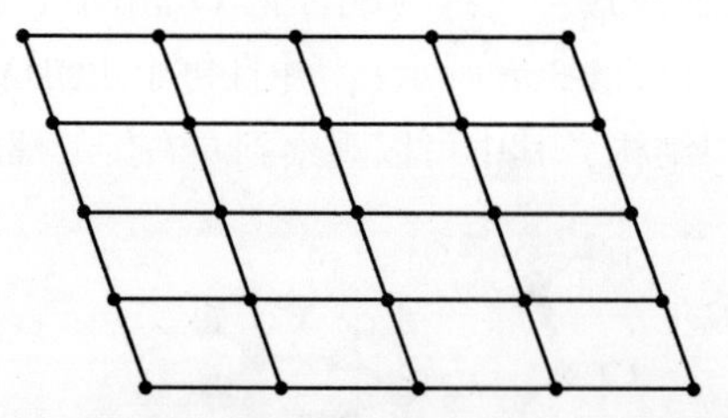

图 4-42　配合物 **21** 的 4 连接的（$4^4 \cdot 6^2$）拓扑结构

4.5.2.2　紫外- vis 吸收光谱

室温下，在 250~700nm 区域记录了 H_2PODA 和配合物 **15~21** 的固相紫外-可见光谱。如图 4-43 所示，配合物 **15~21** 在 $PODA^{2-}$ 配体吸收带的 250~300nm 范围内均表现出较大的宽带，且在 300~700nm 区域的条带源于 Ln(Ⅲ)离子（配合物 **17**，配合物 **18**，配合物 **19** 和配合物 **21**）从基态到激发态的典型 $4f$-$4f$ 跃迁。配

合物 **15** 在 276nm 处，配合物 **16** 在 275nm 处，配合物 **17** 在 277nm 处，配合物 **18** 在 273nm 处，配合物 **19** 在 274nm 处，配合物 **20** 在 273nm 处，配合物 **21** 在 270nm 处，属于配体的 π-π^* 跃迁，与 H_2PODA 配体的 278nm 吸收带相比，均有轻微的蓝移，说明与 Ln(Ⅲ)离子的配位增大了 $PODA^{2-}$ 共轭体系的能隙。由于 *f-f* 跃迁是内壳层跃迁，配体的影响可以忽略，镧系配合物的电子光谱与自由离子的电子光谱类似。配合物 **17** 在约 444nm、471nm、486nm 和 591nm 处的超敏跃迁带起源于 Pr(Ⅲ)离子的 $^3H_4$ 基态向各种激发态：$^3P_2$，$^3P_1$，$^3P_0$，$^1D_2$ 的跃迁。配合物 **18** 在约 427nm、464nm、482nm 和 580nm 处的吸收光谱与 Nd(Ⅲ)离子的 $^2P_{1/2}$，$^4G_{11/2}$，$^4G_{9/2}$，$^4G_{5/2}$ 的吸收光谱一致。配合物 **19** 在 352nm、406nm 和 464nm 处出现了几个吸收峰，对应于从 Eu(Ⅲ)的 $^7F_0$ 基态到更高激发态的 *f-f* 电子跃迁：$^5D_4$，$^5D_3$，$^5D_2$。配合物 **21** 的吸收光谱在 443nm、469nm、482nm、590nm 处的吸收峰，对应 Pr(Ⅲ)从基态 $^3H_4$ 到激发态的电子跃迁：$^3P_2$，$^3P_1$，$^3P_0$，$^1D_2$ 的跃迁。然而，配合物 **15**、配合物 **16**、配合物 **20** 的吸收光谱只可见区域 250~300nm 范围内显示一条来自配体的吸收带，Ln(Ⅲ)离子的 *f-f* 跃迁没有显示吸收带。

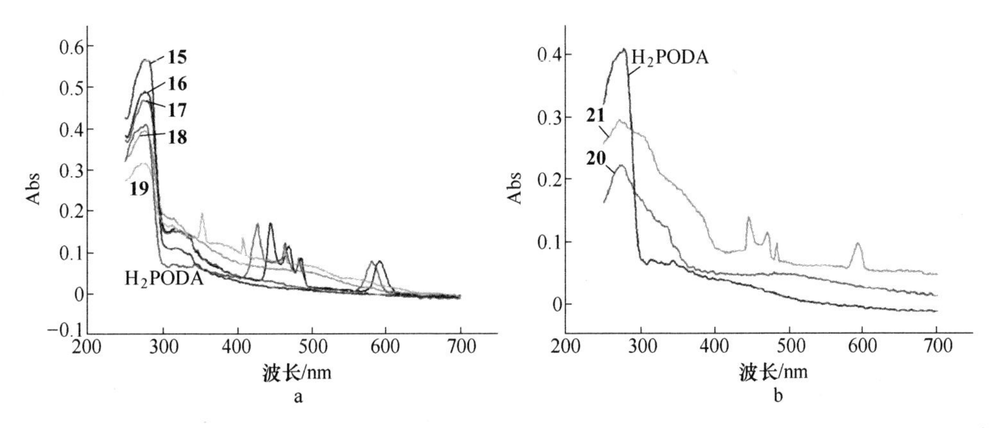

图 4-43 室温下（a）配合物 **15~19**、H_2PODA 配体和（b）配合物 **20~21** 的固相紫外-可见光谱

4.5.2.3 粉末 X 射线衍射和热分析

以配合物 **17** 和配合物 **21** 为代表，检测配合物的相纯度，并在室温下记录粉末 X 射线衍射（PXRD）图谱，如图 4-44 所示。配合物 **17** 和配合物 **21** 的块体样品分别与其单晶模拟的衍射数据吻合较好。

以配合物 **17** 和配合物 **21** 为例表征了配合物的热稳定性，并在室温至 800℃ 范围内，升温速率为 10℃/min 的 N_2 气氛下进行热重分析（TGA），如图 4-45 所示。对于配合物 **17**，第一步失重，在 185~274℃ 范围内，可以归因于配位水分子的损失（实测值为 4.42%，计算值为 4.20%）。对于配合物 **21**，第一次失重

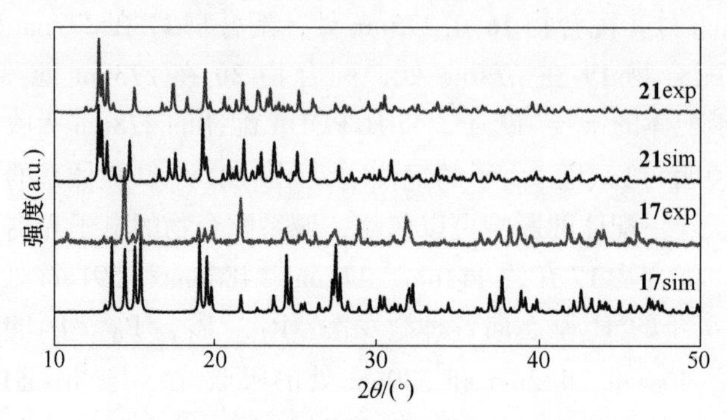

图 4-44　配合物 **17** 和配合物 **21** 的 PXRD 图

26.46%，在 236~285℃之间，对应于邻菲罗啉分子的损失，与计算值 27.42%一致。随着温度的升高，配合物 **17** 和配合物 **21** 的骨架开始坍塌，最终的残余物没有被表征出来。

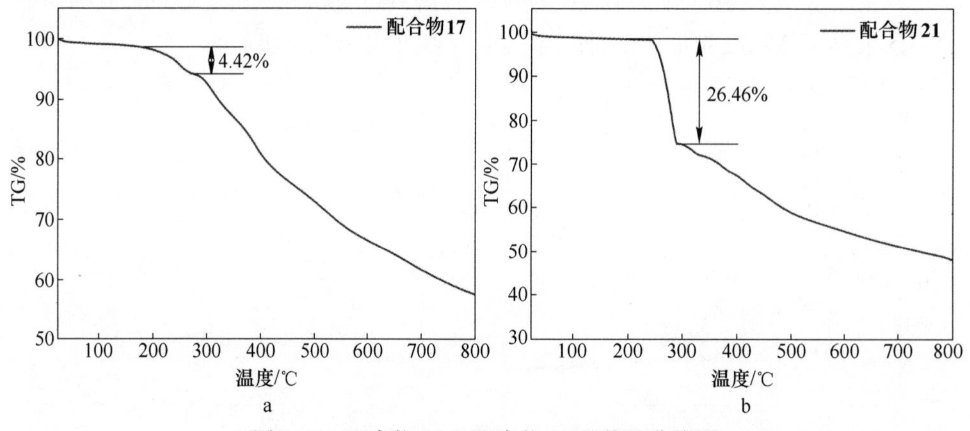

图 4-45　配合物 **17** 和配合物 **21** 的热重曲线图

4.5.2.4　发光性能

考虑到 Eu(Ⅲ)离子优异的发光性能，在室温下测定了配合物 **19** 和H_2PODA配体的固态光致发光光谱。固相 H_2PODA 配体在 342nm 处激发后，在 415nm 处表现出一个发射带，其可归属于 $\pi^* \rightarrow n$ 电子跃迁。如图 4-46 所示，在 396nm 激发波长下，配合物 **19** 的发射光谱呈现出强烈的红色发光，在 580nm、591nm、619nm、644nm 和 683nm 处显示了 Eu(Ⅲ)离子的特征跃迁$^5D_0 \rightarrow {}^7F_n$ ($n=0\sim4$)。值得注意的是，这些特征发射带表明配体对金属的能量转移在实验条件下是中等效率的。此外，$^5D_0 \rightarrow {}^7F_2$跃迁的强度大于$^5D_0 \rightarrow {}^7F_1$的强度，表明在 Eu(Ⅲ)离子周围存在高度极化的化学环境。配合物 **19** 的$^5D_0 \rightarrow {}^7F_2$跃迁（电偶极跃迁）与$^5D_0$

→$^7F_1$跃迁（磁偶极跃迁）的强度比约为 5.41，说明配合物 **19** 的 Eu(Ⅲ) 离子不位于反转中心，Eu(Ⅲ) 离子的对称性较低。

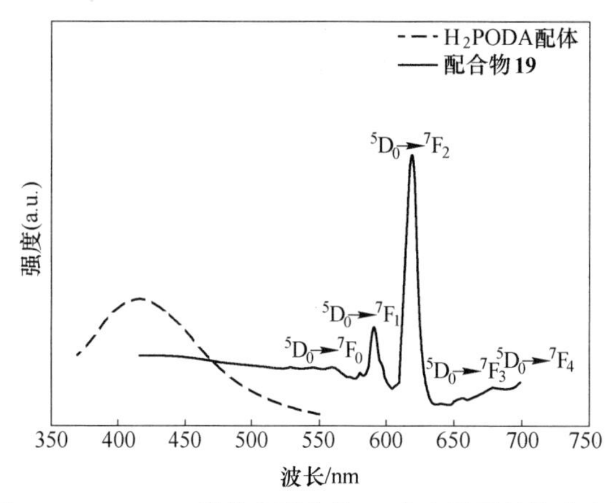

图 4-46 H_2PODA 配体和配合物 **19** 在室温下的发光光谱

4.5.3 结论

PODA^{2-}配体在 7 个配合物中表现出两种配位模式，配合物 **15～19** 只有一种 μ_4-η^1：η^1：η^1：η^2的配位模式（如图 4-36b 所示），而在配合物 **20～21** 出现两种配位模式 μ_4-η^1：η^1：η^1：η^2和 μ_2-η^1：η^1：η^1：η^1（如图 4-36b 和 c 所示），与 Shan Gao 报道的配位模式不同。配合物 **15～19** 具有二维波状层结构，每个 PODA^{2-}配体连接 4 个金属离子，而配合物 **20** 和配合物 **21** 则显示出不同的二维矩形结构，PODA^{2-}配体连接 4 个或 2 个金属离子，表明 PODA^{2-}的柔性羧基配体可以表现出不同的桥连模式，导致配合物 **15～19** 和配合物 **20～21** 不同的结构。与之前 PODA^{2-}配合物的结构比较，Mn(Ⅱ)和 Co(Ⅱ)聚合物与 PODA^{2-}配体显示 0-D 结构，Cu(Ⅱ)和 Zn(Ⅱ)聚合物显示 1-D 基于 PODA^{2-}配体的链结构，而 Ln(Ⅲ)配位聚合物显示基于 PODA^{2-}配体的层结构，其显示更大的半径和配位数以及更高的镧系元素离子需要更多的 PODA^{2-}配体，这导致镧系元素配位聚合物的高维结构。

尽管 PODA^{2-}配体连接相同的 Pr(Ⅲ)离子都形成了层结构，但配合物 **17** 和配合物 **21** 的晶体结构是不同的。在配合物 **17** 中，甲酸作为桥联配体，在配合物 **21** 中邻菲罗啉作为螯合末端配体，使得配合物 **17** 呈现出三维金属有机骨架，而配合物 **21** 则呈现出层状结构，通过氢键才形成三维超分子结构。结果表明，辅助配体在决定配位聚合物结构多样性方面起着重要作用，选择合适的辅助配体有助于构建高维结构。

此外，配合物 **17** 不仅具有一种由 PODA^{2-}配体连接金属离子形成的单股螺旋链，而且在甲酸根和 $PODA^{2-}$ 配体的帮助下，还形成了一种四股螺旋链，而配合物 **21** 只显示了一种单股螺旋链，邻菲罗啉未参与螺旋链的构筑。结果表明，甲酸的多齿桥联配位模式，有利于形成多股螺旋结构。

镧氧键的平均键长（配合物 **15** 为 0.2583nm，配合物 **16** 为 0.2558nm，配合物 **17** 为 0.2542nm，配合物 **18** 为 0.2524nm，配合物 **19** 为 0.2522nm，配合物 **20** 为 0.2544nm，配合物 **21** 为 0.2510nm）和镧氮键的平均键长（配合物 **20** 为 0.2719nm，配合物 **21** 为 0.2677nm）随着镧原子序数的增加而减小，这可归因于镧系的收缩效应。

综上所述，在水热条件下得到了七种具有不同螺旋结构的新型镧系超分子配合物。配合物 **15~19** 在甲酸根和间苯二酚-O,O′-二乙酸配体的作用下表现出含有单股和四股螺旋链的三维金属有机骨架。而配合物 **20** 和配合物 **21** 由于配体为邻菲罗啉只获得含单股螺旋链的层结构[66,67]。结果表明，在合适的角度下，具有两个柔性羧基的间苯二酚-O,O′-二乙酸配体易于形成以甲酸为共配体的镧系离子配合物的螺旋结构，有助于构筑多股螺旋结构和高维结构。发光性能测试结果表明，配合物 **19** 可能是一种潜在的荧光材料。

缩略词：

H_4TCBA=3,4,5-三(羧基甲氧基)苯甲酸；

H_3CPBA=2,2'-((4-(羧甲基)-1,3-苯撑)双(氧基))二乙酸；

H_2BDOA=对苯二酚-O,O′-二乙酸；

H_3TTTA=邻苯三酚-O,O′,O″-三乙酸；

H_2PODA=间苯二酚-O,O′-二乙酸；

2,2′-bipy = 2,2′-联吡啶；

4,4′-bipy = 4,4′-联吡啶；

phen=1,10-邻菲罗啉。

参 考 文 献

[1] Yang G S, Liu C B, Wen H L, et al. A rare I^2O^3 hybrid organic-inorganic material with high connectivity and quadruple-stranded helices [J]. Crystengcomm, 2015, 17: 1518~1520.

[2] Yang G S, Wen H L, Liu C B, et al. Self-assembly, crystal structures and properties of metal-3, 4,5-tris (carboxymethoxy) benzoic acid frameworks based on polynuclear metal-hydroxyl clusters (M1/4Zn, Co) [J]. RSC Advances, 2015, 5: 29362~29369.

[3] Wen H L, Gong Y N, Lai B W, et al. Three microporous Zn coordination polymers constructed by

3,4,5-tris (carboxymethoxy) benzoic acid and 4,4′-bipyrdine: Structures, topologies, and luminescence [J]. Journal of Solid State Chemistry, 2018, 266: 143~149.

[4] Liu Z F, Lai B W, Wen H L, et al. Synthesis, Properties of a Novel 3D Europium Coordination Polymer with Helical Chain and (3,6)-Connected rtl Net [J]. Chinese Journal of Chemistry, 2016, 34: 1304~1308.

[5] Gong Y N, Liu C B, Ding Y, et al. Self-assembly and structures of new lanthanide coordination polymers with 1,3-phenylenebis(oxy) diacetic acid [J]. Journal of Coordination Chemistry, 2010, 63 (11): 1865~1872.

[6] Wen H L, Lai B W, Hu H W, et al. Syntheses, crystal structures and antibacterial activities of M(Ⅱ) benzene-1,2,3-triyltris(oxy)triacetic acid complexes [J]. Journal of Coordination Chemistry, 2015, 68 (21): 3903~3917.

[7] Yang G S, Li L, Liu C B, et al. Self-assembly and structures of new lanthanide coordination polymers with 1,3-phenylenebis(oxy)diacetic acid [J]. Polyhedron, 2014, 72: 83~89.

[8] 谭生水．苯氧乙酸类化合物及其金属配合物的合成和结构表征 [D]. 南昌：南昌大学, 2007.

[9] Hill R J, Long D L, Champness N R. New Approaches to the Analysis of High Connectivity Materials: Design Frameworks Based upon 44- and 63-Subnet Tectons [J]. Accounts of Chemical Research, 2005, 38 (4): 335~348.

[10] Thirumurugan A, Sanguramath R A, Rao C N R. Hybrid Structures Formed by Lead 1,3-Cyclohexanedicarboxylates [J]. Inorganic Chemistry, 2008, 47 (3): 823.

[11] Zhong D C, Meng M, Zhu J. A highly-connected acentric organic-inorganic hybrid material with unique 3D inorganic and 3D organic connectivity [J]. Chemical Communications, 2010, 46 (24): 4354~4356.

[12] Gao J, Miao J, Li P Z. A p-type Ti(Ⅳ)-based metal-organic framework with visible-light photoresponse [J]. Chemical Communications, 2014, 50 (29): 3786~3788.

[13] Hupp J T, Poeppelmeier K R. Better living through nanopore chemistry [J]. Science, 2005, 309 (5743): 2008~2009.

[14] Li L J, Qin C, Wang X L. Synthesis and characterization of two self-catenated networks and one case of pcu topology based on the mixed ligands [J]. Crystengcomm, 2012, 14 (12): 4205~4209.

[15] Hao X R, Wang X L, Shao K Z. Remarkable solvent-size effects in constructing novel porous 1,3,5-benzenetricarboxylate metal-organic frameworks [J]. Crystengcomm, 2012, 14 (17): 5596~5603.

[16] Kepert C J, Prior T J, Rosseinsky M J. A Versatile Family of Interconvertible Microporous Chiral Molecular Frameworks: The First Example of Ligand Control of Network Chirality [J]. Journal of the American Chemical Society, 2000, 122 (21): 37~38.

[17] Moulton B, Zaworotko M J. From molecules to crystal engineering: supramolecular isomerism and polymorphism in network solids [J]. Chemical Reviews, 2001, 101 (6): 1629~1658.

[18] Li D S, Zhao J, Wu Y P. Co5/Co8-cluster-based coordination polymers showing high-connected self-penetrating networks: syntheses, crystal structures, and magnetic properties [J]. Inorganic Chemistry, 2013, 52 (14): 8091~8098.

[19] Ren Y X, Xiao S S, Zheng X J. Self-assembly, crystal structures, and properties of metal-2-sulfoterephthalate frameworks based on [$M_4(\mu_3\text{-}OH)_2$]$^{6+}$ clusters (M = Co, Mn, Zn and Cd) [J]. Dalton Transactions, 2012, 41 (9): 2639~2647.

[20] Bo Q B, Zhang H T, Miao J L. Structure and Photoluminescent Properties of Lanthanide Coordination Polymers Formed by the Interweaving of Bis(triple-stranded) Helical Chains [J]. European Journal of Inorganic Chemistry, 2013 (32): 5631~5640.

[21] Dhara K, Ratha J, Manassero M. Synthesis, crystal structure, magnetic property and oxidative DNA cleavage activity of an octanuclear copper(Ⅱ) complex showing water-perchlorate helical network [J]. Journal of Inorganic Biochemistry, 2007, 101 (1): 95~103.

[22] Guillou N, Livage C, Drillon M. The chirality, porosity, and ferromagnetism of a 3D nickel glutarate with intersecting 20-membered ring channels [J]. Angewandte Chemie International Edition in English, 2003, 42 (43): 5314~5317.

[23] Shi P, Zhi C, Gang X. Structures, Luminescence, and Magnetic Properties of Several Three-Dimensional Lanthanide-Organic Frameworks Comprising 4-Carboxyphenoxy Acetic Acid [J]. Crystal Growth & Design, 2012, 12 (11): 5203~5210.

[24] Costantino F, Ienco A, Midollini S. Copper(Ⅱ) Complexes with Bridging Diphosphinates—The Effect of the Elongation of the Aliphatic Chain on the Structural Arrangements Around the Metal Centres [J]. European Journal of Inorganic Chemistry, 2010, 2008 (19): 3046~3055.

[25] Zhong D C, Lin J B, Lu W G. Strong hydrogen binding within a 3D microporous metal-organic framework [J]. Inorganic Chemistry, 2009, 48 (18): 8656~8658.

[26] He Y H, Feng Y L, Lan Y Z. Syntheses, Structures, and Photoluminescence of Four d10 Metal-Organic Frameworks Constructed from 3,5-Bis-oxyacetate-benzoic Acid [J]. Crystal Growth & Design, 2008, 8 (10): 3586~3594.

[27] Sheldrick G M, SADABS. Program for Empirical Absorption Correction of the Area detector Data [D]. University of Göttingen, Germany, 2010.

[28] Sheldrick G M, SHELXS 97. Program for the Solution of Crystal Structures [D]. University of Göttingen, Germany, 1997.

[29] Sheldrick G M, SHELXL 97. Program for Crystal Structure Refinement [D]. University of Göttingen, Germany, 1997.

[30] Tao J, Shi J X, Tong M L. A new inorganic-organic photoluminescent material constructed with helical [$Zn_3(\mu_3\text{-}OH)(\mu_2\text{-}OH)$] chains [J]. Inorganic Chemistry, 2001, 40 (24): 6328~6330.

[31] Dybtsev D N, Chun H, Kim K. Three-dimensional metal-organic framework with (3,4)-connected net, synthesized from an ionic liquid medium [J]. Chemical Communications, 2004, 10 (14): 1594~1595.

[32] Spek A L. Structure validation in chemical crystallography [J]. Acta Crystallographica, 2009, 65 (2): 148~155.

[33] Wang J J , Zhang Y J, Chen J. Four new metal-organic coordination polymers with non-coordinating biphenyl groups: Synthesis, characterization, magnetic and luminescent properties [J]. Inorganica Chimica Acta, 2014, 411: 30~34.

[34] Gong Y N, Liu C B, Wen H L, et al. Structural diversity and properties of M(Ⅱ) phenyl substituted pyrazole carboxylate complexes with 0D-, 1D-, 2D-and 3D frameworks [J]. New Journal of Chemistry, 2011, 35: 865~875.

[35] Mancino G, Ferguson A J, Beeby A. Dramatic increases in the lifetime of the Er^{3+} ion in a molecular complex using a perfluorinated imidodiphosphinate sensitizing ligand [J]. Journal of the American Chemical Society, 2005, 127 (2): 524~525.

[36] Li J J, Li Y, Wang A L. Surface Plasmon Resonance Enhanced Luminescence of Europium Complexes with Ag@ SiO_2 Core-Shell Structure [J]. Acta Physico-Chimica Sinica, 2014, 30 (12): 2328~2334.

[37] Tian L, Zhang Z J, Yu A. A New Type of Entanglement Involving Ribbons of Rings and Two Different Kinds of 2D (4,4) Networks (2D+2D+1D) Polycatenated in a 3D Supramolecular Architecture [J]. Crystal Growth & Design, 2010, 10 (9): 3847~3849.

[38] Yang G S, Liu C B, Liu H, et al. Rational assembly of Pb(Ⅱ)/Cd(Ⅱ)/Mn(Ⅱ) coordination polymers based on flexible V-shaped dicarboxylate ligand: Syntheses, helical structures and properties [J]. Journal of Solid State Chemistry, 2015, 225: 391~401.

[39] Zhong D C, Deng J H, Luo X Z. An unprecedented (4,10)-connected porous metal-organic framework containing two rare large secondary building units (SBUs) [J]. Crystengcomm, 2012, 14 (5): 1538~1540.

[40] Wang J J, Liu C S, Hu T L. Zinc(Ⅱ) coordination architectures with two bulky anthracene-based carboxylic ligands: crystal structures and luminescent properties [J]. Crystengcomm, 2008, 10 (6): 681~692.

[41] Wang S N, Yang Y, Bai J. An unprecedented nanoporous and fluorescent supramolecular framework with an $SrAl_2$ topology controllably synthesized from a flexible ditopic acid [J]. Chemical Communications, 2007, 42 (42): 4416~4418.

[42] Quinterotroconis E, Buelvas N, Carrascolópez C. Enolase from Trypanosoma cruzi is inhibited by its interaction with metallocarboxypeptidase-1 and a putative acireductone dioxygenase [J]. Biochimica Et Biophysica Acta, 2018, 1866 (5~6): 651.

[43] Liu C B, Sun C Y, Jin L P. Supramolecular architecture of new lanthanide coordination polymers of 2-aminoterephthalic acid and 1,10-phenanthroline [J]. New Journal of Chemistry, 2004, 28 (8): 1019~1026.

[44] Sun D, Rong C, Bi W. Syntheses and characterizations of a series of silver-carboxylate polymers [J]. Inorganica Chimica Acta, 2004, 357 (4): 991~1001.

[45] Qiu Y, Daiguebonne C, Liu J. Four three-dimensional lanthanide coordination polymer con-

structed from benzene-1,4-dioxydiacetic acid [J]. Inorganica Chimica Acta, 2007, 360 (10): 3265~3271.

[46] Tang E, Dai Y M, Zhao J L. A Zn(Ⅱ) 5-Aminoisophthalate Coordination Polymer [J]. Chinese Journal of Structral Chemistry, 2007, 26 (5): 529~532.

[47] Tao J, Zhang Y, Tong M L. A mixed-valence copper coordination polymer generated by hydrothermal metal/ligand redox reactions [J]. Chemical Communications, 2002, 13 (13): 1342~1343.

[48] Mukherjee A, Desiraju G R. Synthon polymorphism and pseudopolymorphism in co-crystals. The 4,4′-bipyridine-4-hydroxybenzoic acid structural landscape [J]. Chemical Communications, 2011, 47 (14): 4090~4092.

[49] Bauer A W, Kirby W M, Sherris J C. Antibiotic susceptibility testing by a standardized single disk method [J]. Tech Bull Regist Med Technol, 1966, 36 (3): 49~52.

[50] Gong Y, Shi H F, Jiang P G. Metal(Ⅱ)-Induced Coordination Polymer Based on 4-(5-(Pyridin-4-yl)-4H-1,2,4-triazol-3-yl) benzoate as an Electrocatalyst for Water Splitting [J]. Crystal Growth & Design, 2015, 14 (2): 649~657.

[51] Subbaraj P, Ramu A, Raman N. Synthesis, characterization, and pharmacological aspects of metal (Ⅱ) complexes incorporating 4-[phenyl(phenylimino)methyl] benzene-1,3-diol [J]. Journal of Coordination Chemistry, 2014, 67 (16): 2747~2764.

[52] Sang Y L, Li X C, Xiao W M. Synthesis and crystal structures of N,N′-bis(5-fluoro-2-hydroxybenzylidene)ethane-1,2-diamine and its dinuclear manganese(Ⅲ) complex with antibacterial activities [J]. Journal of Coordination Chemistry, 2013, 66 (22): 4015~4022.

[53] Tweedy B G. Plant extracts with metal ions as potential antimicrobial agents [J]. Phytopathology, 1964, 55: 910~914.

[54] Tumer M, Ekinci D, Tumer F, et al. Synthesis, characterization and properties of some divalent metal(Ⅱ) complexes: Their electrochemical, catalytic, thermal and antimicrobial activity studies [J]. Spectrochimica Acta Part A: Molecular and Biomolecular Spectroscopy, 2007, 63 (3~4): 916~929.

[55] Pan L, Liu H, Kelly S P. RPM-2: a recyclable porous material with unusual adsorption capability: self assembly via structural transformations [J]. Chemical Communications, 2003, 9 (7): 854~855.

[56] Guo X, Zhu G, Fang Q. Synthesis, structure and luminescent properties of rare earth coordination polymers constructed from paddle-wheel building blocks [J]. Inorganic Chemistry, 2005, 44 (11): 3850~3855.

[57] Wang R H, Hong M C, Luo J H, et al. A new type of three-dimensional framework constructed from dodecanuclear cadmium(Ⅱ) macrocycles [J]. Chemical Communications, 2003, 9 (8): 1018~1019.

[58] Hong M C, Zhao Y J, Su W P, et al. A Silver (Ⅰ) Coordination Polymer Chain Containing Nanosized Tubes with Anionic and Solvent Molecule Guests [J]. Angewandte Chemie-interna-

tional Edition, 2000, 39: 2468~2470.

[59] Feng X, Wang J G, Liu B, et al. From Two-Dimensional Double Decker Architecture to Three Dimensional pcu Framework with One-Dimensional Tube: Syntheses, Structures, Luminescence, and Magnetic Studies [J]. Crystal Growth & Design, 2012, 12 (2): 927~938.

[60] Li X, Sun H L, Wu X S. Unique (3,12)-connected porous lanthanide-organic frameworks based on Ln(4)O(4) clusters: synthesis, crystal structures, luminescence, and magnetism [J]. Inorganic Chemistry, 2010, 49 (4): 1865~1871.

[61] Zhong D C, Meng M, Zhu J. A highly-connected acentric organic-inorganic hybrid material with unique 3D inorganic and 3D organic connectivity [J]. Chemical Communications, 2010, 46 (24): 4354~4356.

[62] Gao S, Huo L H, Liu J W, et al. Synthesis and Crystal Structure of a Dinuclear Cobalt(Ⅱ) Complex [Co_2(1H-benzimidazole)$_4$(1,4-bdoa)$_2$] [J]. Chinese Journal of Structural Chemistry, 2005, 24 (7): 789~792.

[63] Gao S, Liu J W, Huo L H. Poly[triaqua(μ-benzene-1,3-dioxyacetato)manganese(Ⅱ)]: a two-dimensional manganese(Ⅱ) coordination polymer [J]. Acta Crystallographica, 2004, 60 (12): 1849~1851.

[64] 刘继伟，霍丽华，高山，等. 一维链状铜配位聚合物 [Cu(m_BDOA)(bipy)·H_2O]$_n$的合成与晶体结构 [J]. 无机化学学报, 2004, 6: 707~710.

[65] Hong X L, Bai J F, Song Y. Luminescent Open-Framework Antiferromagnet-Hydrothermal Syntheses, Structures, and Luminescent and Magnetic Properties of Two Novel Coordination Polymers: [Zn(pdoa)(bipy)]$_n$ and [Mn(pdoa)(bipy)](bipy)$_n$ [pdoa = 2, 2′-(1, 3-phenylenedioxy)bis(acet)] [J]. European Journal of Inorganic Chemistry, 2006 (18): 3659~3666.

[66] Gao S, Liu J W, Huo L H. Poly[[diaquabarium(Ⅱ)]-mu5-m-phenylenedioxydiacetato]: a three-dimensional barium(Ⅱ) coordination polymer [J]. Acta Crystallographica, 2005, 61 (7): 348~350.

[67] Gao S, Liu J W, Huo L H, et al. Diaquadiformatodipyridinecobalt(Ⅱ) [J]. Acta Crystallogr, 2004, 60 (6): 808~810.

5　咪唑羧酸金属配位聚合物的合成和结构表征

近年来，有趣的超分子结构引起了人们极大的兴趣，不仅因为其结构的新颖和多样性，而且还因为其在磁性、吸收、发光和生物活性方面的潜在应用。特别是基于N-和O-给体的多功能有机配体的新型超分子配位聚合物的设计与合成受到了广泛的关注[1~4]。这类化合物具有多个O-和N-配位位点，与氢键受体和氢键供体一起，是组装高维三维、4*f*或3*d*-4*f*超分子网络的良好候选。其中，具有咪唑环体系的化合物因其丰富的药理活性而受到广泛关注[5]，比如咪唑类杀菌剂，除草剂、植物生长调节剂和治疗制剂[6,7]；2,4,5-三苯基咪唑（TPI）衍生品被广泛用作荧光美白产品在纺织，照相材料[8,9]，电致发光材料和光学材料[10]，拥有大型共轭系统结构[11]。目前，已有关于TPI及其衍生物结构的报道[12,13]，得到了一些羟基取代TPI的配合物并对其进行了表征[14~17]。

然而，据我们所知，目前还没有羧基引入TPI的报道。与羟基相比，羧基具有更多的配位位点。一个羧酸基有两个氧原子，不仅可以作为配位位点，而且可以作为氢键给体和受体，一旦引入到TPI中，可以提高TPI与金属离子的配位能力，有助于构建高维三维、4*f*或3*d*-4*f*超分子网络。根据软硬酸碱理论，镧系更偏向与氧原子配位。近年来，镧系配合物越来越受到人们的关注[18~20]。

5.1　试剂与仪器

主要试剂：氢氧化钠（CP）、去离子水、无水乙醇、异丙醇等有机溶剂及各种稀土和过渡金属盐。

主要仪器：反应釜；电子天平；X-4A显微熔点测定仪（北京福凯仪器有限公司），温度计未校正；Bruker SMART 1000 CCD型X射线衍射仪；红外光谱分析：仪器Bruker Tensor 27，KBr压片法，检测范围400~4000cm^{-1}；元素分析：PE-2400元素分析仪[21~24]。

5.2　2-(4,5-二苯基咪唑-2-基)苯甲酸过渡金属配合物的合成和表征

5.2.1　配体及配合物的合成与表征

5.2.1.1　配体合成

依次称取2.1g(0.01mol)二苯乙二酮、1.93g（0.025mol）醋酸铵（NH_4Ac），

1.5g(0.01mol)邻羧基苯甲醛依次加入150mL的三颈瓶中，加入30mL无水乙醇搅拌混合均匀后，再加入5%摩尔质量碘单质。在80℃水浴中，电动机械搅拌，反应1h。反应完毕，停止加热，冷却至室温。搅拌下将反应液加入200mL冰水中，有大量白色沉淀生成。抽滤，滤饼用3×50mL水洗涤三次，真空干燥，粗产物用无水乙醇和DMF的混合溶剂重结晶，得白色固体产物3.23g，产率95%。合成路线图如图5-1所示。

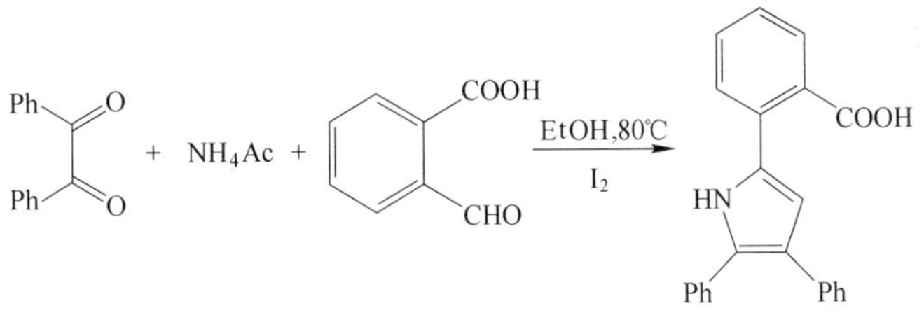

图5-1 H_2OA 配体的合成路线

5.2.1.2 配体表征

(1) 熔点测定：产物的熔点为297~299℃。

(2) 元素分析(%)：计算值($C_{22}H_{16}N_2O_2$)为C 77.63；H 4.74；N 8.23。实验值为C 77.60；H 4.78；N 8.20。

(3) 红外光谱分析(KBr压片，v/cm^{-1})：3392，3060，2924，2854，1560，1509，1458，1436，1395，1372，1319，1295，1248，1176，1135，1111，1077，807，768，738，706。

(4) 核磁：^1H NMR(DMSO-d_6)δ：7.26(m，2H，ArH)，7.39(m，4H，ArH)，7.50(s，5H，ArH)，7.61(s，1H，ArH)，7.85(m，1H，ArH)，8.27(m，1H，ArH)，12.06(m，1H，COOH)，13.2(m，1H，N-H)。

(5) 质谱：MS(ESI)*m/z*：339.19(M^+-1)(100%)。

5.2.1.3 配合物{[Zn(OA)$_2$(H_2O)]·H_2O}$_n$(**1**)的合成与表征

将2-(4,5-二苯基咪唑-2-基)苯甲酸(OA)(0.1mmol)和$ZnSO_4·7H_2O$按物质量摩尔比1∶1混合，加入10mL水和0.625mL NaOH(0.65mol/L)，然后将混合物置于25mL的密封反应釜中，在160℃条件下加热72h，然后缓慢冷却至室温，过滤得到白色块状晶体。过滤并用去离子水洗涤，干燥后收集得到的样品，质量为0.055g，产率52%。$C_{44}H_{34}N_4O_6Zn$元素分析(%)：计算值：C 67.74，H 4.65，N 7.18；实测值：C 67.49，H 4.98，N 7.02。红外(KBr压片，v/cm^{-1})：3418(s)，3061(w)，2924(w)，1579(vs)，1421(m)，1386(m)，764(w)，694(m)。

5.2.1.4　配合物 $[Cu(OA)_2]_n$(2)的合成与表征

将2-(4,5-二苯基咪唑-2-基)苯甲酸(OA)(0.1mmol)和 $CuCl_2 \cdot 2H_2O$ 按物质量摩尔比 11 : 1 混合后，将 6mL 水和 4mL 异丙醇的混合溶液作溶剂，再加入 0.625mL NaOH(0.65mol/L)，然后将混合物置于 25mL 的密封反应釜中，在 120℃条件下加热 72h，然后缓慢冷却至室温，过滤得到棕黄色菱形晶体。过滤，用去离子水洗涤，干燥后收集的样品，质量为 0.125g，产率 47%。$C_{132}H_{90}Cu_3N_{12}O_{12}$元素分析（%）：计算值：C 71.13，H 4.04，N 7.54；实测值：C 71.22，H 4.31，N 7.13。

5.2.1.5　配合物单晶 X 射线衍射实验数据

配合物 **1**~**2** 的晶体学数据见表 5-1，键长与键角数据见表 5-2，氢键数据见表 5-3。在配合物 **1** 和配合物 **2** 中，H_2OA 配体只采用一种配位方式（如图 5-2 所示）。

表 5-1　配合物 1~2 的晶体学数据

配合物	**1**	**2**
分子式	$C_{44}H_{34}N_4O_6Zn$	$C_{44}H_{30}N_4O_4Cu$
分子量	780.12	742.26
T/K	293(2)	293(2)
晶系	Triclinic	Triclinic
空间群	P-1	P-1
a/nm	0.8066(8)	1.1946(3)
b/nm	0.8636(9)	1.3040(3)
c/nm	2.7304(3)	1.8181(5)
α/(°)	90.5930(10)	101.317(4)
β/(°)	93.5840(10)	99.015(4)
γ/(°)	101.9030(10)	100.612(4)
V/nm^3	1.8568(3)	2.6745(12)
晶胞中分子数量 Z	2	3
单胞中电子的数量 F(000)	808	1149
D_C/$mg \cdot m^{-3}$	1.395	1.383
θ/(°)	2.24~25.50	2.31~25.50
线性吸收系数 μ/mm^{-1}	0.717	0.663
拟合优度 S 值	1054	996
收集到的衍射点	12553 / 6703	20520 / 9885

续表 5-1

配合物	1	2
等价衍射点在衍射强度上的差异值 R_{int}	0.0230	0.0722
可观测衍射点的 R_1，$wR_2[I > 2\sigma(I)]$	0.0377，0.0827	0.0730，0.1836
全部衍射点的 R_1，wR_2	0.0506，0.0885	0.1232，0.2221

表 5-2 配合物 1~2 的键长（nm）和键角（°）数据

1			
Zn(1)-O(1)	0.2035(17)	Zn(1)-N(1)	0.2037(19)
Zn(1)-O(4)	0.2150(19)	Zn(1)-N(3)	0.2049(2)
Zn(1)-O(5)	0.2057(17)		
O(1)-Zn(1)-O(4)	75.96(7)	N(1)-Zn(1)-O(4)	90.08(8)
O(1)-Zn(1)-O(5)	89.84(7)	N(3)-Zn(1)-O(4)	95.11(8)
O(1)-Zn(1)-N(1)	119.58(8)	N(1)-Zn(1)-O(5)	104.47(7)
O(1)-Zn(1)-N(3)	126.74(8)	N(3)-Zn(1)-O(5)	86.57(8)
O(5)-Zn(1)-O(4)	163.47(7)	N(1)-Zn(1)-N(3)	112.70(8)
2			
Cu(1)-O(1)	0.1914(3)	Cu(2)-O(5)	0.1888(4)
Cu(1)-O(3)	0.1923(4)	Cu(2)-O(5)#1	0.1888(4)
Cu(1)-N(1)	0.1966(4)	Cu(2)-N(5)	0.1990(4)
Cu(1)-N(3)	0.1972(4)	Cu(2)-N(5)#1	0.1990(4)
O(1)-Cu(1)-O(3)	93.29(17)	O(5)-Cu(2)-O(5)#1	179.998(1)
O(1)-Cu(1)-N(1)	88.50(16)	O(5)-Cu(2)-N(5)	88.44(16)
O(1)-Cu(1)-N(3)	155.50(17)	O(5)-Cu(2)-N(5)#1	91.56(16)
O(3)-Cu(1)-N(1)	155.34(17)	O(5)#1-Cu(2)-N(5)	91.56(16)
O(3)-Cu(1)-N(3)	89.33(16)	O(5)#1-Cu(2)-N(5)#1	88.44(16)
N(1)-Cu(1)-N(3)	99.14(17)	N(5)-Cu(2)-N(5)#1	179.998(1)

用于生成等效原子的对称操作：#1 $-x+1$，$-y$，$-z+1$。

表 5-3 配合物 1~2 的氢键（nm 和°）数据

D-H	d(D-H)	d(H···A)	<DHA	d(D···A)	对称码
			1		
O(1)-H(1W)···O(2)	0.082	0.178	169	0.2594(3)	
O(2)-H(3W)···O(5)	0.083	0.211	147	0.2836(3)	
O(2)-H(4W)···O(3)	0.083	0.203	162	0.2831(3)	$x, y-1, z$
N(2)-H(2D)···O(6)	0.086	0.182	173	0.2676(2)	$x, y+1, z$
N(4)-H(4D)···O(3)	0.086	0.205	162	0.2881(3)	$x+1, y, z$
N(4)-H(4D)···O(4)	0.086	0.256	142	0.3281(3)	$x+1, y, z$
			2		
N(2)-H(2)···O(6)	0.086	0.183	176	0.2685(6)	
N(4)-H(4D)···O(4)	0.086	0.190	160	0.2719(5)	$1-x, 2-y, 2-z$
N(6)-H(6)···O(2)	0.086	0.198	174	0.2840(6)	$1-x, 1-y, 1-z$

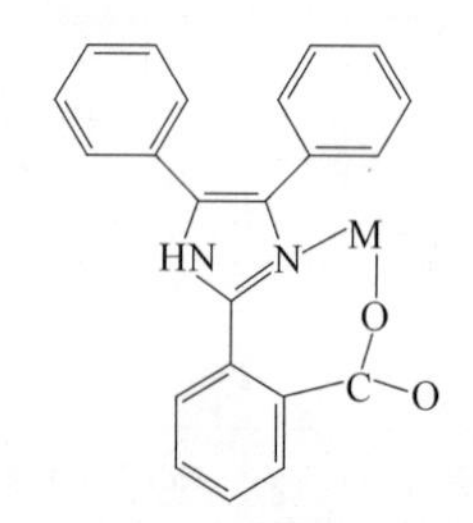

图 5-2 H_2OA 配体的配位方式

5.2.2 结果与讨论

5.2.2.1 配合物{[$Zn(OA)_2(H_2O)$]·H_2O}$_n$(**1**)的晶体结构分析

配合物**1**中的每个 Zn(Ⅱ)阳离子被 2 个羧基氧，2 个咪唑氮原子和 1 个水分子提供的 O_3N_2 环境所包围，并呈现出一种扭曲的三角双锥型几何构型，其中 O1，N1 和 N3 原子组成赤道平面，O4 和 O5 原子占据轴向位置，如图 5-3a 所示。H_2OA 配体采用 N,O-双齿螯合配位方式，如图 5-2 所示。配合物**1**的配体有两个方向，其咪唑环的二面角为 44.9°。在配合物**1**中，每个单核单元通过 O2-H4W···O3 和 N2-H2D···O3 氢键与相邻单元连接形成链状结构（如图 5-3b 所示），并沿 c 轴方向通过 N4-H4D···O3 和 N4-H4D···O4 氢键进一步连接形成二维超分子结构（如图 5-3c 所示）。

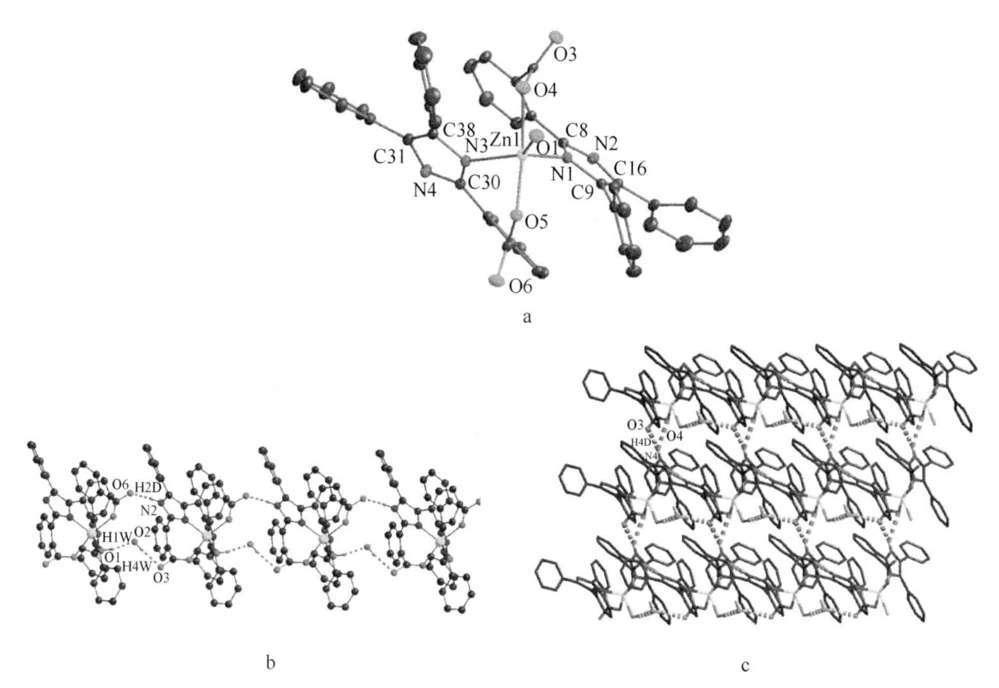

图 5-3 (a) Zn^{2+}离子在配合物 **1** 中的配位环境图，20%热椭球体；(b) 沿 *c* 轴方向的配合物 **1** 的一维链结构；(c) 沿 *c* 轴方向的配合物 **1** 的二维超分子结构（为了清晰起见，省略了所有不涉及氢键的氢原子，氢键的相互作用用虚线表示）

5.2.2.2 配合物[$Cu(OA)_2$](**2**)的晶体结构分析

配合物 **2** 的不对称单元中包含两个晶体学独立的 Cu(Ⅱ)离子，其距离为 1.003nm（如图 5-4a 所示）。配合物 **2** 中的 Cu(Ⅱ)离子为四配位，在配位化学中较为少见[25~27]。Cu1 和 Cu2 离子均配位于两个 H_2OA 配体上的 2 个羧基氧和 2 个咪唑氮原子，但 Cu(1)-O 和 Cu(2)-O、Cu(1)-N 和 Cu(2)-N 的键长存在微小差异。在配合物 **2** 中，Cu2 离子位于反转中心，呈一个扭曲的四边形结构；当 Cu1 离子位于不对称中心时，呈现一个扭曲的四面体结构。在配合物 **2** 中，H_2OA 配体采用一种与配合物 **1** 相同的配位方式。在配合物 **2** 中，H_2OA 配体有三个方向，其咪唑环平面的二面角的夹角为 49.2°、66.2°和 34.8°。

借助分子内的 N2-H2⋯O6 氢键连接［Cu1N2O2］单元和［Cu1N2O2］单元形成二聚体结构，进一步通过 N4-H4D⋯O4 氢键（见表 5-3）连接成链结构，如图 5-4b 所示。相邻链通过 N6-H6⋯O2 氢键（对称码：$-x+1$，$-y+1$，$-z+1$）连接形成二维超分子结构，如图 5-4c 所示。

比较了配合物 **1** 和配合物 **2** 的合成条件，在配合物 **1** 和配合物 **2** 中使用了不同种类的盐和溶剂。配合物 **1** 用的金属盐为 $ZnSO_4$，配合物 **2** 用的金属盐为

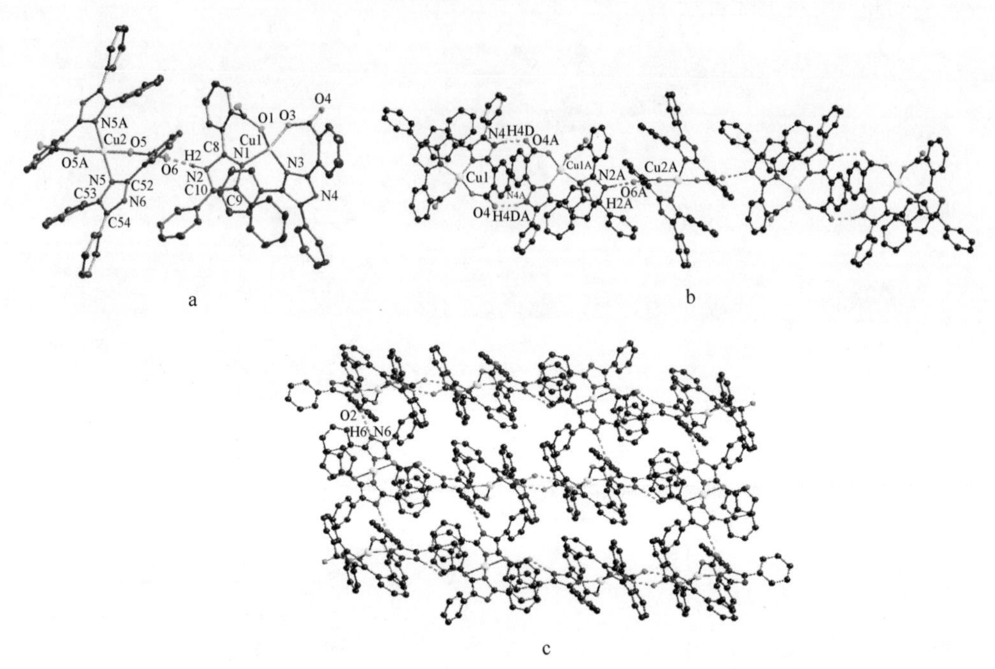

图 5-4　(a) Cu^{2+}离子在配合物 **2** 中的配位环境，20%热椭球体；(b) 沿 *c* 轴方向，配合物 **2** 的一维链结构；(c) 沿 *c* 轴方向的配合物 **2** 的二维超分子结构（为了清晰起见，省略了所有不涉及氢键的氢原子，氢键的相互作用用虚线表示）

$CuCl_2$；在配合物 **1** 中使用 10mL 水作为溶剂，在配合物 **2** 中使用 6mL 水和 4mL 异丙醇作为溶剂，这导致了不同的分子式和结构。此外，金属(Ⅱ)离子半径的微小差异会导致不同的金属配位环境、不同的配位数，也会导致不同的结构。Cu(Ⅱ)和 Zn(Ⅱ)离子半径基本相同，但 Cu(Ⅱ)和 Zn(Ⅱ)的配位数分别为 4 和 5；Cu-O 和 Cu-N 平均键长分别为 0. 1903nm 和 0. 1980nm，略小于 Zn-O 和 Zn-N 键长的平均值 0. 2080nm 和 0. 2043nm。在配合物 **1** 和配合物 **2** 中，每个 H_2OA 配体均采用 N，O 螯合配位方式，只连接 1 个金属离子，形成配合物 **1** 的单核和配合物 **2** 的双核结构，它们均通过丰富的氢键形成了二维超分子结构。

5. 2. 2. 3　配合物 1 和配合物 2 的 TG 分析

配合物 **1** 的热重分析曲线表明其从 40℃到 800℃有两次失重。第一失重率为 4. 16%，是从 40℃到 133℃对应每个非对称单元损失 2 个水分子（计算的结果为 4. 61%）。配合物在 280℃下稳定，温度从 280℃到 800℃的失重率为 88. 82%（计算值为 89. 57%），是对应有机物质燃烧，最后的残余化合物是氧化锌。配合物 **2** 中没有水分子，从 250℃开始失重，最终在 790℃条件下热解完成，失重率为 88. 9%，最后的残余化合物是氧化铜（计算值为 89. 3%）；配合物 **2** 的水分子的热稳定性明显高于配合物 **1** 未配位水分子的热稳定性。

5.2.2.4　配合物 1 的发光特性

配合物 **1** 在紫外光下表现出固态发光特性，研究了在室温下固态配合物 **1** 及其相应配体 H_2OA 的发射光谱，如图 5-5 所示，配合物 **1** 在 274nm 激发时在 390nm 处显示最大发射峰，与 H_2OA 配体相比，发射峰蓝移了 39nm。配合物 **1** 的发射光谱和自由配体 H_2OA 的发射光谱的相似，表明配合物 **1** 的发光是由于 H_2OA 配体的 $\pi^* \rightarrow \pi$ 电子跃迁[28,29]。

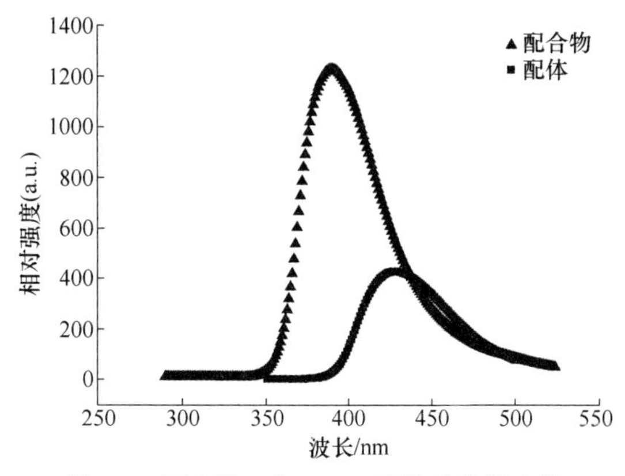

图 5-5　配合物 **1** 和 H_2OA 配体的发射光谱

5.2.2.5　总结

得到了两个新的咪唑羧酸的过渡金属超分子配合物。单晶 X 射线衍射结果表明，不同的金属离子、不同的金属盐的阴离子和不同溶剂在形成不同结构的配合物 **1** 和配合物 **2** 中起着重要作用。配合物 **1** 和配合物 **2** 的热重分析表明，水分子对配合物 **1** 的热稳定性有一定的影响。

5.3　4-(4,5-二苯基-1H-咪唑-2-酰基)苯甲酸构筑螺旋结构的镧系配合物

5.3.1　配体的合成与表征

5.3.1.1　配体合成[30]

依次称取 2.1g(0.01mol) 二苯乙二酮、6.16g(0.08mol) 醋酸铵（NH_4Ac），1.5g(0.01mol) 对羧基苯甲醛依次加入 150mL 的三颈瓶中，加入 50mL 冰乙酸搅拌混合均匀后。在 80℃水浴中，电动机械搅拌，反应 3h。反应完毕，停止加热，冷却至室温。搅拌下将反应液加入 200mL 冰水中，有大量黄色沉淀生成。抽滤，

滤饼用 3×50mL 水洗涤三次，真空干燥，粗产物用 4∶1 的无水乙醇和 DMSO 的混合溶剂重结晶，得黄色固体产物 3. 08g，产率 92%。合成路线如图5-6 所示。

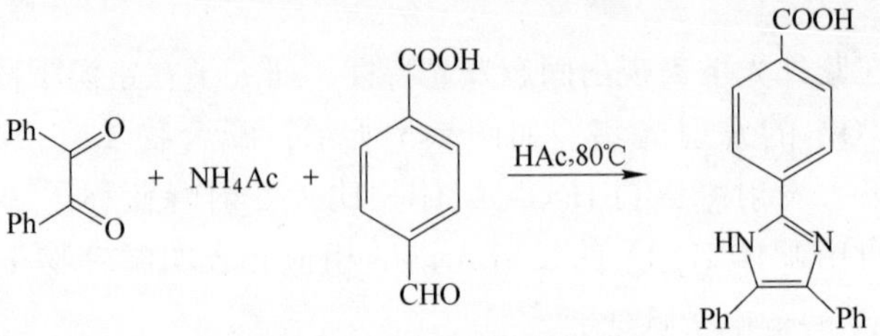

图 5-6　H_2PA 配体的合成路线

5. 3. 1. 2　配体表征

（1）产物的熔点为 312~315℃。

（2）元素分析（%）：计算值（$C_{22}H_{16}N_2O_2$）：C 77. 63，H 4. 74，N 8. 23；实验值：C 77. 72，H 4. 64，N 8. 07。

（3）红外光谱（KBr 压片，v/cm^{-1}）：3415. 2，2983. 9，2905. 1，2535. 9，1909. 9，1689. 9，1631. 8，1594. 5，1544. 7，1449. 3，1250. 2，1179. 7，1080. 2，864. 5，785. 7，760. 8，694. 5。

（4）质谱：MS(ESI)*m/z*：339. 13(M^+-1)(100%)。

5. 3. 1. 3　配合物 $[Pr(HPA)_3(H_2O)_2] \cdot 2H_2O$(**3**)的合成与表征

将 4-(4,5-二苯基咪唑-2-基）苯甲酸（PA）(0. 05mmol）和 0. 05mmol $CoCl_2$、0. 025mmol Pr_2O_3 混合后，加入 10mL 水作溶剂，再加入 0. 2mmol NaOH 溶液(0. 65mol/L)，然后混合物置于 25mL 的密封反应釜中，在 170℃条件下加热反应 3d，然后缓慢冷却至室温，过滤得到淡浅蓝色长条形晶体。过滤，用去离子水洗涤并干燥后收集样品，质量为 0. 060g，产率 41%。$C_{66}H_{53}PrN_6O_{10}$ 元素分析(%)：计算值：C 64. 34，H 4. 31，N 6. 82；实测值：C 64. 78，H 4. 98，N 7. 15。红外光谱（KBr 压片，v/cm^{-1}）：3436(s)，3067(w)，2922(w)，1568(vs)，1418(m)，1381(m)，772(w)，697(m)。

5. 3. 1. 4　配合物$[Eu(HPA)_3(H_2O)_2] \cdot 2H_2O$ (**4**)的合成与表征

配合物 **4** 的合成与配合物 **3** 的合成类似，使用 Eu_2O_3 和 $ZnCl_2 \cdot 4H_2O$ 代替 Pr_2O_3 和 $CoCl_2$，反应温度降低到 160℃。反应完成冷却后得到无色菱形晶体，产率为 52%。$C_{66}H_{53}Eu_6O_{10}$ 元素分析（%）：计算值：C 63. 81，H 4. 30，N 6. 76；实测值：C 63. 38，H 4. 46，N 7. 03。红外光谱（KBr 压片，v/cm^{-1}）：3431(s)，

3062(w), 2925(w), 1571(vs), 1421(m), 1383(m), 774(w), 699(m)。

5.3.1.5 配合物[$Er(HPA)_3(H_2O)_2$]·$2H_2O$ (**5**)的合成与表征

配合物**5**的合成与配合物**3**的合成相似，用Er_2O_3代替Pr_2O_3。当冷却到室温时，所得物质为浅粉色块状晶体，产率为36%。$C_{66}H_{53}ErN_6O_{10}$元素分析（%）：计算值：C 63.04，H 4.25，N 6.68；实测值：C 63.29，H 4.37，N 7.03。红外光谱（KBr 压片，v/cm^{-1}）：3423(s)，3059(w)，2916(w)，1572(vs)，1422(m)，1380(m)，762(w)，692(m)。

5.3.1.6 配合物单晶 X 射线衍射实验数据

配合物**3~5**的有关X射线衍射分析的实验条件、数据收集、结构解析和修正以及晶体学数据见表5-4。配合物**3~5**的一些重要的键长和键角在表5-5中列出，氢键的键长和键角在表5-6中列出。

表5-4 配合物3~5的晶体学数据

配合物	**3**	**4**	**5**
分子式	$C_{66}H_{53}PrN_6O_{10}$	$C_{66}H_{53}EuN_6O_{10}$	$C_{66}H_{53}ErN_6O_{10}$
分子量	1231.05	1242.10	1257.40
T/K	291(2)	291(2)	291(2)
晶系	Triclinic	Triclinic	Triclinic
空间群	$P\bar{1}$	$P\bar{1}$	$P\bar{1}$
a/nm	0.9575(9)	0.9576(6)	0.9545(8)
b/nm	1.3157(12)	1.3243(9)	1.3138(11)
c/nm	2.5374(2)	2.5231(17)	2.5251(2)
α/(°)	99.961(10)	100.051(7)	100.042(10)
β/(°)	96.982(10)	96.909(7)	96.785(10)
γ/(°)	100.027(10)	100.431(7)	100.019(10)
V/nm^3	3.0622(5)	3.0600(3)	3.0342(2)
晶胞中分子数量 Z	2	2	2
θ/(°)	2.44~25.50	2.43~25.50	2.45~25.50
线性吸收系数 μ/mm^{-1}	0.858	1.087	1.446
单胞中电子的数量 F(000)	1260	1268	1278
D_C/$mg \cdot m^{-3}$	1.335	1.348	1.376
拟合优度 S 值	998	1013	1025

续表 5-4

配合物	3	4	5
收集的所有衍射数目	22957	22785	19824
精修的衍射数目	11316	11285	10950
等价衍射点在衍射强度上的差异值 R_{int}	0.0330	0.0297	0.0289
可观测衍射点的 R_1，$wR_2[I > 2\sigma(I)]$	0.0460，0.1346	0.0319，0.0855	0.0379，0.0936
全部衍射点的 R_1，wR_2	0.0583，0.1440	0.0390，0.0893	0.0470，0.1000
最大衍射峰和谷/e · nm^{-3}	1442，-494	1040，-637	1124，-619

表 5-5　配合物 3~5 的键长（nm）和键角（°）数据

3			
Pr(1)-O(1)#1	0.2372(4)	Pr(1)-O(2)	0.2367(4)
Pr(1)-O(3)	0.2526(3)	Pr(1)-O(4)	0.2613(3)
Pr(1)-O(5)	0.2375(3)	Pr(1)-O(6)#2	0.2416(4)
Pr(1)-O(7)	0.2545(4)	Pr(1)-O(8)	0.2520(3)
4			
Eu(1)-O(1)	0.2492(3)	Eu(1)-O(2)	0.2462(2)
Eu(1)-O(6)	0.2313(3)	Eu(1)-O(7)	0.2309(3)
Eu(1)-O(8)	0.2312(2)	Eu(1)-O(9)#3	0.2353(3)
Eu(1)-O(10)	0.2566(3)	Eu(1)-O(11)	0.2474(2)
5			
Er(1)-O(1)	0.2247(3)	Er(1)-O(2)#4	0.2283(3)
Er(1)-O(3)	0.2521(3)	Er(1)-O(4)	0.2408(3)
Er(1)-O(5)	0.2259(3)	Er(1)-O(6)#5	0.2249(3)
Er(1)-O(7)	0.2400(3)	Er(1)-O(8)	0.2444(3)

对称操作：#1 $-x+1$，$-y+1$，$-z+1$；#2 $-x$，$-y+1$，$-z+1$；#3 $-x+2$，$-y+1$，$-z+1$；#4 $-x+1$，$-y+2$，$-z+1$；#5 $-x$，$-y+2$，$-z+1$。

表 5-6　配合物 3~5 的氢键（nm 和°）数据

D-H···A	d(D-H)	d(H···A)	d(D···A)	<DHA
3				
O(7)-H(1W)···O(9)	0.085	0.197	0.282(7)	179.4
O(7)-H(2W)···O(11)	0.084	0.246	0.330(2)	169.7
O(8)-H(3W)···O(3)#1	0.083	0.212	0.272(5)	128.1

续表 5-6

D-H···A	d(D-H)	d(H···A)	d(D···A)	<DHA
3				
O(8)-H(4W)···O(9)	0.085	0.200	0.286(7)	178.9
O(9)-H(6W)···N(4)#2	0.083	0.250	0.302(8)	120
N(3)-H(3D)···N(5)#3	0.086	0.210	0.287(6)	148.7
N(6)-H(6D)···N(4)#4	0.086	0.236	0.314(6)	150.5
对称操作:#1 $-x,-y+1,-z+1$; #2 $x,y-1,z$; #3 $-x+1,-y+2,-z+1$; #4 $-x,-y+2,-z+1$。				
4				
O(1)-H(1W)···O(10)#1	0.083	0.193	0.275(4)	171.5
O(1)-H(2W)···O(3)#1	0.083	0.203	0.282(4)	156.8
O(2)-H(4W)···O(3)#1	0.083	0.207	0.288(5)	164.2
O(2)-H(3W)···O(11)#2	0.083	0.196	0.275(3)	159.1
O(3)-H(6W)···O(4)#3	0.085	0.183	0.268(13)	178.1
O(3)-H(5W)···N(4)#4	0.083	0.220	0.301(5)	164.7
N(3)-H(3D)···N(5)#4	0.086	0.209	0.286(4)	149.6
N(6)-H(6D)···N(4)#5	0.086	0.237	0.314(5)	150.1
对称操作: #1 $-x+1,-y+1,-z+1$; #2 $-x+2,-y+1,-z+1$; #3 $x-1,y,z$; #4 $-x+1,-y,-z+1$; #5 $-x+2,-y,-z+1$。				
5				
O(7)-H(1W)···O(4)#1	0.083	0.195	0.278(4)	171.2
O(7)-H(2W)···O(9)#2	0.083	0.207	0.287(6)	162.2
O(8)-H(3W)···O(9)#2	0.082	0.208	0.282(6)	149.4
O(8)-H(4W)···O(3)#3	0.083	0.196	0.278(4)	171
O(9)-H(5W)···N(2)	0.084	0.226	0.302(6)	151.8
O(9)-H(6W)···O(10)	0.085	0.184	0.269(19)	178
O(10)-H(7W)···O(10)#4	0.085	0.211	0.296(3)	178
O(10)-H(8W)···O(9)	0.082	0.229	0.269(19)	110.1
O(11)-H(10W)···O(12)#4	0.084	0.214	0.294(3)	157.7
O(12)-H(11W)···O(11)#4	0.084	0.222	0.294(3)	143.1
O(12)-H(12W)···O(10)	0.085	0.180	0.264(3)	169.1
N(1)-H(1D)···N(3)#5	0.086	0.208	0.285(5)	148.5
N(4)-H(4D)···N(2)#4	0.086	0.233	0.311(5)	150.7
对称操作: #1 $-x+1,-y+2,-z+1$; #2 $x,y+1,z$; #3 $-x, -y+2, -z+1$; #4 $-x+1,-y+1,-z+1$; #5 $-x,-y+1,-z+1$。				

5.3.2　结果与讨论

5.3.2.1　配合物[Eu(HPA)$_3$(H$_2$O)$_2$]·2H$_2$O (**4**)晶体结构分析

配合物**3**、配合物**4**和配合物**5**属于同构的，故在此以配合物**4**的结构为例进行讨论。金属配合物{[Eu(PA)$_3$(H$_2$O)]·3H$_2$O}$_n$是稀土金属离子Eu^{3+}和配体PA的单核配合物，其结构如图5-7所示。

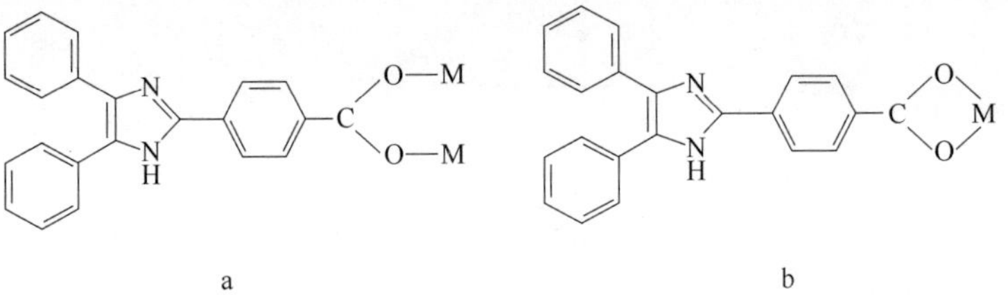

a　　　　　b

图5-7　4-(4,5-二苯基-1H-咪唑-2-基)苯甲酸在配合物**3**~**5**中的配位模式

在配合物**4**的不对称单元中，有一个晶体学独立的Eu^{3+}，3个HPA配体，2个配位水和2个晶格水，如图5-7a所示。在配合物**4**中H_2PA配体失去一个质子，单质子化的HPA有三个方向；为了方便，含N1、N3和N5的HPA^-配体（如图5-7a所示）分别命名为HPA^a、HPA^b和HPA^c。如图5-8所示，HPA^a和HPA^b采用桥联双齿配位模式，2个Eu^{3+}离子距离为0.4908nm和0.4810nm，而HPA^c螯合配位模式，只连接了1个Eu^{3+}。铕离子为八配位，与其配位的八个原子均为氧原子，其中两个氧原子（O1，O2）来自配位水分子，其他六个配位氧原子（O6A，O7，O8A，O9，O10，O11）来自五个PA配体，其中2个羧基氧原子（O6，O7A）来自2个HPA^a配体，另2个羧基氧原子（O8，O9B）来自2个HPA^b配体，另2个羧基氧原子（O10，O11）来自1个HPA^c配体。有四个配体是以铕离子为对称中心配位的，其配位模式，都是一个配体与两个金属离子配位，如图5-8a所示；另外一个配体采用双齿螯合的配位方式与一个金属铕离子配位，如图5-8b所示。

HPA^a和HPA^b配体依次使用它们的羧酸基团，连接Eu^{3+}离子形成左右手螺旋链（如图5-8b所示），重复单元可以描述为（-Eu1-O7-C1-O6-Eu1-O9-C23-O8-)$_n$，沿*a*轴方向，螺旋的螺距与晶胞*a*轴长度（0.9576nm）相同，左右手螺旋链在Eu原子处结合。沿*a*轴方向，每条链看起来像风车（如图5-8c所示）。Eu离子位于风车的中心，配体分为六组，围绕Eu离子的中心排列成六排。属于同一链的配体的苯基和咪唑环分别彼此平行，平行苯基和平行咪唑环之间的距离在0.645~0.76nm的范围内。

配合物**4**中有丰富的氢键，如有配位水和HPA^c配体的羧基氧原子之间的O-

H…O 氢键（O…O 距离为 0. 2753nm 和 0. 2754nm），水分子之间的 O-H…O 氢键（O…O 距离为 0. 2667 ~ 0. 2816nm），在 HPA^{b}和 HPA^{c}配体的咪唑环之间存在 N-H…O 氢键（N…N 的距离为 0. 2863nm 和 0. 3140nm）和 N-H…O 氢键，见表 5-6。通过这些丰富的氢键，1-D 链结构构建成 2-D 超分子层结构（如图5-8d 所示），所有 Eu^{3+}离子分布在多个平行的平面上，距离为 0. 502nm。

基于“软-硬酸碱理论”，只有羧基氧原子参与配位，咪唑氮原子保持未配位，HPA 配体连接一个或两个镧系元素离子形成螺旋链结构。HPA 配体和水分子之间存在丰富的氢键，将链连接成 2-D 超分子结构。配合物 **3 ~ 5** 的 Ln-O 的平均键长分别为 0. 2467nm、0. 2410nm、0. 2351nm，随着镧系元素原子数的增加而减少，显示镧系元素收缩。

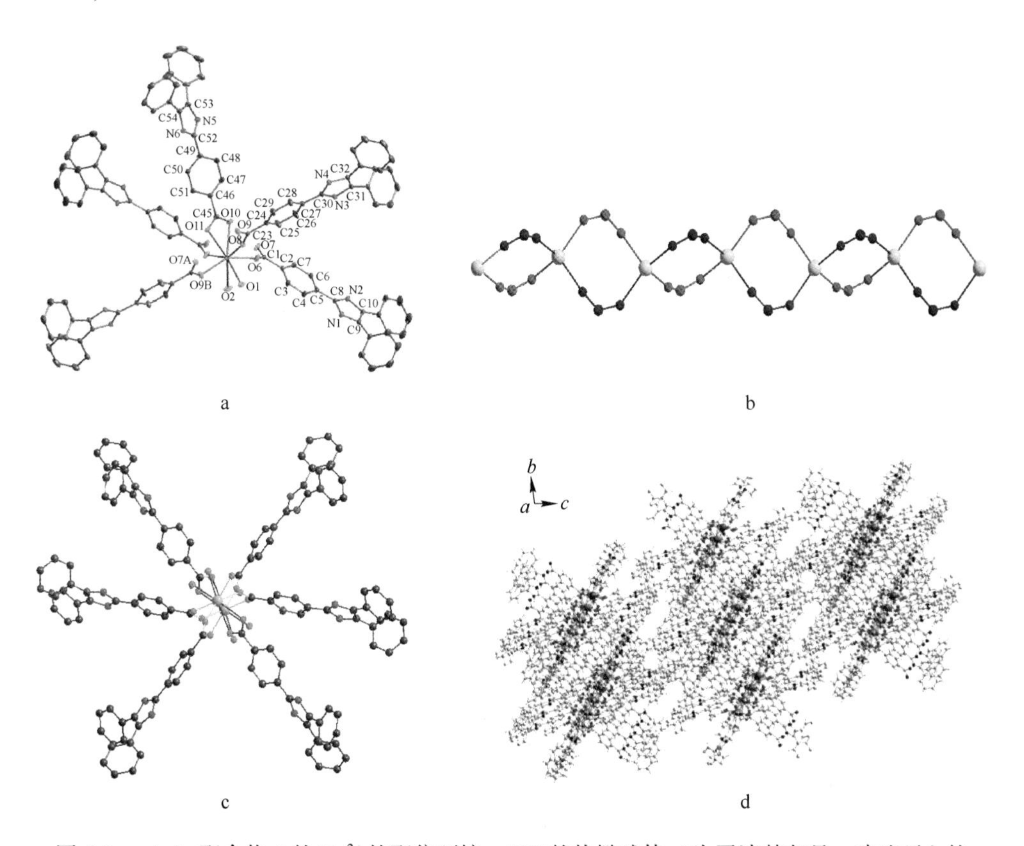

图 5-8 （a）配合物 **4** 的 Eu^{3+}的配位环境，50%的热椭球体（为了清楚起见，咪唑环上的所有氢和 2 个苯环都被省略了）；（b）沿着 *b* 轴方向，配合物 **4** 的 HPA^{a}和 HPA^{b}的羧基连接 Eu^{3+}形成的螺旋链结构视图（除 Eu^{3+}和 HPA^{a}、HPA^{b}的羧基外，所有原子都被省略，以便清晰）；（c）配合物 **4** 沿 *a* 轴方向的风轮结构的视图（为清楚起见，省略所有氢原子）；（d）沿 *a* 轴方向配合物 **4** 的超分子结构图

5.3.2.2　配合物 **4** 的 TG 分析

配合物 **4** 的热重分析结果表明，从 40℃到 800℃有两步失重。第一步失重率为 6.1%，是从 40℃到 103℃，对应于每个不对称单元中 4 个水分子的损失（计算值为 5.8%）。配合物稳定到 420℃，第二步失重率为 65.4%（计算值为 65.8%），是从 420℃到 800℃，对应于有机物质的分解，最后残渣为 Eu_2O_3。

5.3.2.3　配合物 **4** 的发光特性

铕配合物在紫外光激发下会发出强烈的红光。图 5-9 为在 293K 下，385nm 波长的光激发配合物 **4** 的发光光谱。图 5-9 中的五个峰分别对应于 Eu^{3+} 离子的 $^5D_0 \rightarrow ^7F_0$，$^5D_0 \rightarrow ^7F_1$，$^5D_0 \rightarrow ^7F_2$，$^5D_0 \rightarrow ^7F$ 和 $^5D_0 \rightarrow ^7F_4$ 跃迁。众所周知，电偶极子诱导的 $^5D_0 \rightarrow ^7F_2$ 跃迁对 Eu(Ⅲ)离子的配位环境非常敏感，而 $^5D_0 \rightarrow ^7F_1$ 跃迁是对 Eu(Ⅲ)离子环境相当不敏感的磁偶极子跃迁。$^5D_0 \rightarrow ^7F_2/^5D_0 \rightarrow ^7F_1$ 的强度比约为 1.72[31]，这表明配合物 **4** 的 Eu(Ⅲ)离子不是位于反转中心，Eu(Ⅲ)离子的对称性是低的。

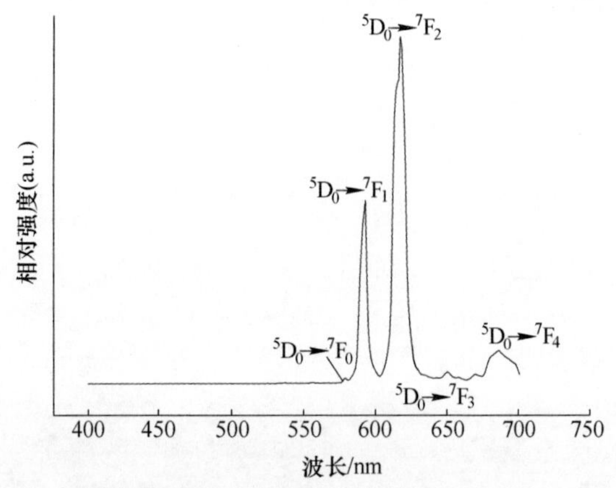

图 5-9　配合物 **4** 的发射光谱对应于 $^5D_0 \rightarrow ^7F_J$（J=0~4）跃迁，激发光波长为 385nm，温度为 293K

5.4　本章小结

在本章中合成了两个羧基位置不同的功能性咪唑衍生物，2-(4,5-二苯基咪唑-2-基)苯甲酸(H_2OA)和 4-(4,5-二苯基-1H-咪唑-2-基)苯甲酸(H_2PA)，并通过超分子自组装，获得 2 个 H_2OA 的过渡金属配合物和 3 个 H_2PA 的稀土金属配合物。单晶 X 射线衍射分析结果表明：2 个 H_2OA 的过渡金属配合物都是 0-D 的，通过氢键的连接形成了 2-D 超分子结构。3 个 H_2PA 的稀土金属配合物都是一维的，H_2PA 配体上的羧基质子化，连接稀土离子形成螺旋链结构，这些链通过丰富的氢键也形成了二维超分子结构。配体羧基位置的不同，金属离子的不同，对螺旋链的形成和配合物的结构有重要的作用。

缩略词：

H_2OA = 2-(4,5-二苯基咪唑-2-基)苯甲酸；

H_2PA = 4-(4,5-二苯基-1H-咪唑-2-基)苯甲酸。

参 考 文 献

[1] Gong Y N, Liu C B, Wen H L, et al. Structural diversity and properties of M(Ⅱ) phenyl substituted pyrazole carboxylate complexes with 0D-, 1D-, 2D- and 3D frameworks [J]. New Journal of Chemistry, 2011, 35: 865~875.

[2] Wen H L, Wang T T, Liu C B. Hydrothermal syntheses and structures of transition metal 2-(4,5-diphenyl-1H-imidazol-2-yl) benzoic acid complexes [J]. Journal of Coordination Chemistry, 2012, 65 (5): 856~864.

[3] Wen H L, Wen W, Li D D, et al. Hydrothermal syntheses, structures, and properties of the first examples of lanthanide 4-(4,5-diphenyl-1H-imidazol-2-yl) benzote complexes [J]. Journal of Coordination Chemistry, 2013, 66 (15): 2623~2633.

[4] 何敏. 咪唑衍生物及其金属配合物的合成与结构表征 [D]. 南昌：南昌大学, 2008.

[5] Lombardino J G , Wiseman E H. Preparation and antiinflammatory activity of some nonacidic trisubstituted imidazoles [J]. Journal of Medicinal Chemistry, 1974, 17 (11): 1182~1188.

[6] Lee J C, Laydon J T, McDonnell P C, et al. A protein kinase involved in the regulation of inflammatory cytokine biosynthesis [J]. Nature, 1994, 372 (6508): 739~746.

[7] Maier T, Schmierer R, Bauer K, et al. Sachse B (1989) US Patent 4820335 [D]. Chem. Abstr. , 111, 1949w.

[8] Heinrich O L, Hans B L, Uwe D B. US 6 451 520 B1 (2002) .

[9] Mataka S, Hatta T. WO 085 208 A1 (2005) .

[10] Park S, Kwon O H, Kim S. Imidazole-Based Excited-State Intramolecular Proton-Transfer Materials: Synthesis and Amplified Spontaneous Emission from a Large Single Crystal [J]. Journal of the American Chemical Society, 2005, 127 (28): 10070~10074.

[11] Lee C F, Liu C Y, Song H C. Bidirectional iterative synthesis of alternating benzene-furan oligomers towards molecular wires [J]. Chemical Communications, 2002, 23 (23): 2824~2825.

[12] Yanover D, Kaftory M. Lophine (2,4,5-triphenyl-1H-imidazole) [J]. Acta Crystallographica, 2009, 65 (4): 711.

[13] Braddock D C, Hermitage S A, Redmond J M. Fractional crystallisation of (±)-iso-amarine with mandelic acid: convenient access to (R, R) -and (S, S) -1,2-diamino-1,2-diphenylethanes [J]. Tetrahedron Asymmetry, 2006, 17 (20): 2935~2937.

[14] Huang X F, Song Y M, Wang X S. Crystal structures of amarine and isoamarine and copper (Ⅰ) coordination chemistry with their allylation products [J]. Journal of Organometallic Chemistry, 2006, 691 (5): 1065~1074.

[15] Benisvy L, Blake A J, Collison D, et al. Synthesis and characterisation of HL, 1, [1] [BF_4] and 2; crystallogrophic data for 1-4DMF, and details of electrochemical experiments [J]. Chemical Communications, 2001: 1824~1825.

[16] Benisvy L, Blake A J, Collison D, et al. Phenolate and phenoxyl radical complexes of Co(Ⅱ) and Co(Ⅲ) [J]. Dalton Transactions, 2003: 1975.

[17] Benisvy L, Bill E, Blake A J. Phenoxyl radicals: H-bonded and coordinated to Cu(Ⅱ) and Zn(Ⅱ)[J]. Dalton Transactions, 2006, 1 (1): 258~267.

[18] Cui Y, Ngo H L, White P S. Homochiral 3D lanthanide coordinationnetworks with an unprecedented 4(9)6(6) topology [J]. Chemical Communications, 2002, 16 (16): 1666~1667.

[19] Liu C B, Wen H L, Tan S S. First examples of ternary lanthanide 5-aminoisophthalate complexes: Hydrothermal syntheses and structures of lanthanide coordination polymers with 5-aminoisophthalate and oxalate [J]. Journal of Molecular Structure, 2008, 879 (1~3): 25~29.

[20] Weng D, Zheng X, Jin L. Assembly and Upconversion Properties of Lanthanide Coordination Polymers Based on Hexanuclear Building Blocks with (μ3-OH) Bridges [J]. European Journal of Inorganic Chemistry, 2010, 2006 (20): 4184~4190.

[21] Jiang Z, Henriksen E A, Tung L C. Infrared spectroscopy of Landau levels of graphene [J]. Physical Review Letters, 2007, 98 (19): 197403.

[22] Li Z Q, Henriksen E A, Jiang Z. Dirac charge dynamics in graphene by infrared spectroscopy [J]. Nature Physics, 2008, 4 (7): 532~535.

[23] Ihlenburg F. Finite Element Analysis of Acoustic Scattering [J]. Springer Berlin, 1998, 132 (1): 90.

[24] Ainsworth M, Oden J T. A posteriori error estimation in finite element analysis [J]. Comput. methods Appl. mech. engng, 1997, 142 (1~2): 1~88.

[25] Ren X M, Ni Z P, Noro S, et al. Diversities of Coordination Geometry at Cu^{2+} Center in the Bis (maleonitriledithiolato) cuprate Complexes: Syntheses, Magnetic Properties, X-ray Crystal Structural Analyses, and DFT Calculations [J]. Crystal Growth & Design, 2006, 6 (11): 2530~2537.

[26] Chen S M, Lu C Z, Xia C K. Reactivity of 1,4-Bis [2-(5-phenyloxazoly)] benzene toward Cu Salts under Different Reaction Conditions [J]. Crystal Growth & Design, 2005, 5 (4): 1485~1490.

[27] Burdukov A B, Gladkikh E A, Nefedova E V. 1-D Coordination Polymers Made of Asymmetrical Copper Nitroxide Bis-Chelates [J]. Crystal Growth & Design, 2004, 4 (3):

595~598.

[28] Tian Z, Lin J, Su Y. Flexible Ligand, Structural, and Topological Diversity: Isomerism in $Zn(NO_3)_2$ Coordination Polymers [J]. Crystal Growth & Design, 2007, 7 (9): 1863~1867.

[29] Chi Y N, Huang K L, Zhang S W, et al. Self-Assembly of a CsCl-like 3D Supramolecular Network from $[Zn_6(HL)_6(H_2L)_6]^{6+}$ Metallamacrocycles and $(H_2O)_{20}$ Clusters (H_2L = 4-(2-Pyridyl)-6-(4-pyridyl)-2-aminopyrimidine) [J]. Crystal Growth & Design, 2007, 7 (12): 2449~2453.

[30] Santos J, Mintz E A, Zehnder O. New class of imidazoles incorporated with thiophenevinyl conjugation pathway for robust nonlinear optical chromophores [J]. Tetrahedron Letters, 2001, 42 (5): 805~808.

[31] Buenzli J C G, Choppin G R. Lanthanide Probes in Life, Chemical and Earth Sciences: Theory and Practice [J]. Magnetic Resonance in Chemistry, 1989, 28 (8) .

附录 相关成果

1. Yang Gaoshan, Liu Chongbo, Liu Hong, et al. Rational assembly of Pb(Ⅱ)/Cd(Ⅱ)/Mn(Ⅱ) coordination polymers based on flexible V-shaped dicarboxylate ligand: Syntheses, helical structures and properties [J]. Journal of Solid State Chemistry, 2015, 225: 391~401.

2. Li Lin, Liu Chongbo, Yang Gaoshan, et al. Zn(Ⅱ) coordination polymers with flexible V-shaped dicarboxylate ligand: Syntheses, helical structures and properties [J]. Journal of Solid State Chemistry, 2015, 231: 70~79.

3. Gong Yunnan, Liu Chongbo, Wen Huiliang, et al. Structural diversity and properties of M(Ⅱ) phenyl substituted pyrazole carboxylate complexes with 0D-, 1D-, 2D- and 3D frameworks [J]. New Journal of Chemistry, 2011, 35: 865~875.

4. Liu Chongbo, Gong Yunnan, Chen Yuan, et al. Self-assembly and structures of new transition metal complexes with phenyl-substituted pyrazole carboxylic acid and N-donor co-ligands [J]. Inorganica Chimica Acta, 2012, 383: 277~286.

5. Chen Yuan, Liu Chongbo, Gong Yunnan, et al. Syntheses, crystal structures and antibacterial activities of six cobalt(Ⅱ) pyrazole carboxylate complexes with helical character [J]. Polyhedron, 2012, 36: 6~14.

6. Liu Hong, Liu Chongbo, Gong Yunnan, et al. Syntheses, Supramolecular Structures and Antibacterial Activities of Five Helical Transition Complexes with 5-Chloro-1-phenyl-1H-pyrazole-3, 4-dicarboxylic Acid [J]. Chinese Journal of Chemistry, 2013, 31: 407~414.

7. Liu Hong, Yang Gaoshan, Liu Chongbo, et al. Syntheses, crystal structures, and antibacterial activities of helical M(Ⅱ) phenyl substituted pyrazole carboxylate complexes [J]. Journal of Coordination Chemistry, 2014, 67 (4): 572~587.

8. Wen Huiliang, Kang Jingjing, Dai Bing, et al. Syntheses, Crystal Structures and Antibacterial Activities of 5-Chloro-3-methyl-1-phenyl-1H-pyrazole-4-carboxylic Acid and Its Copper(Ⅱ) Compound [J]. Chinese Journal Structure Chemistry, 2015, 34: 33~40.

9. Yang Gaoshan, Liu Chongbo, Wen Huiliang, et al. A rare I_2O_3 hybrid

organic-inorganic material with high connectivity and quadruple-stranded helices [J]. CrystEngComm, 2015, 17: 1518~1520.

10. Yang Gaoshan, Wen Huiliang, Liu Chongbo, et al. Self-assembly, crystal structures and properties of metal-3,4,5-tris (carboxymethoxy) benzoic acid frameworks based on polynuclear metal-hydroxyl clusters (M = Zn, Co) [J]. RSC Advances, 2015, 5: 29362~29369.

11. Wen Huiliang, Gong Yunnan, Lai Bowen, et al. Three microporous Zn coordination polymers constructed by 3,4,5-tris (carboxymethoxy) benzoic acid and 4,4′-bipyrdine: Structures, topologies, and luminescence [J]. Journal of Solid State Chemistry, 2018, 266: 143~149.

12. Liu Zhifeng, Lai Bowen, Wen Huiliang, et al. Synthesis and Properties of a Novel 3D Europium Coordination Polymer with Helical Chain and (3,6)-Connected rtl Net [J]. Chinese Journal of Chemistry, 2016, 34: 1304~1308.

13. Gong Yunnan, Liu Chongbo, Ding Yuan, et al. Syntheses and structures of copper benzene-1,4-dioxydiacetate complexes with 4,4′-bipyridine and 1,10-phenanthroline [J]. Journal of Coordination Chemistry, 2010, 63 (11): 1865~1872.

14. Wen Huiliang, Lai Bowen, Hu Haiwei, et al. Syntheses, crystal structures and antibacterial activities of M(Ⅱ) benzene-1,2,3-triyltris(oxy)triacetic acid complexes [J]. Journal of Coordination Chemistry, 2015, 68 (21): 3903~3917.

15. Yang Gaoshan, Li Lin, Liu Chongbo, et al. Self-assembly and structures of new lanthanide coordination polymers with 1,3-phenylenebis(oxy)diacetic acid [J]. Polyhedron, 2014, 72: 83~89.

16. Wen Huiliang, Wang Taotao, Liu Chongbo, et al. Hydrothermal syntheses and structures of transition metal 2-(4,5-diphenyl-1Himidazol-2-yl)benzoic acid complexes [J]. Journal of Coordination Chemistry, 2012, 65 (5): 856~864.

17. Wen Huiliang, Wen Wen, Li Dandan, et al. Hydrothermal syntheses, structures, and properties of the first examples of lanthanide 4-(4,5-diphenyl-1Himidazol-2-yl) benzote complexes [J]. Journal of Coordination Chemistry, 2013, 66 (15): 2623~2633.

18. 龚云南. 新型吡唑羧酸配合物的合成、结构及其性能研究 [D]. 南昌: 南昌航空大学, 2011.

19. 刘红. 新型 V 型羧酸配体构筑的螺旋配合物的表征、结构与性能研究 [D]. 南昌: 南昌航空大学, 2014.

20. 丁靓. 吡唑羧酸衍生物及其金属配合物的合成及结构表征 [D]. 南昌:

南昌大学，2007.

21. 谭生水．苯氧乙酸类化合物及其金属配合物的合成和结构表征［D］. 南昌：南昌大学，2007.

22. 何敏．咪唑衍生物及其金属配合物的合成与结构表征［D］. 南昌：南昌大学，2008.